もくじと学習の記録

本書に関する最新情報は，当社ホームページにある**本書の「サポート情報」**をご覧ください。（開設していない場合もございます。）

答え▶別冊1ページ

1 計算のきまり

標準クラス

1 次の計算をしなさい。

(1) $2.09+1.45+3.91$

(2) $3\frac{5}{7}+1\frac{2}{3}-1\frac{5}{7}$

(3) $0.4\times1.7\times2.5$

(4) $8\times7.3\times1.25$

(5) $5051-4949+4951-5049$

(6) $2+13+24+35+46+57+68$ 〔広島女学院中〕

(7) $21+(20+19-18+17-16)\times15$ 〔帝塚山中〕

2 次の計算をしなさい。

(1) $4.8\times3.14+5.2\times3.14$

(2) $3.7\times2.7-1.7\times3.7$

(3) $4.3+19\times4.3$

(4) $13.4\div7-4.3\div7$

(5) $8.52\times25+8.52\times75$ 〔土佐女子中〕

(6) $1232\times998+2464$ 〔お茶の水女子大附中〕

3 次の計算をしなさい。

(1) $3.1\times27-3.1\times25-3.1\times2$ 〔昭和学院中〕

(2) $123\times36+123\times11-123\times30+123\times3$ 〔奈良教育大附中〕

(3) $(17\times63-31\times17)\div(11\times8+8\times6)$ 〔親和中〕

(4) $200.9\times2.4+20.09\times76$ 〔安田女子中〕

4 次の□にあてはまる数を求めなさい。

(1) $18-\square\div9=16$

(2) $36\div4+\square\times3=24$

(3) $(\square+7)\div4-3=5$ 〔トキワ松学園中〕

(4) $(\square\times5-29)\div7=13$ 〔十文字中〕

答え▶別冊2ページ

1 計算のきまり

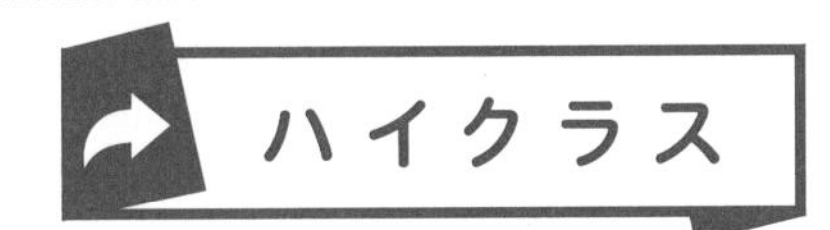

時間	30分	得点
合格	80点	点

1 次の計算をしなさい。(20点/1つ5点)

(1) $\frac{40}{7}+\frac{9}{8}-\frac{7}{9}+\frac{9}{7}-\frac{25}{8}-\frac{11}{9}$ 〔広島女学院中〕

(2) $2\times5\times24+3\times7\times24+2\times3\times31+4\times5\times31$ 〔四天王寺中〕

(3) $0.64\times16.4-0.36\times6.4-0.64\times6.4+0.36\times16.4$ 〔片山学園中〕

(4) $6.28\times1.4-2.4\times3.14+6.28\times0.3$ 〔筑波大附中〕

2 次の計算をしなさい。(30点/1つ6点)

(1) $25\times0.7\times0.4-\left(\frac{3}{4}-\frac{2}{3}\right)\times12$ 〔大阪教育大附属平野中〕

(2) $0.23\times12.8+0.72\times2.3$ 〔東京学芸大附属竹早中〕

(3) $173\times99+297\times9$ 〔洛南高附中〕

(4) $19.2\times3+13\times9.6-4.8\times28$ 〔関西学院中〕

(5) $287\times7\times19-41\times77\times7-205\times343\div5$ 〔洛南高附中〕

3 次の□にあてはまる数を求めなさい。(20点/1つ5点)

(1) $80-(\square+6)\div3=17$

(2) $\{11-(\square-14)\div3\}\div0.2=35$

(3) $200-6\times\square+36\div18=100$ 〔芝浦工業大附中〕

(4) $31.2-(14+\square\times5.1)\div11=29$ 〔昭和女子大附属昭和中〕

4 次の□にあてはまる数を求めなさい。(30点/1つ6点)

(1) $25\times\square+75\times33=2500$

(2) $155\times\square+154\times155-310\times154=310$

(3) $6\times7.2\times\square+24\times0.72\times5+9\times72\times0.6=7.2\times90$

(4) $0.234\times43+2.34\times11-4.68\times\square-0.234\times3=23.4$ 〔東邦大附属東邦中〕

(5) $16\div\square+32\div\square+64\div\square=14$ (3つの□には同じ数が入ります)

答え▶別冊3ページ

2 分数のかけ算とわり算

標準クラス

1 次の計算をしなさい。

(1) $\frac{4}{5}\times\frac{3}{7}$

(2) $\frac{3}{4}\times\frac{6}{7}$

(3) $\frac{6}{7}\times5$

(4) $3\times1\frac{3}{4}$

(5) $4\times2\frac{1}{6}$

(6) $1\frac{3}{4}\times12$

(7) $1\frac{3}{5}\times2\frac{1}{2}$

(8) $\frac{3}{8}\times\frac{5}{6}\times\frac{2}{7}$

(9) $1\frac{1}{4}\times1\frac{5}{9}\times\frac{6}{7}$

(10) $\frac{5}{8}\times\frac{14}{15}\times30$

2 次の計算をしなさい。

(1) $\frac{3}{5}\div\frac{4}{7}$

(2) $\frac{3}{8}\div\frac{9}{10}$

(3) $\frac{5}{6}\div1\frac{1}{4}$

(4) $1\frac{7}{15}\div3\frac{2}{3}$

(5) $3\frac{1}{2}\div1\frac{1}{5}$

(6) $2\frac{1}{4}\div\frac{3}{14}$

3 次の計算をしなさい。

(1) $\frac{2}{3} \div 1\frac{1}{6}$

(2) $3\frac{1}{5} \div 1\frac{3}{5}$

(3) $15 \div 3\frac{4}{7}$

(4) $1 \div \frac{4}{9}$

(5) $1\frac{8}{9} \div 4$

(6) $3\frac{1}{5} \div 48$

(7) $2\frac{2}{3} \div 6$

(8) $\frac{4}{5} \div \frac{2}{3} \div \frac{3}{8}$

(9) $\frac{3}{7} \div 1\frac{1}{4} \div \frac{9}{14}$

(10) $2\frac{1}{10} \div 1\frac{1}{8} \div 28$

4 3つの数 12，15，25 を下の式のア，イ，ウに1つずつ入れます。

［ア］×(［イ］+9)÷［ウ］

(1) 式を計算した答えが整数になるようにします。このとき，アにあてはまる数を求めなさい。

（　　　　）

記述式

(2) 式を計算した答えがもっとも大きくなるようにするとき，ウにはどの数を入れますか。また，その数を選んだ理由を書きなさい。

ウの数（　　　　）

理由（　　　　）

答え▶別冊4ページ

2 分数のかけ算とわり算

時間	30分	得点
合格	80点	点

1 次の計算をしなさい。(24点/1つ4点)

(1) $\frac{18}{25}\times\frac{5}{6}\times\frac{4}{9}$

(2) $15\times\frac{1}{6}\times\frac{3}{5}$

(3) $8\frac{3}{4}\times\frac{3}{10}\times\frac{6}{7}$

(4) $\frac{2}{3}\times\frac{7}{10}\times45$

(5) $2\frac{2}{5}\times1\frac{1}{2}\times3\frac{3}{4}$

(6) $2\frac{1}{3}\times1\frac{2}{13}\times3\frac{1}{4}$

2 次の計算をしなさい。(24点/1つ4点)

(1) $\frac{5}{16}\div\frac{5}{8}\div\frac{3}{7}$

(2) $2\frac{1}{2}\div1\frac{2}{3}\div\frac{7}{10}$

(3) $14\div3\frac{1}{2}\div1\frac{1}{5}$

(4) $2\frac{1}{3}\div2\frac{1}{2}\div14$

(5) $1\frac{4}{5}\div18\div\frac{7}{10}$

(6) $1\frac{7}{15}\div\frac{2}{5}\div3\frac{2}{3}$

3 次の計算をしなさい。(20点/1つ5点)

(1) $\frac{4}{9}\div\frac{4}{7}\times\frac{3}{7}$

(2) $2\frac{1}{10}\div\frac{7}{8}\times\frac{5}{4}$ 〔賢明女子学院中〕

(3) $1\frac{3}{14}\div2\frac{6}{7}\times\frac{5}{6}$ 〔江戸川学園取手中〕

(4) $2\frac{2}{5}\div4\frac{2}{5}\times3\frac{2}{3}$ 〔香蘭女学校中〕

4 右の図の平行四辺形の面積は何 cm^2 ですか。(4点)

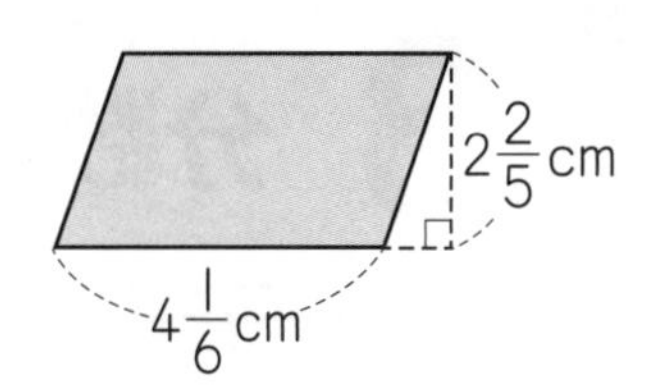

(　　　　)

5 1分間に $12\frac{4}{5}$ L の水が出るじゃ口を使って水そうに水を入れます。$3\frac{3}{4}$ 分間水を入れたとき，水そうに入っている水は何 L ですか。(4点)

(　　　　)

6 右の図のような，面積が 1 m^2 の長方形があります。横の長さが $2\frac{1}{3}$ m です。縦(たて)の長さは何 m ですか。(6点)

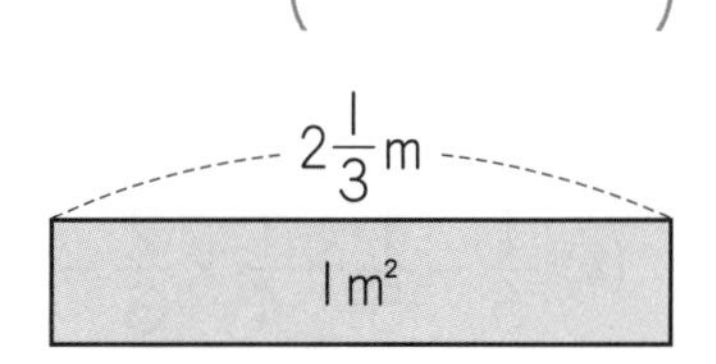

(　　　　)

7 よしおさんの体重は $32\frac{4}{5}$ kg です。お母さんの体重はよしおさんの $1\frac{1}{4}$ 倍です。お父さんの体重はお母さんの $1\frac{3}{7}$ 倍です。お父さんの体重は何 kg ですか。(8点)

(　　　　)

8 長さ $\frac{6}{7}$ m の鉄管の重さをはかると $16\frac{4}{5}$ kg でした。この鉄管 $1\frac{17}{28}$ m の重さは何 kg ですか。(10点)

(　　　　)

答え▶別冊4ページ

3 分数と小数の混じった計算

標準クラス

1 次の計算をしなさい。

(1) $\dfrac{2}{3}\times\left(\dfrac{5}{6}-\dfrac{3}{4}\right)$

(2) $1\dfrac{3}{5}\times\left(\dfrac{3}{4}-\dfrac{1}{3}\right)$

(3) $\dfrac{5}{6}\div\left(\dfrac{5}{12}+\dfrac{3}{8}\right)$

(4) $\dfrac{1}{6}\div\dfrac{1}{5}+\dfrac{1}{4}\times\dfrac{2}{3}-\dfrac{1}{2}$ 〔南山中女子部〕

(5) $\dfrac{5}{9}\div\dfrac{5}{6}\times\dfrac{3}{4}+\dfrac{7}{12}\div\dfrac{7}{8}$ 〔大阪教育大附属平野中〕

(6) $\left(\dfrac{7}{8}+\dfrac{1}{2}\times\dfrac{2}{3}-\dfrac{5}{6}\right)\div\dfrac{1}{48}$ 〔共立女子中〕

2 次の計算をしなさい。

(1) $\left(\dfrac{2}{3}-\dfrac{1}{4}\times\dfrac{2}{9}\right)\div\left(4+\dfrac{3}{2}\right)$ 〔大阪教育大附属池田中〕

(2) $1\dfrac{2}{3}\times2\dfrac{1}{4}-\dfrac{3}{5}\div1\dfrac{2}{7}\div2\dfrac{1}{3}$ 〔青雲中〕

(3) $2\dfrac{1}{4}\div\left(1\dfrac{3}{4}-\dfrac{1}{7}\right)\times\left(\dfrac{2}{3}-\dfrac{3}{7}\right)$ 〔桐朋中〕

3 次の計算をしなさい。

(1) $\frac{5}{8}+0.125$

(2) $2\frac{1}{5}-1.3$

(3) $1\frac{1}{4}+0.3+\frac{5}{8}$

(4) $2.8-1\frac{5}{8}+1\frac{3}{40}$

4 次の計算をしなさい。

(1) $2\frac{1}{4}\times 0.3$

(2) $\frac{4}{25}\times 3\frac{3}{4}\times 0.4$

(3) $1.6\times\frac{3}{4}\times 0.625$

(4) $1\frac{1}{3}\div 0.8$

(5) $2\frac{3}{8}\div 0.7\div\frac{5}{6}$

(6) $1.6\div 1\frac{1}{3}\div 0.9$

5 次の計算をしなさい。

(1) $\left(\frac{1}{2}+\frac{1}{3}\right)\times 2.4$ 〔柳学園中〕

(2) $1\frac{1}{14}\div\frac{3}{5}\times 1.4$ 〔昭和学院中〕

(3) $\frac{21}{5}\div 0.75\div\frac{28}{15}$ 〔金光学園中〕

(4) $0.625\times\frac{2}{3}-\frac{4}{9}\times 0.75$ 〔追手門学院大手前中〕

(5) $(1-0.125)\div 1\frac{3}{4}\times\frac{4}{5}$ 〔開明中〕

答え▶別冊5ページ

3 分数と小数の混じった計算

時間	30分	得点
合格	80点	点

1 次の計算をしなさい。(30点/1つ5点)

(1) $\frac{1}{3}-\frac{4}{5}\div1\frac{3}{5}\times\frac{1}{2}+\frac{1}{6}$ 〔桐蔭学園中〕

(2) $\left(1\frac{1}{3}\times3-2\frac{3}{5}\right)\div3\frac{1}{2}\times3\frac{3}{4}$ 〔香蘭女学校中〕

(3) $\left(3\frac{1}{6}+1\frac{3}{4}\times2\right)\div4\frac{4}{9}+\frac{1}{2}$ 〔立教池袋中〕

(4) $\left\{\left(\frac{4}{5}-\frac{1}{4}\right)\times\frac{5}{3}-\frac{5}{6}\right\}\div1\frac{1}{8}$ 〔帝塚山中〕

(5) $\left(3\frac{1}{4}-2\frac{2}{3}\right)\times\left(5\frac{5}{6}\div\frac{5}{9}-\frac{3}{2}\right)-\frac{5}{12}$ 〔帝塚山学院泉ヶ丘中〕

(6) $\left\{12\times\left(\frac{5}{6}-\frac{3}{8}\right)+1\frac{1}{2}\right\}\div2\frac{1}{3}$ 〔立教池袋中〕

2 あるリボン全体の$\frac{2}{7}$を姉が切り取って使い，残りの$\frac{3}{8}$を妹が切り取って使ったところ，リボンは5m残りました。はじめのリボンの長さは何mですか。

(12点)〔共立女子中〕

(　　　　)

3 次の計算をしなさい。(42点 /1つ6点)

(1) $\left(\frac{3}{5}-0.3\right)\div\left(1.5-\frac{1}{3}\right)$ 〔広島女学院中〕

(2) $1+\left(2\frac{2}{3}-1.6\right)\div0.8$ 〔共立女子第二中〕

(3) $1\frac{3}{4}\times\frac{5}{6}+0.25\times\frac{5}{6}$ 〔香川大附属高松中〕

(4) $1.5\times\frac{4}{3}-\left(\frac{4}{3}-\frac{1}{6}\right)\div3.5$ 〔愛知淑徳中〕

(5) $(3-0.375)\div\frac{7}{8}\times\frac{5}{9}-1\frac{2}{5}$ 〔開明中〕

(6) $\frac{1}{5}\div\left(4.2-\frac{7}{3}\right)\times70-2.7\times\frac{5}{3}$ 〔清風南海中〕

(7) $4\frac{3}{5}\div1.2-\left\{8\times\left(\frac{1}{3}-0.3\right)-\frac{1}{10}\right\}$ 〔同志社香里中〕

4 次の計算をしなさい。(16点 /1つ8点)

(1) $(0.25\div0.125)\div(0.75\div0.625)$

(2) $(0.125\times2.25+0.375\times1.25-0.625\times0.25)\div0.875$ 〔東邦大付属東邦中〕

答え▶別冊6ページ

4 □の数を求める計算

標準クラス

1 次の□にあてはまる数を求めなさい。

(1) $2\frac{1}{5} \div \square \times \frac{5}{12} = 1$ 〔清風南海中〕

(2) $\frac{3}{5} \div \frac{7}{10} \times (2 - \square) = 1$ 〔三重大附中〕

(3) $1 \div \left(\square - \frac{1}{4}\right) \times \frac{6}{5} = 8$ 〔広島城北中〕

(4) $\left(2\frac{2}{9} \div 1\frac{1}{3} - 1\frac{1}{3}\right) \div \square = \frac{1}{8}$ 〔昭和学院秀英中〕

(5) $1\frac{7}{15} \div \left(1\frac{1}{6} + \square\right) = \frac{4}{5}$ 〔大阪産業大附中〕

(6) $\left(3 \times \square + 4\frac{1}{3}\right) \div \frac{20}{21} - 2 = 12$ 〔関東学院中〕

2 次の□にあてはまる数を求めなさい。

(1) $\frac{1}{12} \times \left(12\frac{4}{5} + \square\right) - 0.75 = \frac{2}{3}$ 〔青山学院中〕

(2) $\left(3\frac{1}{4} + \square \times \frac{7}{8}\right) \div 7.2 = \frac{5}{3}$ 〔神奈川大附中〕

3 次の□に0，１～９のいずれかの数を入れ，正しい筆算を完成させなさい。ただし，位のいちばん大きい数に０は入りません。

(1)
```
   2 8
+ [ア]9
───────
  7[イ]
```

(2)
```
  1[ア]8
+   6[イ]
─────────
 [ウ]5 1
```

(3)
```
  3 6[ア]
-   [イ]9
─────────
 [ウ]4 8
```

(4)
```
  [ア]9[イ]
+  3 4 8
──────────
 1 3[ウ]2
```

(5)
```
  [ア]8 2
+ 4[イ][ウ]
───────────
[エ]0 7 8
```

(6)
```
  [ア]2[イ]
-  3 8 6
──────────
   4[ウ]8
```

(7)
```
       6[ア]
   ×  7 1
───────────
    [イ][ウ]
[エ][オ]9
───────────
4[カ][キ][ク]
```

(8)
```
   [ア]3
 × 2[イ]
──────────
[ウ]3 2
[エ][オ]
──────────
[カ][キ][ク]
```

(9)
```
     1[ア]5
  ─────────
7)[イ][ウ][エ]
   7
  ─────────
     3[オ]
    [カ][キ]
    ───────
        2
```

4 右のア～ウに，１～９の異なる数をいずれか１つずつ入れて，筆算が正しくなるように完成させます。ア，イ，ウの数を答えなさい。

〔神奈川学園中一改〕

```
    ア3
   27イ
+  5ア5
───────
   イ6ウ
```

ア（　　　）　イ（　　　）　ウ（　　　）

答え▶別冊8ページ

4 □の数を求める計算

時間	30分	得点
合格	80点	点

1 次の□にあてはまる数を求めなさい。(30点/1つ6点)

(1) $\frac{1}{2}\div\frac{3}{4}+\left(\frac{5}{6}-\square\right)\times\frac{7}{8}=\frac{9}{10}$ 〔弘学館中〕

(2) $\left(\square+15\times\frac{7}{18}\right)\div\left(5\frac{2}{3}-1\frac{1}{4}\right)=2$ 〔親和中〕

(3) $\left(3-\frac{7}{\square}\right)\times\frac{1}{4}+\frac{6}{17}=1$ 〔春日部共栄中〕

(4) $1\frac{11}{12}-\left\{\left(2\frac{1}{2}-\frac{3}{8}\right)\times\square-\frac{5}{8}\right\}=1\frac{5}{6}$ 〔昭和学院秀英中〕

(5) $27\div\left\{2\frac{7}{9}-\left(1\frac{3}{4}-\square\right)\times1\frac{1}{3}\right\}\times7\frac{7}{9}=210$ 〔洛南高附中〕

2 次の□にあてはまる数を求めなさい。(24点/1つ8点)

(1) $3\div\left(\frac{1}{2}\times\square+0.3\right)-3\frac{2}{3}=3$ 〔国府台女子学院中〕

(2) $\frac{5}{6}-(\square-0.3)\div2-\frac{1}{3}=\frac{3}{20}$ 〔捜真女学校中〕

(3) $\left\{(\square-3.2)\times\frac{2}{5}-7.2\div\frac{2}{3}\right\}\times\frac{1}{4}=1$ 〔清風南海中〕

3 次の□に，0，1～9のいずれかの数を入れ，正しい筆算を完成させなさい。ただし，位のいちばん大きい数に0は入りません。(36点/1つ4点)

(1)
```
  4ア
+イ7
ウ14
```

(2)
```
  6ア7
+イ99
1 05ウ
```

(3)
```
 ア4イ
-179
 3ウ7
```

(4)
```
 ア5イウ
+ エ08
 7006
```

(5)
```
 ア12イ
- ウエ4
 5484
```

(6)
```
 ア5イ1
-589ウ
 2エ64
```

(7)
```
   ア6イ
 ×  ウ6
  エオカ4
 キ5ク1
 16ケコサ
```

(8)
```
    5アイ
 ×  79
   ウ2エ3
  4オ0カ
  キクケコサ
```

(9)
```
        1ア
イ3)7ウエ
      オ3
      3カ1
      キク1
        2ケ
```

4 次の式の㋐～㋖には0，1，3，5，6，7，9の7個の数が1つずつ入ります。それぞれに入る数を答えなさい。(10点/完答)　〔横浜中－改〕

```
  2㋐8㋑
+    ㋒4
  ㋓㋔㋕㋖
```

㋐(　　)㋑(　　)㋒(　　)㋓(　　)㋔(　　)㋕(　　)㋖(　　)

答え▶別冊9ページ

5 数の性質

1 A◎Bは，「AとBの和×AとBの差」という計算を表すものとします。たとえば，3◎5＝(3＋5)×(5－3)＝16となります。

(1) 6◎4はいくつになりますか。

(　　　)

(2) □◎(2◎4)＝63となる□にあてはまる数を求めなさい。

(　　　)

2 2つの数AとBの和を3倍してから1をひいた数を，A＊Bで表すことにします。このとき，(5＊0)＊(8＊9)を計算しなさい。〔清風中〕

(　　　)

3 1から100までの整数のうち，16でわり切れる数は何個ありますか。

(　　　)

4 50から100までの整数のうち，9でわり切れる数は何個ありますか。

(　　　)

5 1から200までの整数のうち，6でも8でもわり切れる数は何個ありますか。

(　　　)

6 140 と 196 の公約数を全部求めなさい。

(　　　　　　　　　　)

7 134 をわると 14 あまる整数を全部求めなさい。

(　　　　　　　　　　)

8 分母と分子の差が 36 で，約分すると $\frac{5}{14}$ になる分数は何ですか。

(　　　　　)

9 $\frac{1}{2}$ と $\frac{2}{3}$ の間にある分数で，分母が 54 でこれ以上約分できない分数は全部で何個ありますか。

(　　　　　)

10 $\frac{イ}{ア}\times\frac{12}{25}$ を計算した答えと，$\frac{イ}{ア}\times\frac{21}{40}$ を計算した答えが，どちらも整数になるような分数 $\frac{イ}{ア}$ を考えます。

(1) 分子の数イは，どんな整数にすればよいですか。簡単に説明しなさい。

(　　　　　　　　　　　　　　　)

(2) 分数 $\frac{イ}{ア}$ で，もっとも小さい分数を求めなさい。

(　　　　　)

答え▶別冊10ページ

5 数の性質

時間 35分	得点
合格 80点	点

1 a は整数，b は0でない整数とします。このとき，$\{(a+b)\times b-b\}\div b$ の計算結果を $\langle a,\ b\rangle$ と定めます。たとえば，

$\langle 12,\ 2\rangle=\{(12+2)\times 2-2\}\div 2=13$ つまり，$\langle 12,\ 2\rangle=13$

$\langle 12,\ 3\rangle=\{(12+3)\times 3-3\}\div 3=14$ つまり，$\langle 12,\ 3\rangle=14$

となります。

このとき，次の□にあてはまる数を求めなさい。(16点/1つ8点)　〔関西大第一中〕

(1) $\langle$□, $4\rangle=15$

(　　　　)

(2) $\langle 20,$ □$\rangle=28$

(　　　　)

2 記号 ∧ は例のように計算するものとします。(24点/1つ8点)　〔西南学院中〕

(例) 3∧2=9，5∧2=25，3∧3=27，5∧3=125，3∧4=81

(1) 4∧3 を計算しなさい。

(　　　　)

(2) 次の□にあてはまる数を答えなさい。

(2∧□)∧2=64

(　　　　)

(3) 3∧10 を計算した答えの一の位の数を答えなさい。

(　　　　)

3 2250 と 3600 の最大公約数を求めなさい。(8 点)

(　　　　　)

4 130 をわっても 178 をわってもあまりが 10 になる整数を全部答えなさい。(10 点)

(　　　　　)

5 1 から 50 までの整数で，3 でも 4 でもわり切れない数は全部で何個ありますか。(10 点)

(　　　　　)

6 0.09 と 0.21 の間にある分数で，分子が 1 の分数は全部で何個ありますか。(10 点)

(　　　　　)

7 $\frac{8}{15}$ をかけても，$2\frac{11}{12}$ でわっても整数になる分数のなかで，もっとも小さい分数を求めなさい。(10 点)

(　　　　　)

8 分母と分子の数をたすと 59 で，分母と分子にそれぞれ 9 をたしてから約分すると $\frac{3}{8}$ になる分数は何ですか。(12 点)　〔星野学園中〕

(　　　　　)

答え▶別冊11ページ

6 規則的にならぶ数

標準クラス

1 数がある規則にしたがってならんでいます。

4, 8, 12, 16, 20, …

(1) 12 番目の数は何ですか。

(　　　　)

(2) 140 は，はじめから数えて何番目の数ですか。

(　　　　)

(3) 1 番目から 10 番目までの数の和を求めなさい。

(　　　　)

2 数がある規則にしたがってならんでいます。

2, 5, 8, 11, 14, 17, ……

(1) 10 番目の数は何ですか。

(　　　　)

(2) □番目の数を，□を使った式で表しなさい。

(　　　　　　)

3 数がある規則にしたがってならんでいます。

1, 4, 9, 16, 25, 36, ……

(1) 9 番目の数は何ですか。

(　　　　)

(2) 625 は，はじめから数えて何番目の数ですか。

(　　　　)

4 次のように，数字が規則的にならんでいます。 〔田園調布学園中－改〕

2，6，10，14，18，22，……

(1) はじめから数えて10番目の数は何ですか。

(　　　　)

(2) はじめから数えて50番目の数は何ですか。

(　　　　)

5 ある規則にしたがって次のように数字がならんでいます。□に入る数を答えなさい。 〔神奈川学園中〕

12，13，15，□，22，27，33，……

(　　　　)

6 ある規則にしたがって次のように数字がならんでいます。

1，2，4，7，11，16，22，……

(1) 11番目の数は何ですか。

(　　　　)

(2) これらの数はどんな規則にしたがってならんでいますか。「左の数」「右の数」という言葉を使って簡単に説明しなさい。

(　　　　)

答え▶別冊11ページ

6 規則的にならぶ数

時間	35分	得点
合格	80点	点

1 数がある規則にしたがってならんでいます。(14点/1つ7点)

31, 39, 47, 55, 63, 71, 79, ……

(1) 20番目の数は何ですか。

(　　　　　)

(2) 500より大きい数がはじめて出てくるのは，はじめから数えて何番目ですか。

(　　　　　)

2 数がある規則にしたがってならんでいます。

2, 4, 8, 16, 32, ……

(1) 7番目の数は何ですか。(7点)

(　　　　　)

(2) 1000より大きい数がはじめて出てくるのははじめから数えて何番目で，その数はいくつですか。(7点/完答)

何番目(　　　　　) 数(　　　　　)

3 数がある規則にしたがってならんでいます。(21点/1つ7点)

2, 4, 6, 8, 12, 14, 16, 18, 22, 24, 26, ……

(1) 20番目の数は何ですか。

(　　　　　)

(2) 1番目から20番目までの数の和を求めなさい。

(　　　　　)

(3) 222は，はじめから数えて何番目の数ですか。

(　　　　　)

4 数がある規則にしたがってならんでいます。(21点/1つ7点)

1，1，2，1，2，3，1，2，3，4，1，2，……

(1) 1が7回目に出てくるのは，はじめから数えて何番目ですか。

(　　　　)

(2) 8がはじめて出てくるのは，はじめから数えて何番目ですか。

(　　　　)

(3) 1番目から20番目までの数の和を求めなさい。

(　　　　)

5 数がある規則にしたがってならんでいます。(14点/1つ7点)

1，1，2，6，24，120，……

(1) 7番目の数は何ですか。

(　　　　)

(2) 10万より大きい数がはじめて出てくるのは，はじめから数えて何番目ですか。

(　　　　)

6 次のように，ある規則にしたがって分数がならんでいます。(16点/1つ8点)

$\frac{1}{2}$，$\frac{1}{3}$，$\frac{2}{3}$，$\frac{1}{4}$，$\frac{2}{4}$，$\frac{3}{4}$，$\frac{1}{5}$，$\frac{2}{5}$，$\frac{3}{5}$，……

(1) 16番目の分数は何ですか。

(　　　　)

(2) 1番目から20番目までの分数の和を求めなさい。

(　　　　)

答え▶別冊12ページ

時間 30分	得点
合格 80点	点

1 次の計算をしなさい。(20点/1つ5点)

(1) $\left(\frac{2}{3}-\frac{1}{3}\div\frac{5}{6}\right)\div\left(\frac{1}{3}\times1\frac{5}{6}-\frac{5}{6}\div3\right)\times5$ 〔関西学院中〕

(2) $4\frac{1}{3}\times\left(\frac{3}{5}-\frac{2}{7}\right)\div\frac{2}{9}\times\left(\frac{1}{11}-\frac{1}{13}\right)$ 〔高槻中〕

(3) $2\frac{11}{12}\div15\times5\frac{2}{5}-\frac{4}{5}\times1\frac{2}{9}\div7\frac{1}{3}$ 〔香蘭千里中〕

(4) $\frac{7}{27}-\frac{15}{132}\times\left\{\frac{2}{9}-\left(\frac{1}{2}-\frac{2}{5}\right)\right\}\div\left(\frac{3}{4}-\frac{2}{7}\div\frac{10}{21}\right)$ 〔京都女子中〕

2 次の□にあてはまる数を求めなさい。(10点/1つ5点)

(1) $37\times\left\{2.15+\left(\square-\frac{7}{8}\right)\div2\frac{1}{2}\right\}=111$ 〔愛光中〕

(2) $\left\{2.25+1\frac{1}{6}\times\left(\square+\frac{3}{7}\right)\right\}\div1\frac{2}{3}=2$ 〔桜美林中〕

3 ある数Aに対して，[A]をA×A，ⒶをA×2−1と決めます。例えば，[3]=3×3=9，③=3×2−1=5となります。(16点/1つ8点) 〔青雲中〕

(1) [4]−⑦ を計算しなさい。

(　　　　)

(2) Ⓐ−[8]=⑤ となるとき，Aはいくつになりますか。

(　　　　)

4 次の□に 0 または 1〜9 の整数を入れ，正しい筆算を完成させなさい。ただし，いちばん位の大きい数には 0 は入りません。(15 点 /1 つ 5 点 / 完答)

(1)
```
   7 8 ア 8
 +   イ 8 ウ
 -----------
   エ 7 9 0
```

(2)
```
      ア 9 イ
 ×      ウ 9
 -------------
      エ 6 オ 6
   カ 7 6 キ
 -------------
   ク 0 ケ コ 6
```

(3)
```
              8 ア
 7 イ ) ウ 3 4 エ
        5 オ 2
        -------
          4 カ キ
          ク ケ 0
          -------
            コ 9
```

5 84 と 144 と 300 の最大公約数を求めなさい。(8 点)　〔大妻中野中〕

(　　　　)

6 1 から 300 までの整数で，3 でも 11 でもわり切れない数はいくつありますか。(10 点)

(　　　　)

7 数がある規則にしたがってならんでいます。(21 点 /1 つ 7 点)

1，3，2，4，3，5，4，6，5，7，6，……

(1) 21 番目の数は何ですか。

(　　　　)

(2) 1 番目から 20 番目までの数の和を求めなさい。

(　　　　)

(3) 100 が出てくるのは，はじめから数えて何番目と何番目ですか。

(　　　　)

チャレンジテスト②

答え▶別冊13ページ

時間 35分	得点
合格 80点	点

1 次の計算をしなさい。(30点/1つ6点)

(1) $2.34\times0.25+4.68\times\frac{1}{4}+23.4\times0.125$ 〔桜美林中〕

(2) $1.234\div\frac{1}{567}+12.34\div\frac{1}{89}-123.4\times9.57$ 〔立教女学院中〕

(3) $6.75\times2\frac{2}{3}-7.5\div\frac{1}{2}-\left(1\frac{1}{2}-\frac{2}{3}\times0.125\right)$ 〔清風南海中〕

(4) $\left(1\frac{18}{25}-1.595\right)\div\left(3\frac{3}{4}-0.25\times8-1\frac{1}{2}\right)$ 〔明治大付属中野中〕

(5) $\left(\frac{5}{9}-0.25\right)\times\frac{6}{5}\div\left\{\left(2\frac{1}{6}+1.5\right)\div\frac{1}{3}\right\}$ 〔近畿大附中〕

2 次の□にあてはまる数を求めなさい。(16点/1つ8点)

(1) $\left(0.8-\frac{3}{5}\right)\div\square+1.8\times\frac{5}{9}-0.3\times4=\frac{2}{5}$ 〔土佐塾中〕

(2) $\frac{5}{6}-\left\{3.5\div(4.875+\square)-\frac{1}{9}\right\}=0.5$ 〔慶應義塾普通部〕

3 右の計算の式において，5つの文字A，B，C，D，Eは，それぞれ異なる数字0，2，4，6，8のどれかを表しています。CとEの数字をそれぞれ求めなさい。(8点/完答) 〔青稜中〕

```
   A B C
   A C C
+  D C B
--------
 E E A A
```

C(　　　　)　E(　　　　)

4 1から a までの a 個の整数をたした数を，b でわったものを $a\triangle b$ と表します。

例えば，$4\triangle 2=\frac{1+2+3+4}{2}=\frac{10}{2}=5$

次の□に適当な数を入れなさい。(15点/1つ5点) 〔春日部共栄中〕

(1) $15\triangle 5=$□

(2) $(8\triangle 4)\triangle 9=$□

(3) $(6\triangle n)\triangle 4=7$ となる整数 n は□

5 2つの整数Aと60の最大公約数は12で，最小公倍数は240です。このとき，整数Aはいくつですか。(7点)

(　　　　)

6 $\frac{19}{46}$ の分母と分子にそれぞれ同じ整数Aを加えると，$\frac{8}{11}$ になりました。Aはいくつですか。(8点) 〔日本大藤沢中〕

(　　　　)

7 次のように，ある規則にしたがって整数がならんでいます。(16点/1つ8点)〔大妻多摩中〕

1，3，5，2，4，6，3，5，7，4，6，8，5，……

(1) はじめて20が出てくるのは，最初の数から数えて何番目ですか。

(　　　　)

(2) 最初の数からはじめて20が出てくるまでの，すべての数の和を求めなさい。

(　　　　)

答え▶別冊14ページ

7 比

標準クラス

1 次の比をもっとも簡単(かんたん)な整数の比で表しなさい。

(1) 10：15

(2) 24：30

(3) 3.2：1.2

(4) $\frac{3}{5}:\frac{7}{5}$

2 次の比の値を求めなさい。

(1) 1.5：4.5

(2) 3.2：2.4

(3) $\frac{3}{4}:\frac{7}{8}$

(4) $\frac{2}{5}:\frac{2}{7}$

3 次の 2 組の比から，A：B：Cの連比(れんぴ)(3 つ以上の数の比)を求めなさい。

(1) A：B＝5：3
B：C＝3：2

(2) A：B＝1.2：0.8
B：C＝2：3.2

(3) $A:B=\frac{1}{3}:\frac{3}{5}$
$A:C=\frac{1}{4}:\frac{1}{2}$

(4) $A:C=\frac{2}{9}:\frac{2}{5}$
$B:C=\frac{4}{3}:\frac{6}{5}$

4 縦(たて)と横の長さの比が5：8の長方形があります。縦の長さを40 cmとすると，横の長さは何cmですか。

〔昭和学院中〕

（　　　　）

5 人口は2142人で，男性と女性の人口の比は，$\frac{1}{3}:\frac{3}{8}$です。女性の人口を求めなさい。

〔広島大附属東雲中〕

（　　　　）

6 Aの3倍とBの8倍が等しいとき，A：Bをもっとも簡単な整数の比で表しなさい。

（　　　　）

7 学校へ行くのに，バスに32分乗り，電車に1時間13分乗りました。そのほかをふくめると全体で2時間15分かかりました。そのほかにかかった時間と全体の時間の比の値を求めなさい。

〔大西学園中〕

（　　　　）

8 右の図のように，水道管をつなぎ，Aに毎分16Lの割合(わりあい)で水を流し続けています。A～Hのつなぎ目へ流れてきた水は，右下のような比に分かれて，下へと流れています。

〔京都女子中〕

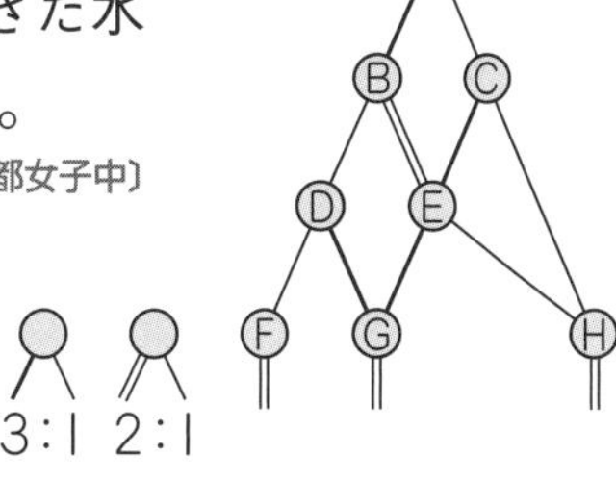

(1) Eに流れてくる水の量は，毎分何Lですか。

（　　　　）

(2) Gに1分間に流れてくる水の量と，Hに1分間に流れてくる水の量の比を，なるべく簡単な整数の比で表しなさい。

（　　　　）

答え▶別冊15ページ

7 比

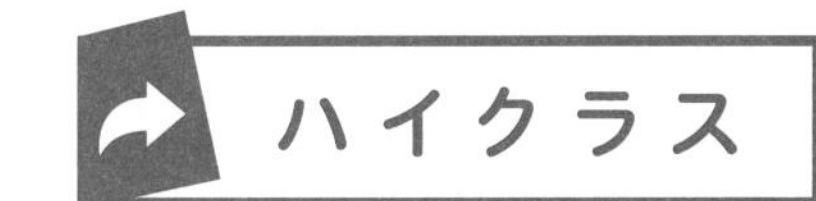

時間	35分	得点
合格	80点	点

1 次の□にあてはまる数を書きなさい。(10点/1つ5点)

(1) $\frac{2}{9}:\frac{1}{6}=\square:3$ 〔柳学園中〕

(2) $0.6:0.9=\square:3$

2 Aの $\frac{2}{3}$ とBの $\frac{5}{8}$ が等しいとき，A：Bをできるだけ簡単(かんたん)な整数の比で表しなさい。(10点) 〔岡山理科大附中〕

(　　　　)

3 姉と妹と弟の3人がいます。姉と妹のおこづかいの比は5：4で，妹と弟のおこづかいの比は3：2です。姉と弟のおこづかいの比を，もっとも簡単な整数の比で答えなさい。(10点) 〔聖母学院中〕

(　　　　)

4 Aの容器に入っている水の量とBの容器に入っている水の量の比は5：4で，Bの容器に入っている水の量とCの容器に入っている水の量の比は3：4です。Cの容器に入っている水の量をはかると240 cm^3 でした。A，B，Cの3つの容器に入っている水の量の合計は何 cm^3 ですか。(10点) 〔京都教育大附属京都中〕

(　　　　)

5 2地点A，Bの間に地点P，Qがあります。P，Qは，きょりの比がAP：PB＝1：2，AQ：QB＝5：2になっています。このとき，きょりの比AP：QBをもっとも簡単な整数の比で答えなさい。(10点) 〔白陵中〕

(　　　　)

6 100円玉と50円玉と10円玉が合わせて94枚(まい)あり，それぞれの合計金額の比が7：5：3のとき，50円玉は何枚ありますか。(10点)　〔大阪桐蔭中〕

(　　　　)

7 270軒(けん)の家に対して，2種類の新聞M，Nをとっているかどうか調べたら，次のようなことがわかりました。M新聞をとっている家は120軒，M，N両方の新聞をとっている家とN新聞だけをとっている家の軒数の比は1：5でした。さらに，M新聞をとっている家とN新聞をとっている家の軒数の比は5：7でした。(20点/1つ10点)　〔青雲中〕

(1) N新聞をとっている家は何軒ですか。

(　　　　)

(2) いずれの新聞もとっていない家は何軒ですか。

(　　　　)

8 正確な時刻(じこく)に対して，1日につき2分進む時計があります。ある日の午前0時0分に正確な時刻に合わせました。(20点/1つ10点)　〔文教大付中〕

(1) その日の午前4時48分ちょうどには，この時計は午前何時何分何秒を示していますか。

(　　　　)

(2) この時計がその日の午後5時10分を示しているとき，正確な時刻は午後何時何分何秒ですか。(秒の単位は分数で答えなさい。)

(　　　　)

答え▶別冊16ページ

8 速さと比

標準クラス

1 家から駅までの道のりは1080mです。兄が歩く速さは分速72mで，兄と弟が家から駅まで歩いていくときにかかる時間の比は3：4です。弟が歩く速さは分速何mですか。

(　　　　　　)

2 家から図書館まで歩いていくと15分，自転車で行くと6分かかります。歩く速さと自転車の速さの比を求めなさい。

(　　　　)

3 さとしさんと兄が歩く速さの比は4：5です。

(1) さとしさんが600m歩く間に，兄は何m歩きますか。

(　　　　)

(2) 家から駅までさとしさんが歩くと20分かかります。兄が家から駅まで歩くと何分かかりますか。考え方と式も書きなさい。

考え方と式(　　　　　　　　　　　　　　　　)

答え(　　　　)

4 兄と弟の歩はばの比は 6：5 です。校舎のろう下のはしからはしまで，兄は 120 歩で歩きます。弟は何歩で歩きますか。

（　　　　）

5 ゆうとさんと父の歩はばの比は 2：3 で，1 分間にゆうとさんは 30 歩，父は 40 歩進みます。2 人が同じ時間だけ歩いたとき，ゆうとさんと父の進んだ道のりの比を求めなさい。

（　　　　）

6 自動車で A 地点から B 地点まで行くのに，時速 75 km で走ると，時速 50 km で走るよりも 40 分早く着きます。A 地点から B 地点までの道のりは何 km ですか。

〔関東学院中〕

（　　　　）

7 A 君が P 地点と Q 地点の間を同じ道を通って 1 往復しました。行きは 1 時間 20 分で，帰りは 1 時間 50 分で走りました。また，行きの速さと帰りの速さはそれぞれ一定で，行きと帰りの速さの差は毎時 2 km です。PQ 間の道のりは何 km ですか。

〔本郷中〕

（　　　　）

8 速さと比

答え▶別冊17ページ

時間 35分	得点
合格 80点	点

1 A市からB町まで，高速道路を時速 80 km で走ります。とちゅうに，工事のため時速 30 km で走った区間があり，B町に着いたのは全区間を時速 80 km で走った場合より 25 分遅くなりました。時速 30 km で走った区間の道のりは何 km ですか。(12 点)

(　　　　)

2 けんたさんは 2 時間 55 分で完走する予定で 30 km 走に挑戦(ちょうせん)しましたが，20 km 走った時点で出発してから 2 時間 5 分経過していることに気がつきました。予定時間で完走するためには速さをそれまでの何倍にする必要がありますか。(12 点)

〔筑波大附中〕

(　　　　)

3 Aさんは，いつもは家から学校まで毎分 72 m の速さで歩きます。今日は毎分 96 m の速さで歩いたので，いつもより学校に着くまでにかかる時間が 6 分短くなりました。明日は毎分 64 m の速さで歩くとすると，いつもより学校に着くまでにかかる時間が何分長くなりますか。(12 点)

〔横浜共立学園中〕

(　　　　)

4 ゆきえさんと姉の歩はばの比は 4：5 です。2 人が同じ時間だけ歩いたとき，進んだ道のりの比は 5：8 でした。ゆきえさんが 50 歩進む間に，姉は何歩進みますか。(12 点)

(　　　　)

5 さゆりさんは家から学校の間を，行きは時速 4 km，帰りは時速 6 km で往復しました。このときの平均時速は何 km ですか。（12 点）

（　　　　　）

6 午前 8 時 30 分に山のふもとを出発し，4 km の道を登って山頂に着きました。山頂で 30 分の休息をとった後，登ったときの 2 倍の速さで同じ道を下山して午前 11 時 30 分にふもとの出発点にもどりました。（16 点 /1 つ 8 点）〔獨協埼玉中〕

(1) 山頂に着いたのは午前何時何分ですか。

（　　　　　）

(2) 下山のときの速さは時速何 km ですか。

（　　　　　）

7 A と B は，それぞれ一定の歩はばと速さで歩きます。A が 28 歩で進むきょりを B は 32 歩で進み，1 分間に A は 30 歩，B は 24 歩進みます。2 人が同じ所から同じ向きに同時に出発しました。歩きはじめてから 2 時間 30 分後に，A は B の 972 m 先にいました。（24 点 /1 つ 8 点）〔弘学館中〕

(1) A と B の歩はばの比をもっとも簡単（かんたん）な整数の比で表しなさい。

（　　　　　）

(2) A と B の速さの比をもっとも簡単な整数の比で表しなさい。

（　　　　　）

(3) A の歩はばは何 cm ですか。

（　　　　　）

答え▶別冊18ページ

9 文字と式

標準クラス

1 次の数量を式で表しなさい。

(1) 1個 a 円のりんごを3個買って，1000円を出したときのおつり

(　　　　　　　　　　)

(2) 6 m の重さが x g の針金 y m の重さ

(　　　　　　　　　　)

2 次の数量の関係を式で表しなさい。

(1) 縦（たて） a m，横 b m の長方形の土地のまわりの長さが 23 m です。

(　　　　　　　　　　)

(2) 時速 45 km で走る車が c 時間に進む道のりが d km です。

(　　　　　　　　　　)

(3) 濃度7%の食塩水 x g に含まれている食塩は y g です。

(　　　　　　　　　　)

3 次の式はどんなことを表していますか。簡単に説明しなさい。

(1) 上底 3 cm，下底 a cm，面積 b cm^2 の台形で，$b \times 2 \div (3+a)$

(　　　　　　　　　　)

(2) テストを4回受けて，1回目の得点が a 点，2回目の得点が8点，4回の平均点が b 点だったとき，$\{b \times 4-(a+8)\} \div 2$

(　　　　　　　　　　)

4 次の x の値(あたい)を求めなさい。

(1) $5+x-4=9$

(2) $25-x\times3\div4=7$

(3) $98\div(12-x)=14$

(4) $(18-12)\times x\div3+4=20$

(5) $(x\times12-8)\div16=4$

(6) $(36\div x+5)\times\frac{2}{3}=6$

5 ある数を 23 でわるつもりが，まちがえて 28 でわったので，商が 253 であまりが 16 になりました。

(1) ある数を x として，まちがえて計算した式を書きなさい。

(　　　　　　　　　　　　　　)

(2) 正しい答えを求めなさい。

(　　　　　)

6 $\frac{4}{5}$ をある数でわって，その商に $\frac{5}{6}$ をかけると $\frac{1}{2}$ になります。

(1) ある数を x として，式を書きなさい。

(　　　　　　　　　　　　　　)

(2) ある数はいくらですか。

(　　　　　)

7 次の式で，$y=48$ のとき x はいくつですか。〔関東学院六浦中〕

$4\times(9-x)=y\div(2\times3)$

(　　　　　)

答え▶別冊19ページ

10 比例と反比例

1 次のうち，y が x に比例するものには○，y が x に反比例するものには△，そうでないものには×の記号を記入し，比例・反比例するものは，y を x の式で表しなさい。〔武蔵野女子学院中〕

(1) 縦(たて)が x cm，横が y cm の長方形の面積は 6 cm^2 です。

記号（　　）式（　　　　　　　　　　　　）

(2) 1000 円札で x 円の買い物をしたとき，おつりは y 円です。

記号（　　）式（　　　　　　　　　　　　）

(3) 底面積が 10 cm^2，高さが x cm の直方体の体積は y cm^3 です。

記号（　　）式（　　　　　　　　　　　　）

(4) 時速 50 km で走る自動車が x 分間に進む道のりは y km です。

記号（　　）式（　　　　　　　　　　　　）

(5) 1 日のうち起きている時間を x 時間とすると，ねている時間は y 時間です。

記号（　　）式（　　　　　　　　　　　　）

2 右の図 1 のグラフは，針金(はりがね)の長さと重さの関係を表したもので，図 2 は重さと値段(ねだん)の関係を表したものです。〔同志社女子中〕

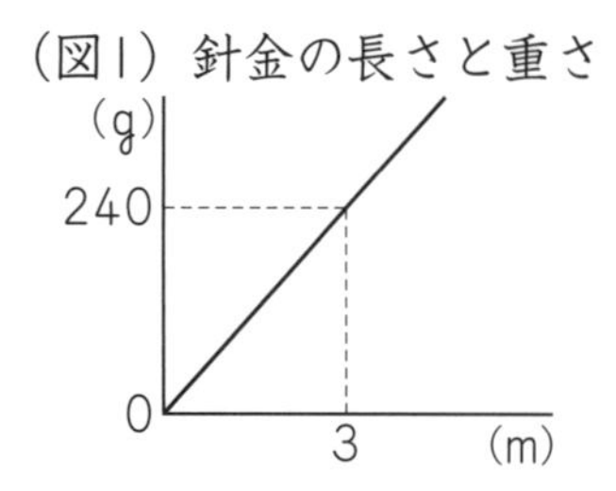

(1) この針金 400 g の長さは何 m ですか。

（　　　　）

(2) この針金の長さが 60 cm 長くなると，重さは何 g 増えますか。

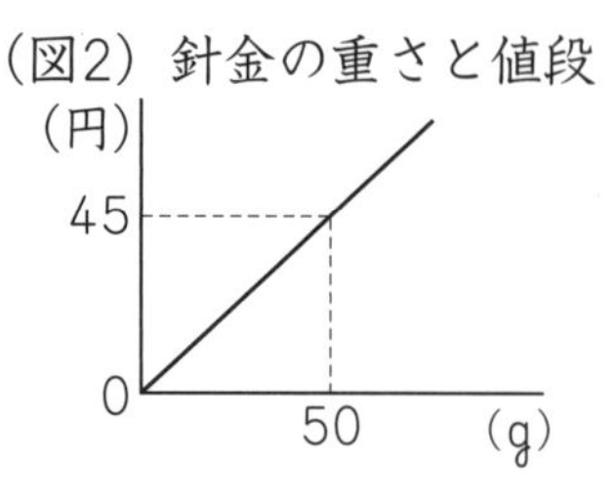

(3) この針金 1 m の値段はいくらですか。

（　　　　）

3 プールの水をぬき始めて，全体の水の量の $\frac{3}{8}$ になったところで，1時間20分たちました。すべてなくなるには，あと何分かかりますか。　〔比治山女子中〕

（　　　　）

4 右のグラフは，長さ10 cmのろうそくに，火をつけてからの時間とろうそくの長さの関係を表したものです。このろうそくは1分間に[ア] cm燃えます。また，ろうそくの長さが4 cmになるのは，火をつけてから[イ]分[ウ]秒後です。[　]にあてはまる数を求めなさい。　〔智辯学園中〕

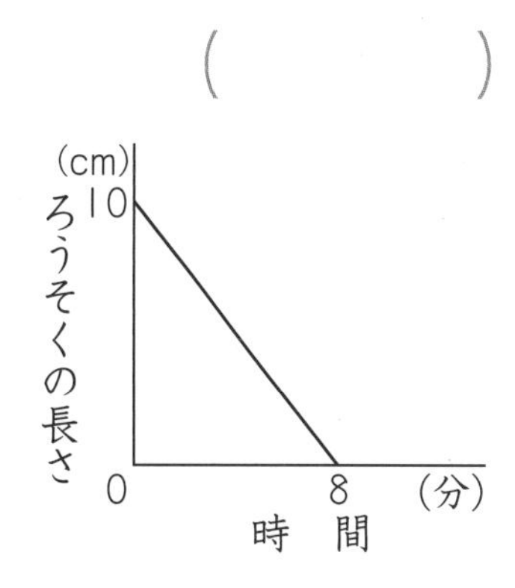

ア（　　　　）　イ（　　　　）　ウ（　　　　）

5 A，B，Cの歯車が右の図1のようにかみ合っています。Bの歯車の歯数は12で，Bの歯車が3回転すると，Aの歯車は1回転します。また，Bの歯車が5回転すると，Cの歯車は3回転します。　〔相模女子大中〕

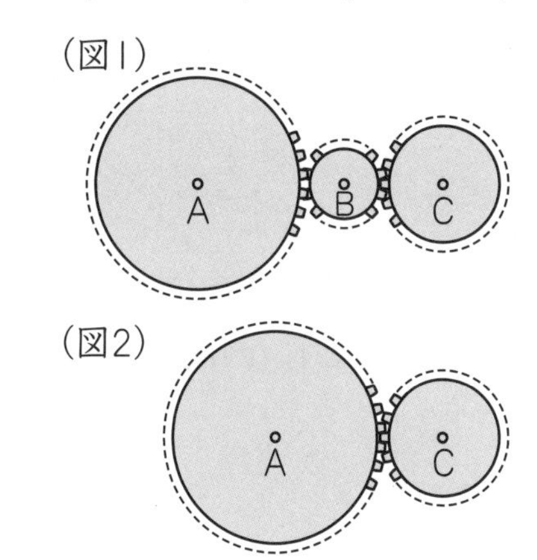

(1) Aの歯車の歯数を求めなさい。

（　　　　）

(2) Cの歯車の歯数を求めなさい。

（　　　　）

(3) 図2のように，Aの歯車とCの歯車をかみ合わせたとき，最初にかみ合っていた歯がふたたびかみ合うまでに，歯車AとCは，それぞれ何回転しますか。

A（　　　　）　C（　　　　）

答え▶別冊19ページ

10 比例と反比例

時間 30分	得点
合格 80点	点

1 次の表は，あるガス暖(だん)ぼう器を使ったときの，使用時間とガス代を示しています。

〔大阪教育大附属天王寺中－改〕

使用時間(時間)	1	2	3	4	5	6
ガス代(円)	9	18	27	36	45	54

(1) 使用時間とガス代の間には，どんな関係がありますか。表の数字を使って(12個の数字を全部使う必要はありません)，理由をつけて答えなさい。(10点／完答)

理由（　　　）

答え（　　　）

(2) この暖ぼう器を87時間使ったときのガス代を求めなさい。(10点)

（　　　）

(3) 1か月1000円までガス代が使えるとしたら，このガス暖ぼう器は何時間使えることになりますか。(10点)

（　　　）

(4) 少し大きめの別のガス暖ぼう器では，1.5倍のガス代を必要とします。2000円までガス代が使えるとしたら，この別のガス暖ぼう器は何時間使えますか。(10点)

（　　　）

2 自動車で高速道路を走っています。ガソリン12Lで150km走りました。ガソリンの値段(ねだん)を1L100円とすると，2000円分のガソリンで何km走ることができますか。(10点)

〔佐賀大附中〕

（　　　）

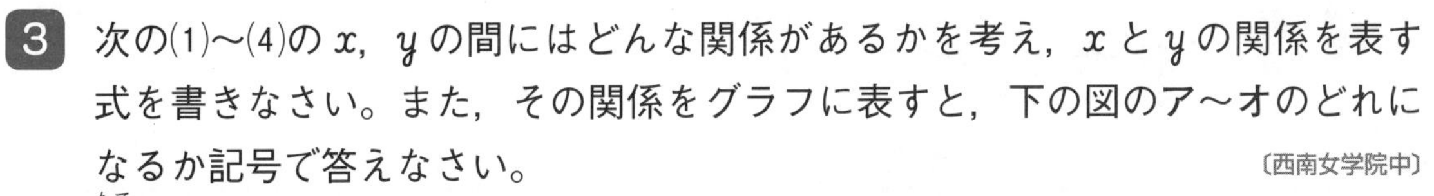

3 次の(1)〜(4)の x，y の間にはどんな関係があるかを考え，x と y の関係を表す式を書きなさい。また，その関係をグラフに表すと，下の図のア〜オのどれになるか記号で答えなさい。 〔西南女学院中〕

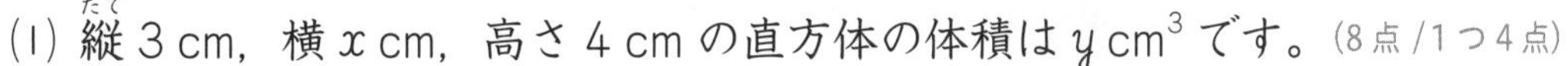

(1) 縦(たて) 3 cm，横 x cm，高さ 4 cm の直方体の体積は y cm^3 です。(8点/1つ4点)

式（　　　　　　　　　　） 記号（　　　　）

(2) 面積 40 cm^2 の長方形の縦の長さを x cm とすると，横の長さは y cm です。(8点/1つ4点)

式（　　　　　　　　　　） 記号（　　　　）

(3) 1本30円のえん筆を x 本買ったときの代金は y 円です。(8点/1つ4点)

式（　　　　　　　　　　） 記号（　　　　）

(4) 150 L の水が入っている水そうから毎分 3 L の水をぬくとき，ぬきはじめてから x 分後の水そうの中の水は y L です。(8点/1つ4点)

式（　　　　　　　　　　） 記号（　　　　）

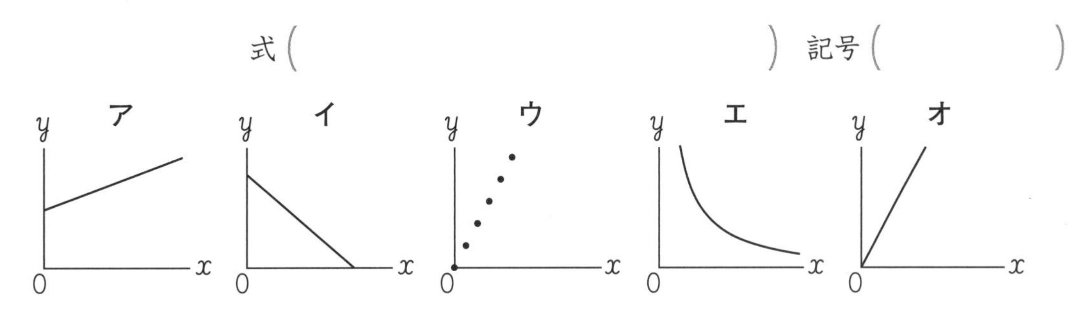

4 右の図のように長方形 OABC の頂点(ちょうてん) B を通る比例のグラフ $y=a\times x$ と，頂点 B と長方形 ODEF の頂点 E を通る反比例のグラフ $y=b\div x$ があります。長方形 OABC と長方形 CGEF の面積はそれぞれ 3 cm^2，2 cm^2 で，点 G は線分 CB と DE の交点です。

(18点/1つ9点)〔跡見学園中〕

y　$y=a\times x$
F E
C G B
$y=b\div x$
O D A x

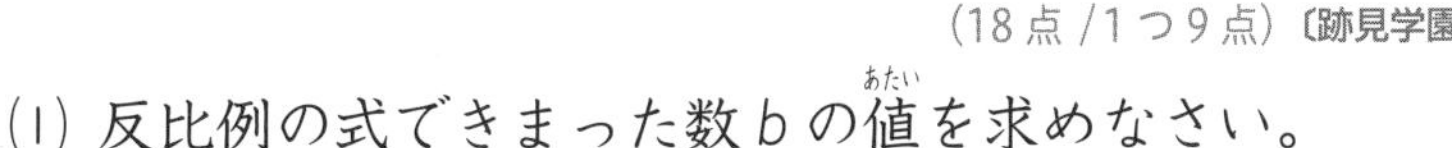

(1) 反比例の式できまった数 b の値(あたい)を求めなさい。

（　　　　）

(2) OF＝6 cm のとき，比例の式で，きまった数 a の値を求めなさい。

（　　　　）

答え▶別冊20ページ

11 速さとグラフ

標準クラス

1 昭子さんは学校から 2 km はなれた駅に向かって歩き，和子さんは昭子さんと同じ時間に駅を出発し，学校へ向かって歩きました。
次のグラフは昭子さんの様子を表したものです。〔昭和女子大附属昭和中〕

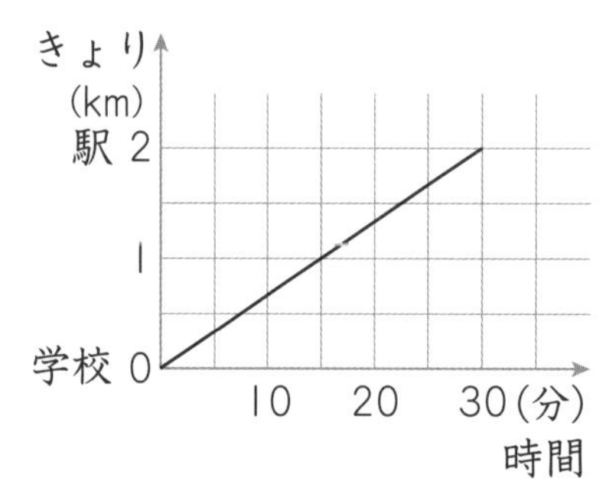

(1) 昭子さんは時速何 km で歩きましたか。

(　　　　　)

(2) 和子さんは時速 6 km で歩きました。和子さんの様子を表したグラフを上の図にかきなさい。

(3) 和子さんが時速 6 km で歩くとすると，2 人が学校と駅のちょうど真ん中の地点で出会うには，和子さんは昭子さんが出発する時間より何分おそく出発する必要がありますか。

(　　　　　)

2 太郎（たろう）さんは家から 188 km はなれたおばあさんの家まで車で行きました。とちゅう，休けい所で休みました。右のグラフは，そのときの時間と道のりの関係を表したものです。(20 点)〔カリタス女子中〕

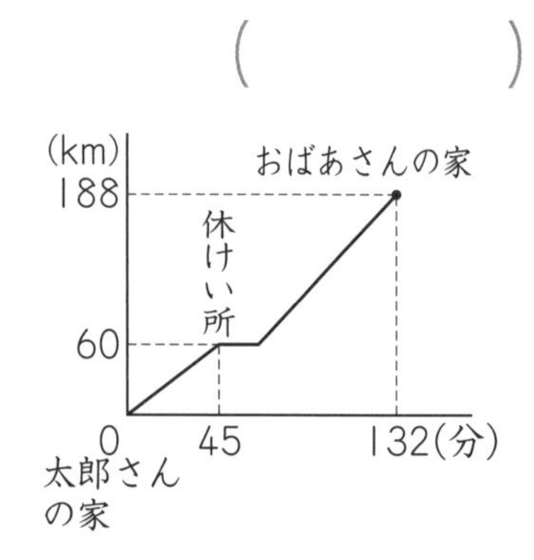

(1) 家から休けい所までは時速何 km で走りましたか。

(　　　　　)

(2) 休けい所を出てからは時速 96 km で走りました。休けい所で休んだ時間は何分間ですか。

(　　　　　)

3 右のグラフは，P駅から 30 km はなれたQ駅へ向かう特急列車と普通(ふつう)列車の時間ときょりの関係を表したものです。特急列車は，普通列車が出発した 12 分後にP駅を出発し，P駅から 18 km はなれたとちゅうの駅で普通列車を追いこしました。〔共立女子第二中〕

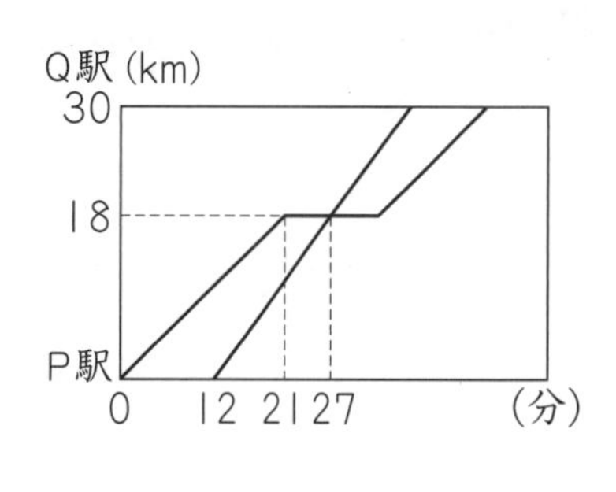

(1) 特急列車はP駅を出発してから何分後にQ駅に着きますか。

(　　　　)

(2) 普通列車が特急列車の 10 分後にQ駅に着いたとすると，とちゅうの駅で何分間停車したことになりますか。

(　　　　)

4 1 周 200 m のトラックコースを，光さんと学さんが同じ場所から同時に走り始めました。右の図は 2 人の走ったようすをグラフで表したものです。〔聖光学院中〕

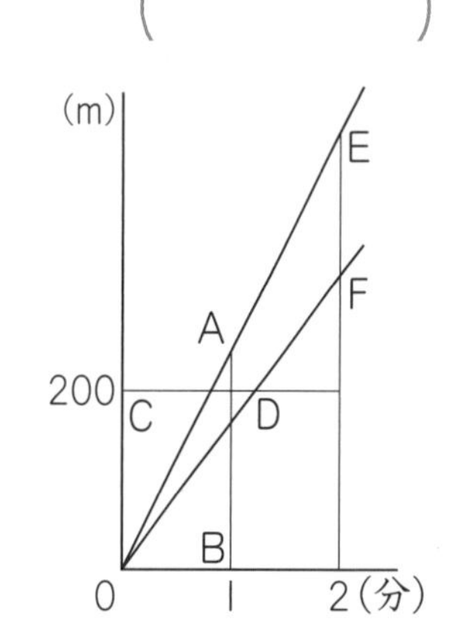

(1) AB は光さんの分速を表しています。このとき，CD は何を表していますか。ことばで説明しなさい。

(　　　　)

(2) EF を 150 m としたとき，学さんが光さんより 1 周おくれるのは，走り始めてから何分何秒後ですか。

(　　　　)

5 Aさんは，午前 7 時に家を出て，歩いて学校へ向かいました。何分かたって，Aさんのお母さんがわすれものに気がついて，同じ道を追いかけました。右の図は，Aさんが家を出てからの時間と，Aさんとお母さんの間のきょりの関係をグラフに表したものです。〔親和中〕

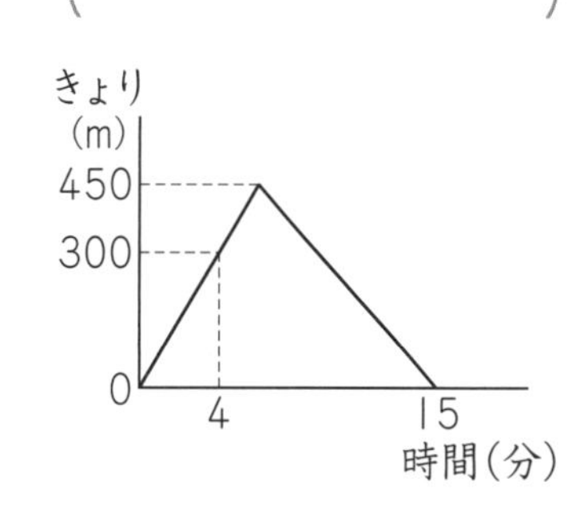

(1) お母さんが家を出た時刻(じこく)を求めなさい。

(　　　　)

(2) お母さんの追いかける速さは毎分何 m ですか。

(　　　　)

答え▶別冊20ページ

11 速さとグラフ ハイクラス

時間 35分	得点
合格 80点	点

1 みわこさんとひかりさんは，学校を同時に出発し，1500 m はなれた公園に向かいました。みわこさんは自転車で向かい，15 分で着きました。ひかりさんは，はじめは歩き，とちゅうからバスに乗ったので，11 分で着きました。ひかりさんの歩く速さは毎分 75 m です。右のグラフは，2 人が公園に着くまでのようすを表したものです。(24 点 /1 つ 6 点)

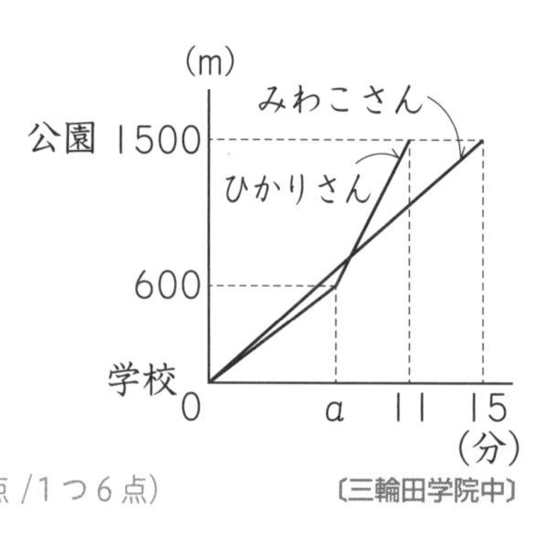

〔三輪田学院中〕

(1) みわこさんの進む速さは毎分何 m ですか。

(　　　　)

(2) a はいくつですか。

(　　　　)

(3) バスの速さは毎分何 m ですか。

(　　　　)

(4) ひかりさんがみわこさんを追い越(こ)すのは，2 人が出発してから何分後ですか。

(　　　　)

2 純子さんは家から 2600 m はなれた競技場まで歩いて行きました。純子さんはとちゅう公園で 15 分休み，家を出てから 65 分後に競技場に着きました。公園で休んだ後の歩く速さは，休む前の速さの $\frac{2}{3}$ です。右のグラフは，純子さんが競技場に着くまでに，家から歩いた道のりを表したものです。〔東京純心女子中一改〕

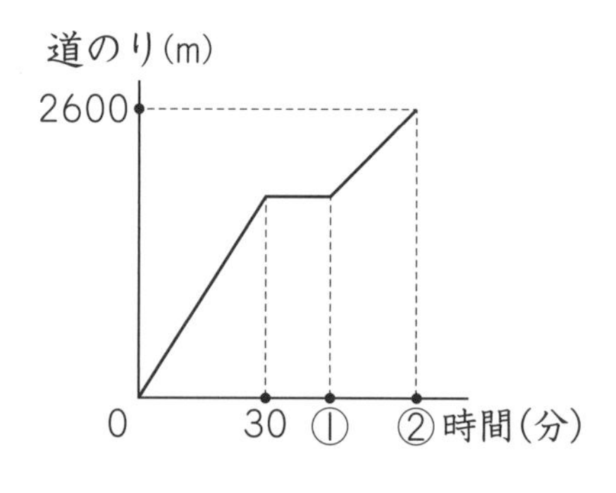

(1) グラフの①と②にあてはまる数を答えなさい。(8 点 /1 つ 4 点)

①(　　　　) ②(　　　　)

(2) 家から公園までの道のりと，公園から競技場までの道のりの比を求めなさい。(8 点)

(　　　　)

(3) 公園は家から何 m のところにありますか。(8 点)

(　　　　)

3 姉妹で家から20 kmはなれた祖父母の家まで自転車で向かいました。とちゅうで家から連絡があったため，姉は急いで家に戻り，すぐに戻るときと同じ速さで妹を追いかけました。妹はその間，その場で10分間休けいしてから，時速10 kmで祖父母の家に向かいながら，姉が追いつくのを待ちました。二人が合流してからは，最初の速さで祖父母の家に向かいました。右上のグラフは，そのときの様子を表したものですが，目盛りのないところは必ずしも正確なグラフではありません。(24点/1つ6点)〔大妻中野中〕

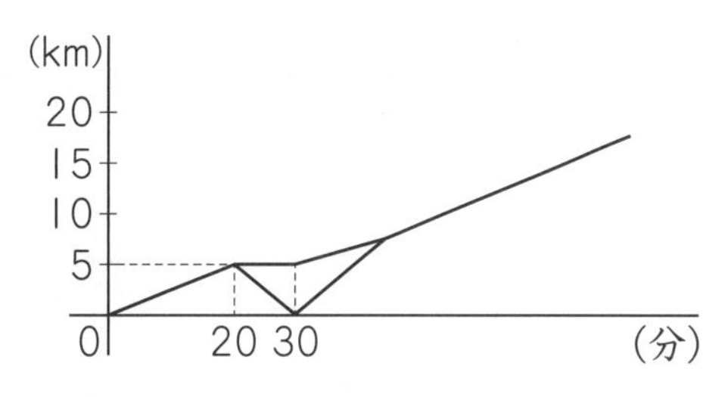

(1) 姉妹が祖父母の家に向かった最初の速さは時速何kmですか。

(　　　　)

(2) 姉が家に戻り，妹に追いつくまでの速さは時速何kmですか。

(　　　　)

(3) 姉が妹に追いついたのは，家から何kmの地点ですか。(　　　　)

(4) 二人が祖父母の家に着いたのは，家を出てから何時間何分後ですか。

(　　　　)

4 バスがA町とB町の間を時速48 kmの速さで往復しています。A町とB町ではそれぞれ10分間停車します。聖子さんは自転車でA町からB町へバスと同じ道を走ります。右のグラフは，そのときのようすを表したものです。〔玉川聖学院中－改〕

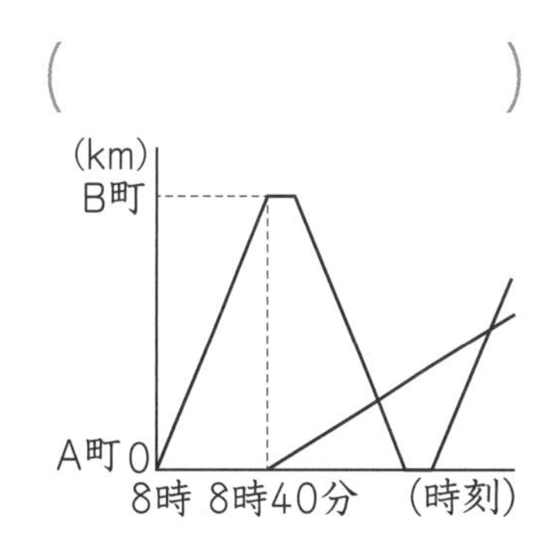

(1) A町からB町までの道のりは何kmですか。(7点)

(　　　　)

(2) 聖子さんはB町から折り返してきたバスに9時20分に最初に出会いました。

① 出会ったのはA町から何kmのところですか。(14点/1つ7点)

(　　　　)

② 聖子さんの走る速さは時速何kmですか。

(　　　　)

(3) 聖子さんがバスに出会った後で，バスに追いこされる時刻を求めなさい。(7点)

(　　　　)

答え▶別冊21ページ

12 資料の調べ方

標準クラス

1 右の表は，あるクラス 40 人の身長を調べた結果です。〔鶴見女子中〕

身長(cm)	人数(人)
以上　未満 130～135	4
135～140	5
140～145	㋐
145～150	12
150～155	6
155～160	3
160～165	2
合計	40

(1) 表の㋐の人数は何人ですか。

(　　　　)

(2) 140 cm 未満の人は，全部で何人ですか。

(　　　　)

(3) 150 cm 以上の人は，全体の何%ですか。

(　　　　)

(4) 147 cm の人は高いほうから数えて何番目から何番目のはんいにいますか。

(　　　　)

2 右のグラフは，高田さんの学級で，ある月に調べた通学時間を柱状グラフに表したもので，例えば，㋐の部分は通学時間が 5 分以上 10 分未満の人が 5 人いることを示しています。〔智辯学園中〕

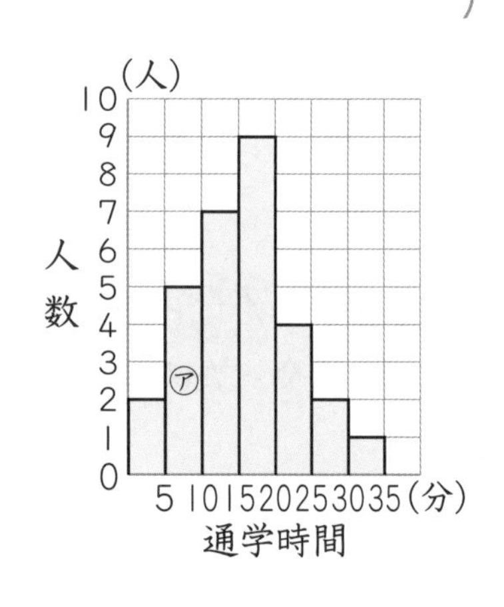

(1) 高田さんの通学時間は，短いほうから数えて 11 番目です。何分以上何分未満ですか。

(　　　　)

(2) 通学時間が 20 分以上 30 分未満の人は全体の何%ですか。

(　　　　)

3 右のグラフは，あるクラスの算数のテストの得点と人数を表したものです。〔大阪信愛女学院中〕

(人数)
8
6
4
2
0 2 3 5 7 8 10(点)

(1) このクラスの人数は，何人ですか。

(　　　　　)

(2) このクラスの平均点は，何点ですか。

(　　　　　)

(3) このテストには，A，B，Cの３問あり，Aは５点，Bは３点，Cは２点でした。問Aができた人が23人とすると，問Bができた人は，何人ですか。

(　　　　　)

4 ある小学校の30人のクラスで，算数と国語の試験を行いました。算数，国語ともそれぞれ５問の試験を１問10点の合計50点満点で採点しました。国語の平均点は33点で，算数の平均点は小数第１位を四捨五入すると31点になりました。右上の表は算数と国語の得点をまとめ，人数を表したものです。表の空らんの人数は０です。〔同志社香里中〕

(人)

国語＼算数	10点	20点	30点	40点	50点	計
10点	1	2				3
20点		1	㋐	1		5
30点		2	2	㋑	㋒	㋓
40点	1	2	3	㋔		㋕
50点			1	2	2	5
計	2	7	㋖	㋗	㋘	30

(1) ㋐，㋖にあてはまる数はいくらですか。

㋐(　　　　)　㋖(　　　　)

(2) ㋓，㋔，㋕にあてはまる数はいくらですか。

㋓(　　　　)　㋔(　　　　)　㋕(　　　　)

(3) ㋑，㋒，㋗，㋘にあてはまる数はいくらですか。

㋑(　　　　)　㋒(　　　　)　㋗(　　　　)　㋘(　　　　)

答え▶別冊22ページ

12 資料の調べ方

時間 30分	得点
合格 80点	点

1 右の柱状グラフは，Aさんの組の算数のテストの結果です。(20点/1つ10点)　〔逗子開成中〕

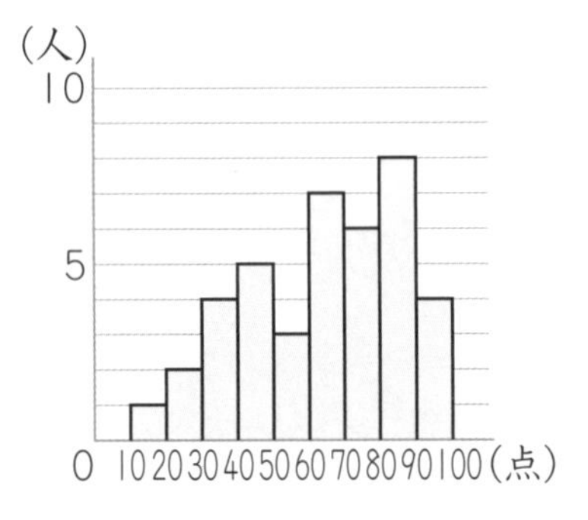

(1) 40点未満の生徒は，全体の何%ですか。

(　　　　)

(2) 75点の生徒は上から何番目から何番目にいるといえますか。

(　　　　　　　　)

2 右の表は，100点満点の算数のテストの結果をまとめたものです。(16点/1つ8点)

点　数 以上　未満	人数(人)
30〜40	1
40〜50	5
50〜60	9
60〜70	16
70〜80	7
80〜90	2

(1) この表を円グラフにしたとき，60点以上70点未満の人の部分の中心角を求めなさい。

(　　　　)

(2) この表を帯グラフにしたとき，70点以上80点未満の人の部分が1.75cmになりました。帯グラフ全体の長さを求めなさい。

(　　　　)

3 西から東に向かって，A，B，C，D，Eの順にならんだ5つの駅があります。右の表は，駅と駅との間のきょりを示したものです。表の中の「4.8km」はA駅からC駅までのきょりが4.8kmであることを表しています。表の中の，①にあてはまる数を求めなさい。(10点)　〔愛知教育大附属名古屋中〕

A駅				
2.2km	B駅			
4.8km	km	C駅		
km	① km	km	D駅	
km	km	6.1km	2.8km	E駅

(　　　　)

4 あるクラスで生徒の家から学校までの通学時間を調べたところ，右の表のようになりました。通学時間が 40 分未満の生徒はクラスの 75 ％です。(24 点 /1 つ 8 点)　〔柳学園中〕

通学時間(分)	人数(人)
ア　10 分未満	2
イ　10 分以上 20 分未満	7
ウ　20 分以上 30 分未満	(A)
エ　30 分以上 40 分未満	8
オ　40 分以上 50 分未満	3
カ　50 分以上 60 分未満	5
キ　60 分以上	2

(1) 通学時間が長いほうから数えて 7 番目の人は，表の**ア**～**キ**のうち，どの部分に入っていますか。

(　　　　)

(2) このクラスの生徒は全部で何人ですか。

(　　　　)

(3) 表の(A)にあてはまる数を求めなさい。

(　　　　)

5 下の表は，あるクラスの児童 40 人の算数と国語の点数をまとめたものです。

表の中の「*1」は算数の点数が 81 点～90 点，国語の点数が 41 点～50 点の児童が 1 人いることを表しています。(30 点 /1 つ 10 点)　〔実践女子学園中〕

(1) 右の表の斜線(しゃせん)部分には同じ数が入ります。その数は何ですか。

(　　　　)

(2) 国語の点数より算数の点数のほうが，確実に高いと読みとれる児童は何人ですか。

(　　　　)

(3) 次の㋐，㋑，㋒のどれかにあてはまる児童は，必ず放課後に残って勉強をします。そのような児童は何人以上何人以下だと考えられますか。

国語の点数＼算数の点数	0～10	11～20	21～30	31～40	41～50	51～60	61～70	71～80	81～90	91～100
91～100								1		1
81～90							1			
71～80					(斜線)			1		2
61～70				1		2		3		
51～60			3		1		(斜線)	2		
41～50				1	2				*1	
31～40		1				1				
21～30		1	1	2						
11～20	2									
0～10										

㋐ 算数が 40 点以下　㋑ 国語が 40 点以下　㋒ 合計点が 100 点未満

(　　　　)

答え▶別冊22ページ

13 場合の数

標準クラス

1 [1], [2], [3]の３つの数字が書かれた３枚(まい)のカードがあります。

(1) このカードをならべて，３けたの数をつくります。全部で何通りできますか。

（　　　　）

(2) このカードを使って，１けたの数，２けたの数，３けたの数をつくると，全部で何通りできますか。

（　　　　）

2 １個のさいころを続けて２回投げるとき，出た目の数の積が４の倍数になるのは全部で何通りありますか。〔近畿大附中〕

（　　　　）

3 右の図のように１３個の点が縦(たて)，横とも等しい間かくでならんでいます。この１３個の点から４個の点を選び，その４点を頂点とする正方形を作ります。

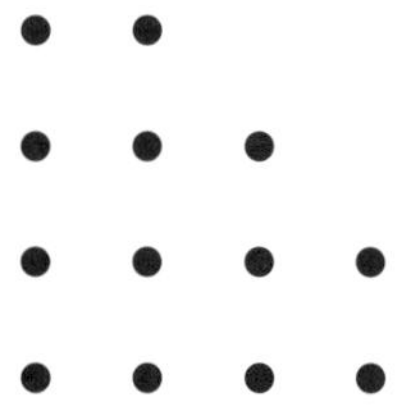

(1) 大きさが異(こと)なる正方形は何種類作ることができますか。

（　　　　）

(2) 正方形は全部で何個作ることができますか。

（　　　　）

4 A，B，C，Dの４人がリレーで走ります。 〔日本女子大附中ー改〕

(1) 走る順番は全部で何通りありますか。

(　　　　　)

(2) Aをかならず第１走者か第４走者にするとき，走る順番は何通りありますか。

(　　　　　)

5 右の図のように縦５本，横３本の道があります。Aから Bまで，遠回りしないでこの道を進みます。

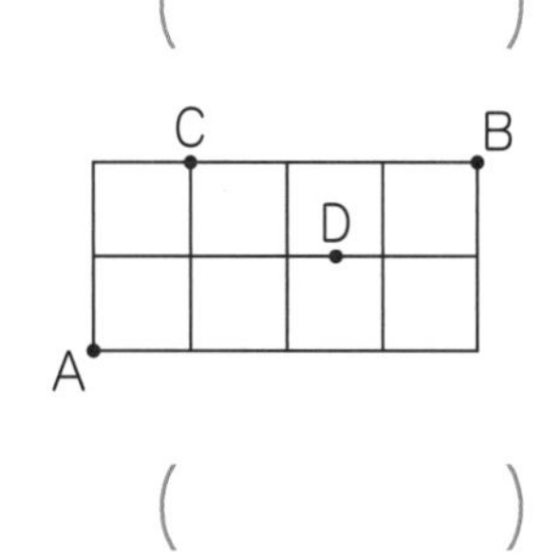

(1) AからCを通ってBに行くとき，進み方は何通りありますか。

(　　　　　)

(2) Dを通らないで行くとき，何通りの進み方がありますか。

(　　　　　)

(3) 全部で何通りの進み方がありますか。

(　　　　　)

6 りんご，みかん，ももの３種類のくだものを取りまぜて５個買います。どのくだものも少なくとも１個は買うとすると，全部で何通りの買い方がありますか。考え方も書いて求めなさい。図などを使ってもかまいません。

考え方(　　　　　)

答え(　　　　　)

7 赤，青，黄，緑の４色の絵の具を使って，右の図の㋐，㋑，㋒の部分をぬり分けて，旗をつくります。同じ色を２か所に使ってもよいが，となり合った部分には同じ色を使わないことにします。何通りの旗ができますか。 〔大谷中(大阪)〕

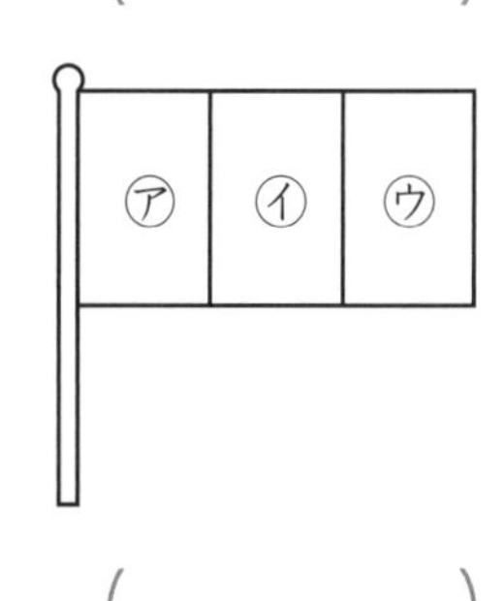

(　　　　　)

答え▶別冊24ページ

時間 30分	得点
合格 80点	点

13 場合の数

1 0, 1, 2, 3の4つの数字が書かれた4枚(まい)のカードがあります。

(20点/1つ10点)

(1) このカードをならべて，3けたの数をつくります。全部で何通りできますか。

(　　　　)

(2) 3けたの偶数(ぐうすう)は，何通りできますか。

(　　　　)

2 「ショウナン」の5文字から3文字を選び，1列にならべます。ただし，「ン」は先頭に置くことはできず，「ョ」は「シ」のすぐ後ろにしか置くことはできません。ならべ方は全部で何通りありますか。(10点)　〔鎌倉女学院中〕

(　　　　)

3 大，中，小3つのさいころを1回ずつ投げて，出た目の数を調べました。

(20点/1つ10点)〔大妻多摩中〕

(1) 小のさいころの目が5のとき，3つのさいころの目の和が奇数(きすう)になるような目の出方は何通りありますか。

(　　　　)

(2) 3つのさいころの目の和が12になるような目の出方は何通りありますか。

(　　　　)

4 1，1，2，3，3 の 5 枚のカードの中から 3 枚を取り出してならべてできる 3 けたの整数のうち，大きいほうから数えて 10 番目の数は何ですか。

(10 点)〔東洋英和女学院中〕

(　　　　)

5 十角形の対角線は，全部で何本ひくことができますか。(10 点)

(　　　　)

6 右の図を見て，次の問いに答えなさい。(20 点 / 1 つ 10 点)　〔南山中男子部〕

(1) 右の図 1 のような立方体があります。A を出発して立方体の辺にそって進み B まで行くとき，遠回りすることなく進む方法は何通りありますか。

(図 1)

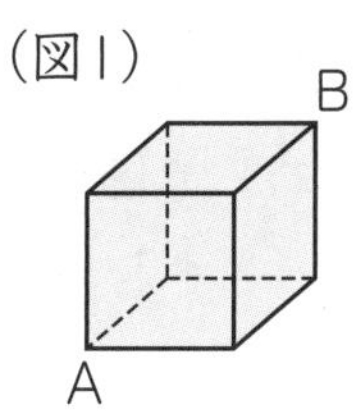

(　　　　)

(2) 同じ立方体を右の図 2 のように 4 個ならべたとき，A を出発して立方体の辺にそって進み C まで行くとき，遠回りすることなく進む方法は何通りありますか。

(図 2)

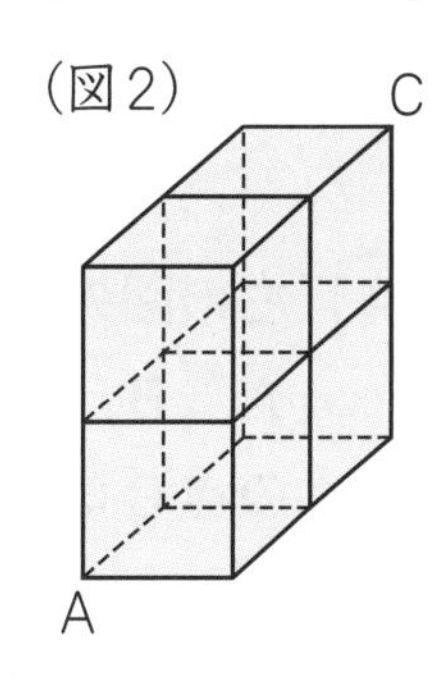

(　　　　)

7 右の図のような直方体に色をぬります。この直方体の各面を，赤，青，黄の 3 色でぬるとき，何通りのぬり方がありますか。ただし，となり合う面は異(こと)なる色でぬります。(10 点)　〔福山暁の星女子中－改〕

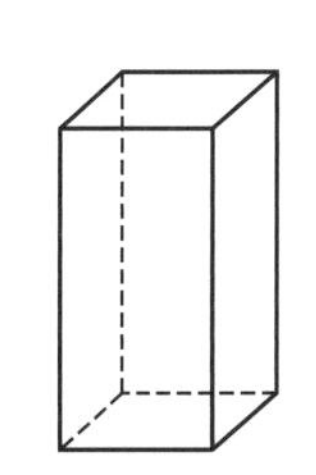

(　　　　)

チャレンジテスト③

答え▶別冊24ページ

時間	35分	得点
合格	80点	点

1 次の□にあてはまる数を書きなさい。(10点/1つ5点)

(1) $\frac{1}{3}$: 0.75 = □ L : 18 m^3 〔同志社女子中〕

(2) 24 : 37 = $\left(10 - \frac{\square}{37}\right)$: 14 〔実践女子学園中〕

2 直線上の点A，Bの間に，右の図のように3点P，Q，Rがあります。AP：PB＝2：5，AQ：QB＝5：4，AR：RB＝5：1のとき，PQ：QRの比を求めなさい。(10点) 〔愛知淑徳中〕

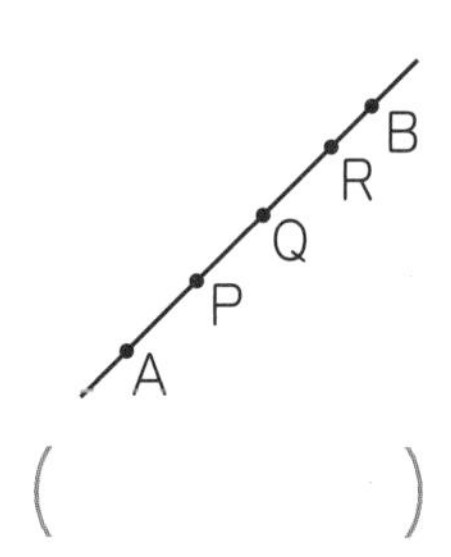

(　　　　)

3 次の数量の関係を式で表しなさい。(16点/1つ8点)

(1) 定価がa円のりんごを3割引きの値段(ねだん)でb個売ると，売り上げがc円になりました。

(　　　　)

(2) 時速80 kmで走る車は，a分間にb m進みます。

(　　　　)

4 右の図のように歯数がそれぞれ30，12，48の歯車A，B，Cがかみ合っています。A上の点PとB上の点Qは現在いっちしており，またB上の点RとC上の点Sもいっちしています。これからAを3分間に5回の速さで回転させます。(16点/1つ8点)〔南山中女子部〕

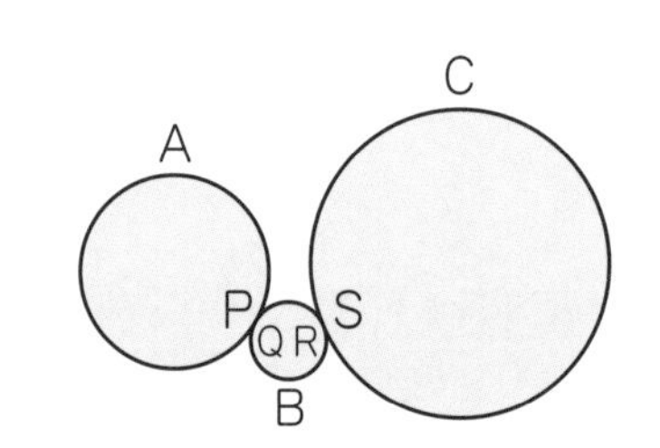

(1) Bは6分間に何回転しますか。

(　　　　)

(2) PとQ，SとRがふたたびいっちするのは何分何秒後ですか。

5 太郎君は自宅から学校まで自転車で往復しました。自宅からA地点までは平たんな道，A地点から学校までは上り坂です。平たんな道では時速 16 km，上り坂では時速 12 km，下り坂では時速 20 km で走りました。かかった時間は，行きは自宅から学校まで 1 時間，帰りは学校から自宅まで 50 分間でした。(24 点 /1 つ 8 点)

自宅　A地点　学校

〔穎明館中〕

(1) A地点と学校の間の上りにかかった時間と下りにかかった時間の比を，最も簡単な整数の比で表しなさい。

(　　　　)

(2) 自宅からA地点までの片道にかかった時間は何分間ですか。

(　　　　)

(3) 自宅からA地点までと，A地点から学校までのきょりはそれぞれ何 km ですか。

(完答)

自宅からA地点まで (　　　　)　A地点から学校まで (　　　　)

6 普通列車は午前 9 時に東駅を出発して，中央駅でしばらく停車し，特急列車とすれ違った後に駅を出て，午前 9 時 44 分に西駅に到着しました。特急列車は午前 9 時 2 分に西駅を出発して，中央駅を通過し，東駅に到着しました。右上のグラフは普通列車と特急列車の間の道のりと時間の関係を表したものです。また，2 つの列車は駅を出発してから到着するまで一定の速さで走るものとします。(24 点 /1 つ 8 点)

【普通列車と特急列車の間の道のりと時間の関係】

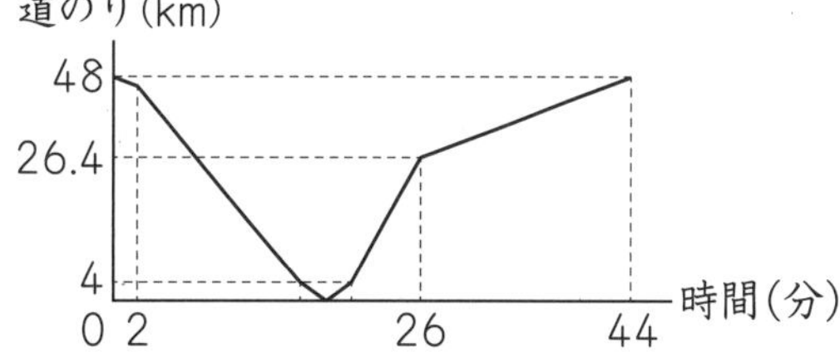

〔立教池袋中一改〕

(1) 特急列車が東駅に到着したのは 9 時何分ですか。

(　　　　)

(2) 特急列車の速さは分速何 km ですか。

(　　　　)

(3) 東駅から中央駅までの道のりは何 km ですか。

(　　　　)

答え▶別冊26ページ

時間 35分	得点
合格 80点	点

チャレンジテスト④

1 次の x の値(あたい)を求めなさい。(12点/1つ4点)

(1) $0.75 \div x \div 1.2 \times 0.32 = 0.5$

(2) $(8.1 + 3 \times x - 10.6) \div 2 = 6.7$

(3) $39 \times 75 - (5 - x) + 5 \times \frac{5}{6} - 3 \times 975 = 0$

2 50円玉，100円玉，500円玉の3種類のこう貨があります。使わないこう貨があってもよいものとして1000円を支はらう方法は全部で何通りありますか。

(10点)〔甲南女子中〕

(　　　　)

3 ある人が3.2 kmはなれた場所へ向かって歩きはじめました。$\frac{1}{4}$ だけ進んだところから速さを $\frac{1}{5}$ 減らして歩いたら，予定より10分おくれて着きました。

(24点/1つ8点)〔ラ・サール中〕

(1) 速さを減らしたあとは，速さを減らす前と比べて，同じきょりを進むのにかかる時間は何倍になりますか。

(　　　　)

(2) 速さを減らしてから何分で着きましたか。

(　　　　)

(3) はじめの速さは時速何kmですか。

(　　　　)

4 あるクラスで国語と算数のテストをしました。下は点数と人数の関係の一覧表とグラフです。(24点/1つ8点)

〔相模女子大中一改〕

国語＼算数	1点	2点	3点	4点	5点
5点			3	2	1
4点		2	㋐	4	2
3点	2	2	3	1	
2点		1		1	
1点					

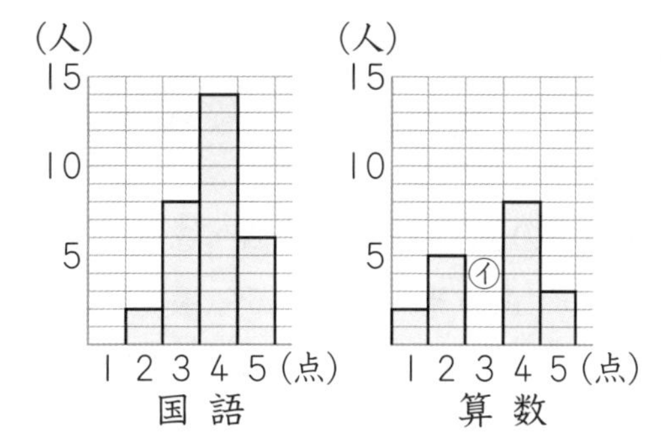

(1) ㋐に入る人数を求めなさい。

(　　　　)

(2) 算数で3点とった人は全部で何人いるかを，上のグラフの㋑に表しなさい。

(3) 算数が3点で国語が5点の人は，全体の何%ですか。

(　　　　)

5 30 cm はなれた2地点A，Bがあります。点P，Qはそれぞれ点A，Bから同時に出発しAB間を一定の速さで往復します。点P，Qが1回目に出会った後，点PはBに，点QはAに着いてから折り返し，点P，Qは2回目に出会い止まりました。次のグラフは出発してからの時間とPQ間のきょりを表したものです。(30点/1つ10点)

〔筑波大附中一改〕

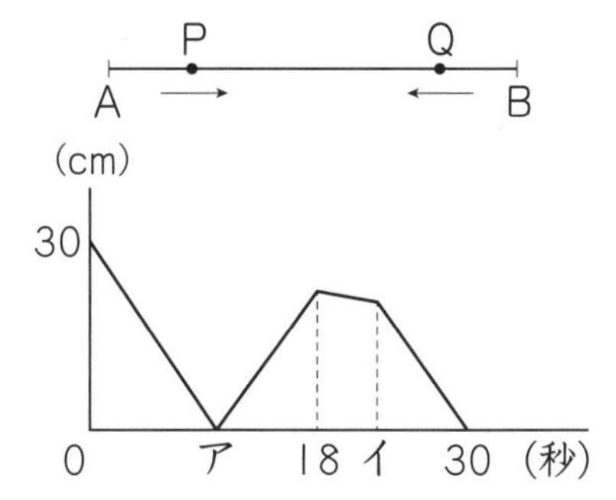

(1) 点P，点Qが動きはじめてから2回目に出会って止まるまでに，点Pが動いた道のりと点Qが動いた道のりの和は何 cm ですか。

(　　　　)

(2) アの値を求めなさい。

(　　　　)

(3) イの値を求めなさい。

(　　　　)

答え▶別冊27ページ

14 対称な図形

標準クラス

1 次の図形の性質を調べます。

ア 正方形　　イ 長方形　　ウ 正三角形　　エ 直角二等辺三角形
オ 平行四辺形　　カ ひし形　　キ 正五角形　　ク 正六角形

(1) 二等辺三角形は，右の図のように，１本の直線を折り目にしてちょうど重なり合います。このような図形を線対称な図形といい，折り目の直線を対称の軸といいます。

　上の図形の中で，線対称な図形はどれですか。すべて選んで記号で答えなさい。

(　　　　　　　　　)

(2) 正六角形は，点アを中心に180°回転すると，もとの正六角形にちょうど重なり合います。このような図形を点対称な図形といい，点アを対称の中心といいます。

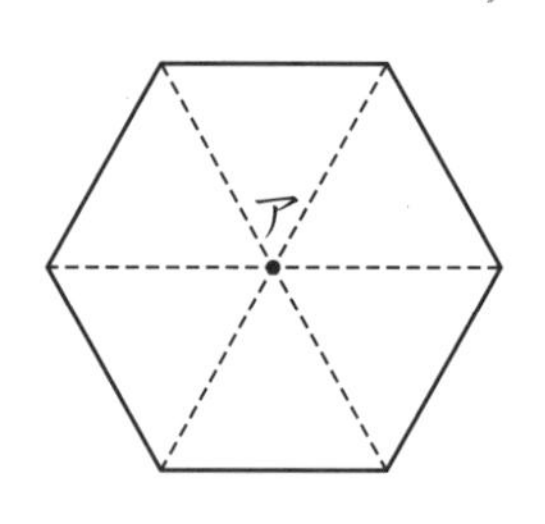

　上の図形の中で，点対称な図形はどれですか。すべて選んで記号で答えなさい。

(　　　　　　　　　)

2 右の図形は，点ウを中心とした点対称な図形です。また，線対称な図形でもあります。

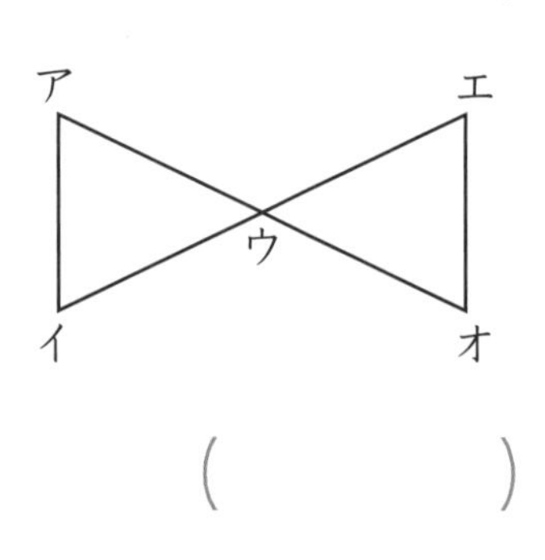

(1) この図形を，点ウを中心にして180°回転させたときに，点アと重なる点はどれですか。

(　　　　)

(2) 辺アオが8 cmのとき，辺ウエは何cmになりますか。

(　　　　)

(3) 考えられる対称の軸を，図の中にすべてかきこみなさい。

3 正十二角形には，対称の軸は何本ありますか。

（　　　）

4 右の図について，次の問いに答えなさい。
〔学習院女子中〕

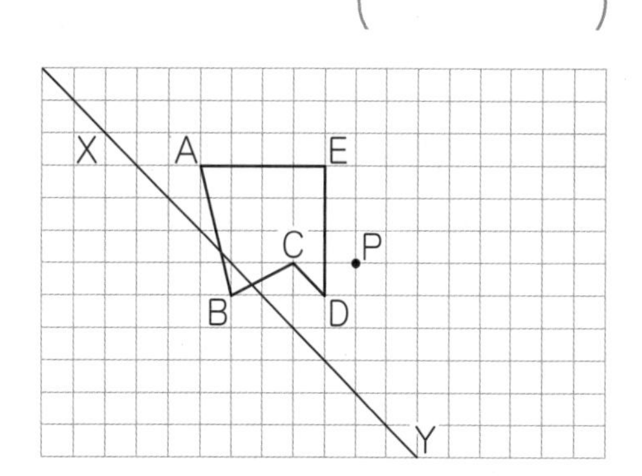

(1) 直線 XY を対称の軸として，五角形 ABCDE と線対称な図形をかきなさい。

(2) 点 P を対称の中心として，五角形 ABCDE と点対称な図形をかきなさい。

5 下の方眼を用いて，次のような図形を 1 つかきなさい。
〔甲南中〕

(1) 線対称であるが点対称ではない六角形

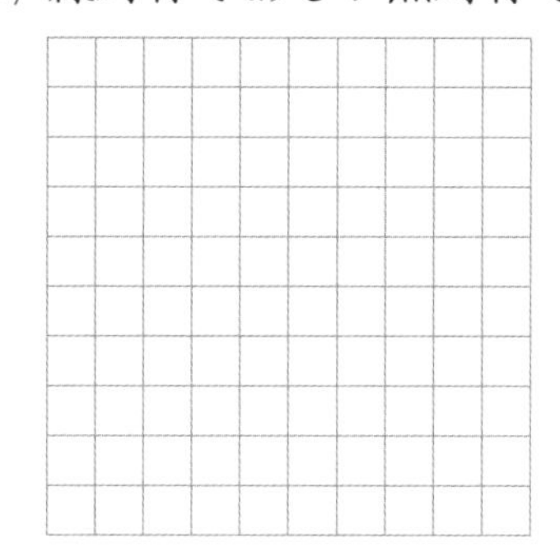

(2) 線対称でも点対称でもある八角形

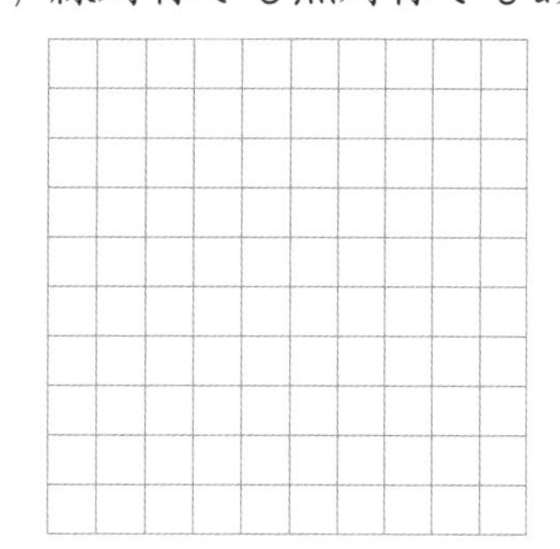

6 右の図のような正六角形 ABCDEF において，対角線をひいてできる正六角形 GHIJKL の面積は 24 cm² です。
〔逗子開成中〕

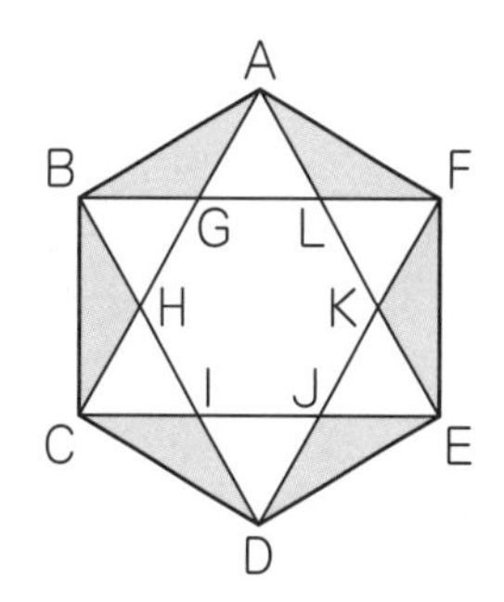

(1) 三角形 ACE の面積を求めなさい。

（　　　）

(2) 色のついた部分の面積を求めなさい。

（　　　）

答え▶別冊28ページ

15 拡大と縮小

標準クラス

1 次の図を作図しなさい。

(1) 点Aを中心に，辺の長さを2倍にした拡大図

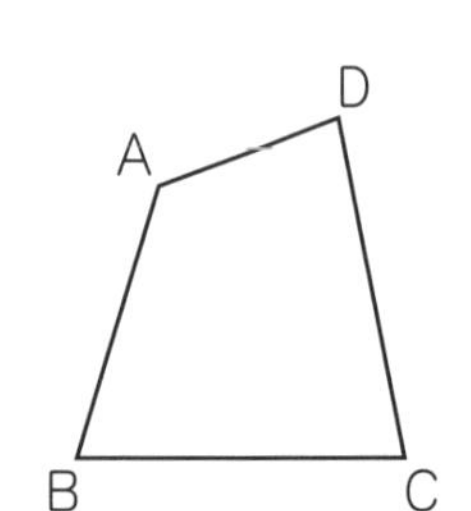

(2) 点Aを中心に，辺の長さを$\frac{1}{2}$にした縮図

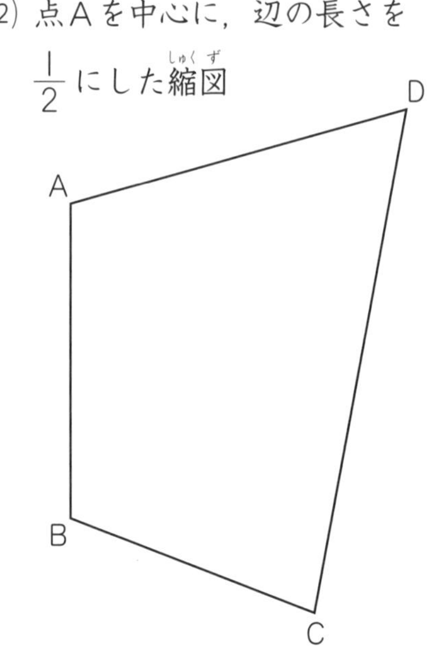

2 次の問いに答えなさい。

(1) 50000分の1の地図で2cmにあたるきょりは，実際には何kmになりますか。

〔東京学芸大附属竹早中〕

(　　　　)

(2) 2.8kmのきょりが，ある地図では7cmで表されています。この地図の縮尺を分数で答えなさい。

(　　　　)

(3) 縮尺$\frac{1}{25000}$の地図で，A町とB町は20cmはなれています。A町からB町まで時速4kmで歩いたら，何時間何分かかりますか。

〔青雲中〕

(　　　　　　)

3 縮尺 $\frac{1}{20000}$ の地図上で，１辺が３cmの正方形の土地があります。〔共栄学園中〕

(1) この土地の実際の１辺の長さは何mですか。

(　　　　)

(2) 実際の面積は何haですか。

(　　　　)

4 $\frac{1}{12000}$ の地図上で１辺が５cmの正方形の土地の実際の面積は何km² ですか。

（10点）〔香蘭女学校中〕

(　　　　)

5 右の図は，ある台形の土地を $\frac{1}{500}$ の縮図にしたものです。〔千代田女学園中〕

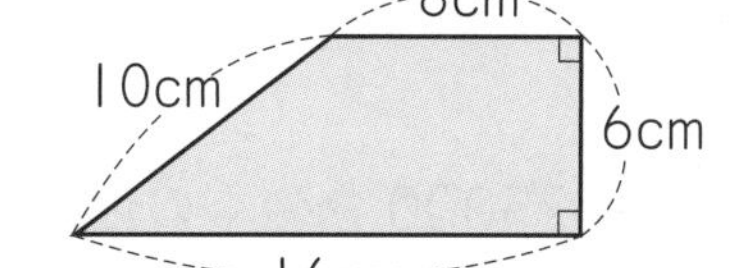

(1) この土地の実際の面積は何m² ですか。

(　　　　)

(2) この土地を $\frac{1}{200}$ の縮図にすると，まわりの長さは何cmになりますか。

(　　　　)

6 長方形の形の土地が縮尺2000分の１の地図にかかれています。この土地の実際の面積は，地図上に表されたこの土地の面積の何倍になりますか。考え方も書いて答えなさい。

考え方(　　　　)

答え(　　　　)

答え▶別冊28ページ

15 拡大と縮小

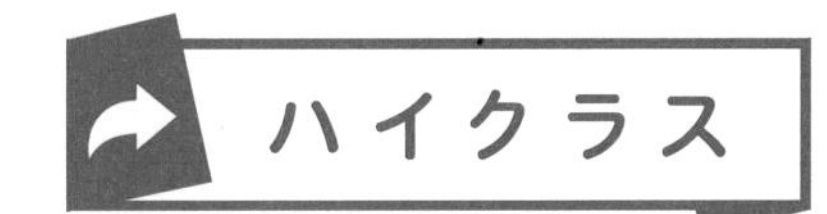

時間	35分	得点
合格	80点	点

(＊円周率は，3.14を使いなさい。)

1 次の問いに答えなさい。(30点/1つ10点)

(1) 25000分の1の地図で，縦2 cm，横3 cmの長方形の土地の実際の面積は何haですか。〔攻玉社中〕

(　　　　)

(2) 縮尺$\frac{1}{50000}$の地図上で18 cmはなれている2地点間を時速36 kmの自動車で行くと何分かかりますか。〔東京家政学院中〕

(　　　　)

(3) 25000分の1の地図上で，面積が100 cm^2の土地の実際の面積は何km^2ですか。〔関西学院中〕

(　　　　)

2 縮尺が5000分の1の地図上で，面積が6 cm^2の正方形の土地の実際の面積は何m^2ですか。(10点)

(　　　　)

3 実際の長さが18 kmのところが，地図の上では12 cmになっています。この地図で，面積が40 cm^2の土地は，実際には何km^2ですか。(12点)〔関西学院中〕

(　　　　)

4 10000分の1の地図の上で，A君の家からB駅まで直線をひき，半径1.5 cmの円ばんを，その直線上ですべることなくころがしていくと，円ばんは$2\frac{1}{2}$回転します。A君の家からB駅までのきょりは，まっすぐにはかると実際は何mになりますか。(12点)　〔智辯学園中〕

(　　　　)

5 ある土地を，$\frac{1}{300}$の縮図(しゅくず)でかかれているものと思って面積を求めたところ1800 m^{2}となりました。しかし，実際には$\frac{1}{200}$の縮図でかかれていました。この土地の実際の面積を求めなさい。(12点)　〔逗子開成中〕

(　　　　)

6 身長150 cmの人が高さ4 mの照明の真下から，まっすぐに一定の速さで歩き始めました。歩き始めてから5秒後の地点での人の影(かげ)の先たんが照明の真下から10 mになりました。このとき，この人の影の長さは何mですか。

(12点)〔立教女学院中〕

(　　　　)

7 右の図は木(AB)の高さを測る方法を示した図です。ただし，単位はcmです。木の高さは何cmですか。

(12点)

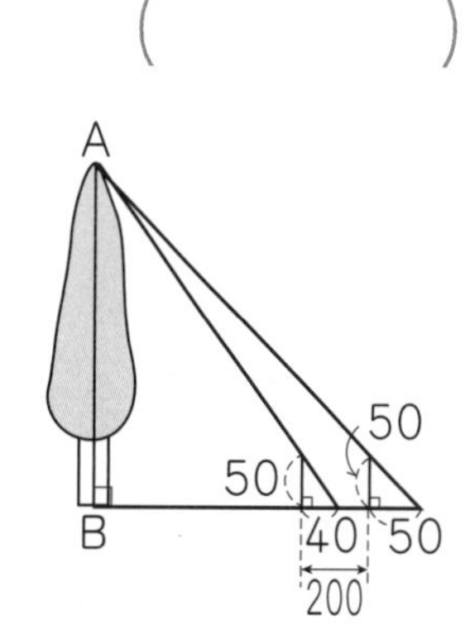

(　　　　)

答え▶別冊29ページ

16 円の面積

標準クラス

（＊円周率は，3.14を使いなさい。）

1 次の円の面積を求めなさい。

(1)

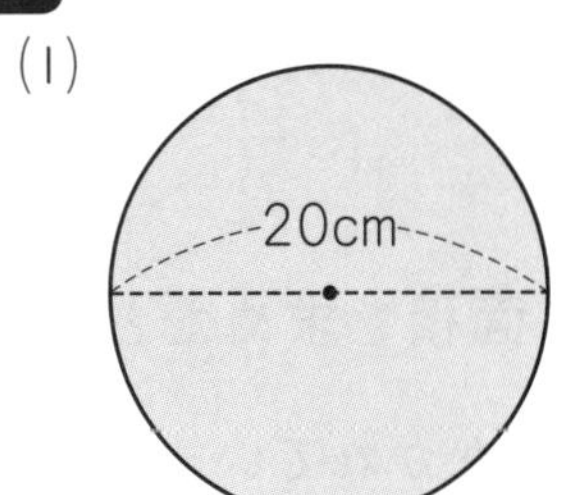

（　　　　）

(2)

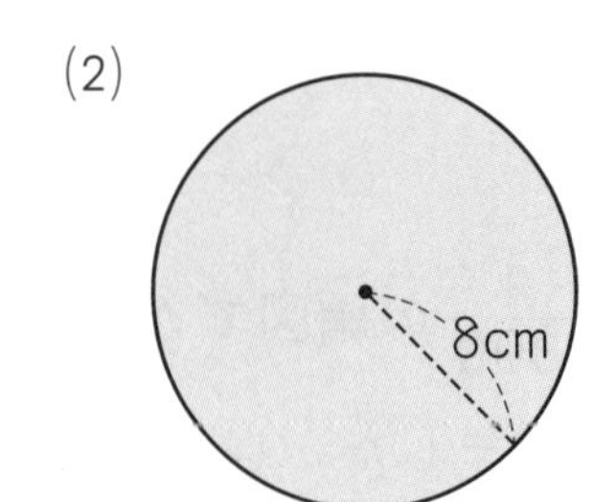

（　　　　）

2 次のおうぎ形の面積を求めなさい。

(1)

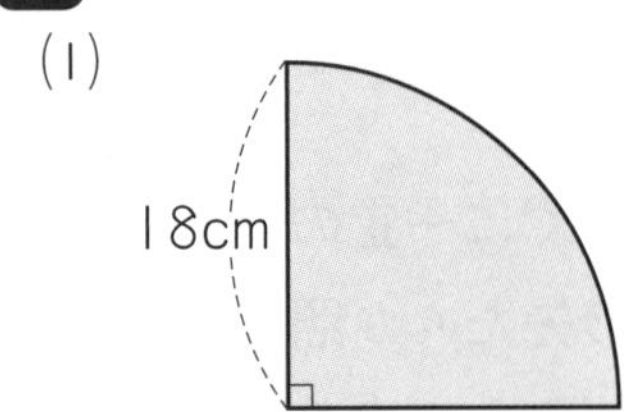

（　　　　）

(2)

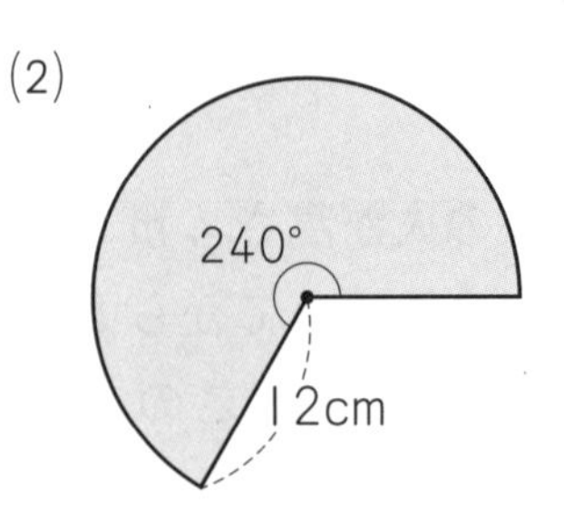

（　　　　）

3 次の問いに答えなさい。

(1) 円周が 25.12 cm の円の面積は何 cm^2 になりますか。

（　　　　）

(2) 円周が 94.2 m の円の面積は何 m^2 になりますか。

（　　　　）

4 次の図で，色のついた部分の面積を求めなさい。

(1)

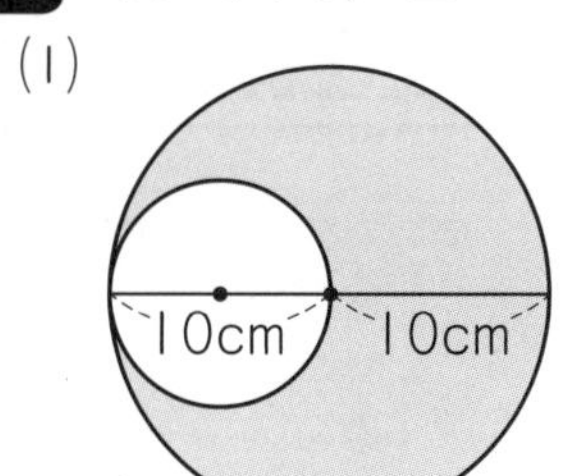

(2)

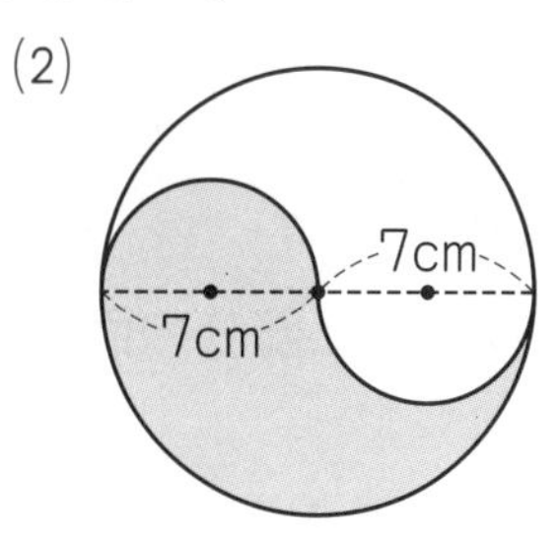

(　　　　　)　　(　　　　　)

5 右の図は，長さ 12 m のロープで小屋の外につながれた馬を上から見たものです。馬が動けるはん囲の面積を求めなさい。ただし，馬は小屋の中に入ったり，小屋をこえたりすることはできません。また，ひもは小屋に固定されていて，馬の大きさは考えないものとします。

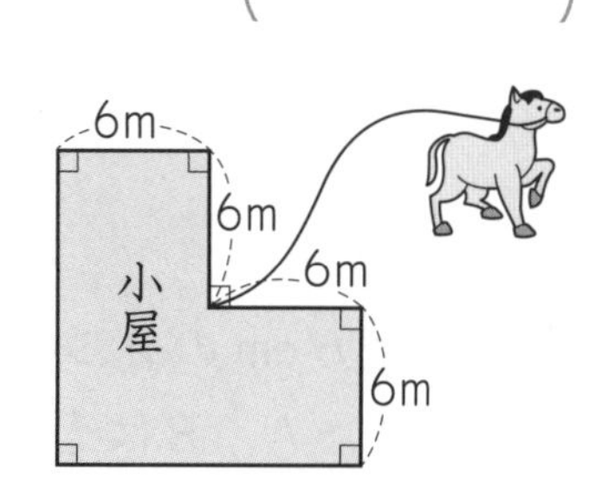

(　　　　　)

6 右の図のように，半径 4 cm の円のパイプ 4 本をたばね，ひもをたるまないようにぐるっと 1 周させてかけました。ひもの太さや結び目は考えないものとします。

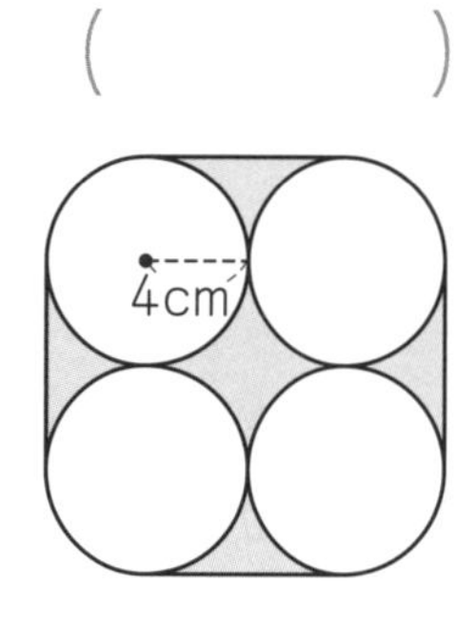

(1) ひもの長さは何 cm ですか。

(　　　　　)

(2) 色のついた部分の面積を求めなさい。

(　　　　　)

16 円の面積

答え▶別冊30ページ

時間 35分　合格 80点　得点　点

(＊円周率は，3.14 を使いなさい。)

1 次の図で，色のついた部分の面積を求めなさい。(16 点 /1 つ 8 点)

(1)

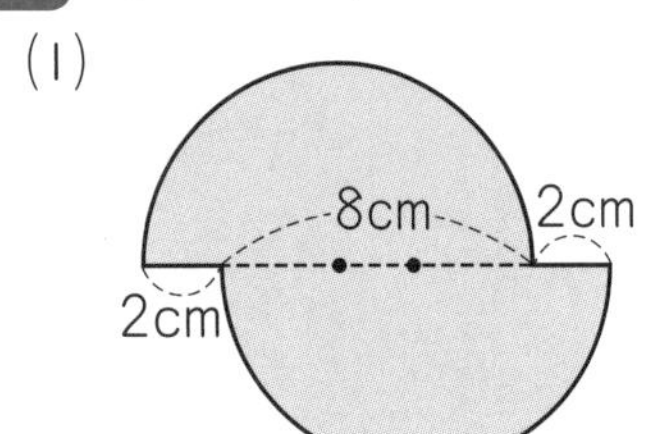

(2)

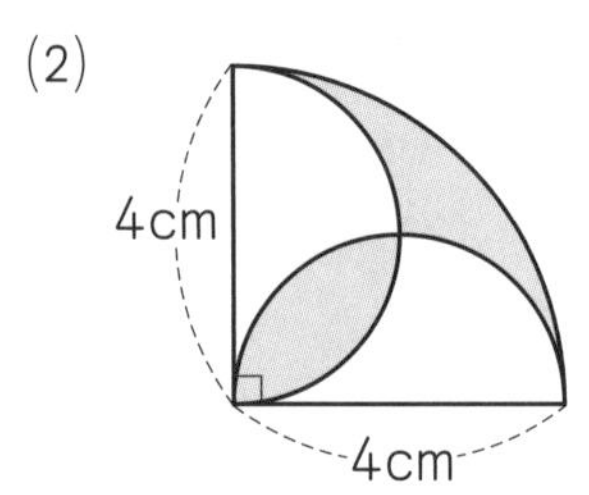

(　　　　)　(　　　　)

2 半径 6 cm の 2 つの円が，右の図のように重なっています。A，B はそれぞれの円の中心です。

(16 点 /1 つ 8 点)〔関西大第一中〕

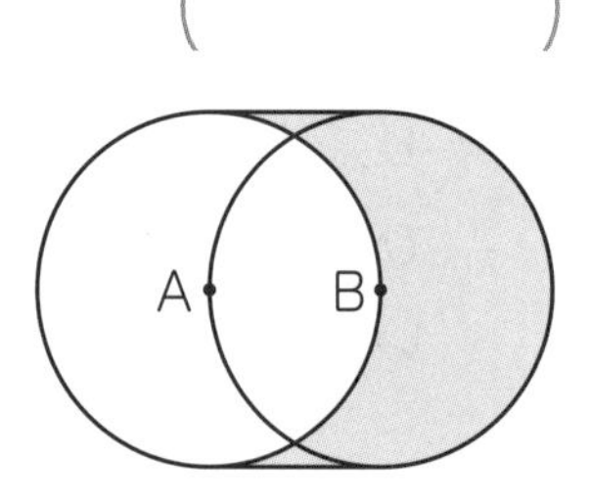

(1) 色のついた部分の面積を求めなさい。

(　　　　)

(2) 色のついた部分のまわりの長さを求めなさい。

(　　　　)

3 右の図で，色のついた部分について答えなさい。

(20 点 /1 つ 10 点)〔関西大第一中〕

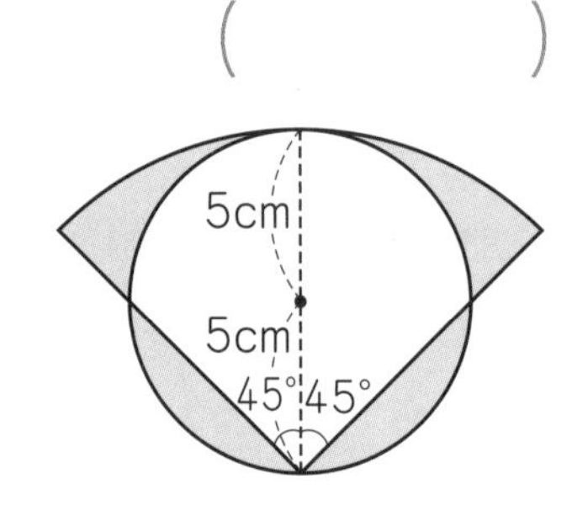

(1) まわりの長さを求めなさい。

(　　　　)

(2) 面積を求めなさい。

(　　　　)

4 右の図は，1辺の長さが 8 cm の正方形 ABCD と辺 CD を直径とする半円からできています。M は，半円の周 CD の真ん中の点で，N は辺 BC の真ん中の点です。このとき，色のついた部分の面積を求めなさい。(12 点)

〔明治大付属中野中〕

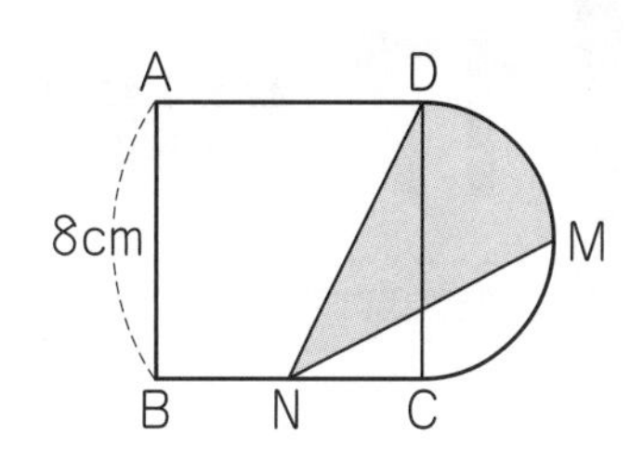

(　　　　)

5 右の図は，正三角形の1辺と，半円の直径が重なっています。正三角形の1辺の長さが 12 cm，半円の直径も 12 cm のとき，色のついた部分の面積は何 cm^2 になりますか。(12 点)

〔慶應義塾中〕

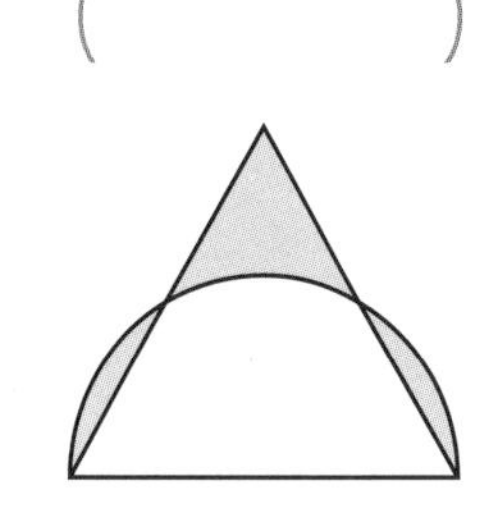

(　　　　)

6 右の図のように，四角形 ABCD に半径 2 cm の円で模様（もよう）をかきました。円の中心はすべて四角形 ABCD の辺または頂点上にあります。色のついた部分の面積を求めなさい。(12 点)

〔学習院女子中〕

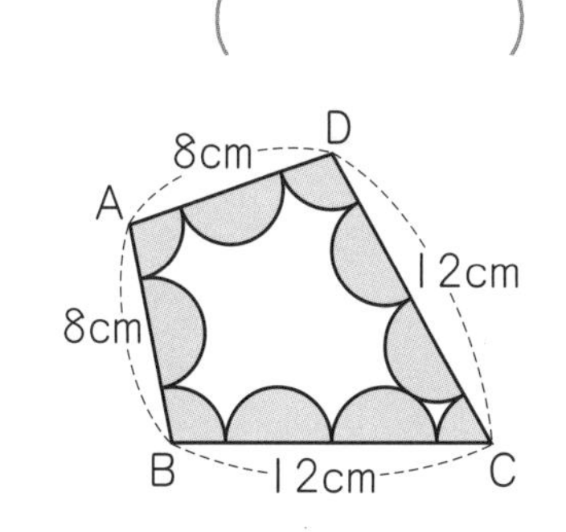

(　　　　)

7 右の図の㋐の面積と㋑の面積では，どちらのほうが，何 cm^2 だけ大きいですか。(12 点)

〔土佐中〕

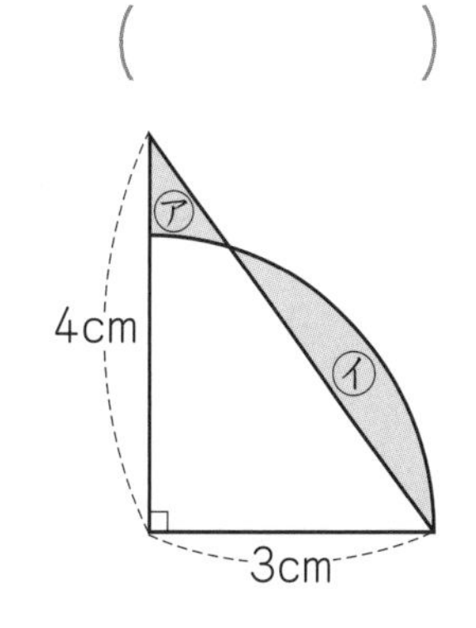

(　　　　) のほうが (　　　　) cm^2 だけ大きい。

答え▶別冊31ページ

17 複雑な図形の面積

（＊円周率は，3.14 を使いなさい。）

1 右の図で，太線で囲まれた部分の面積はおよそ何 cm^2 ですか。ただし，方眼の１目もりを１cm とします。

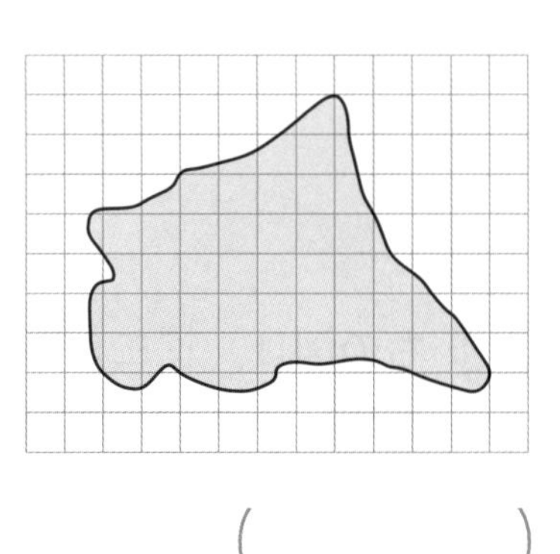

（　　　　）

2 次の図で，色のついた部分の面積を求めなさい。

(1)

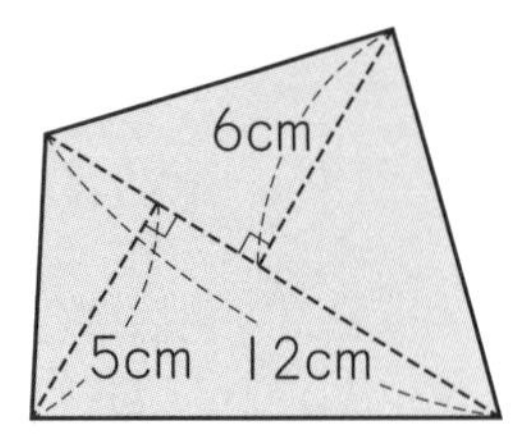

（　　　　）

(2)

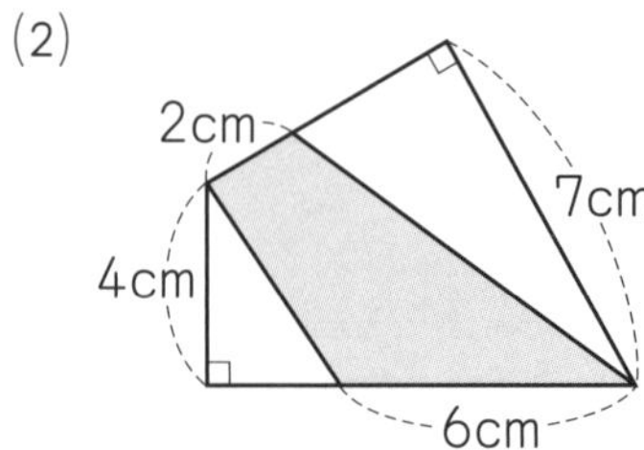

（　　　　）

(3)

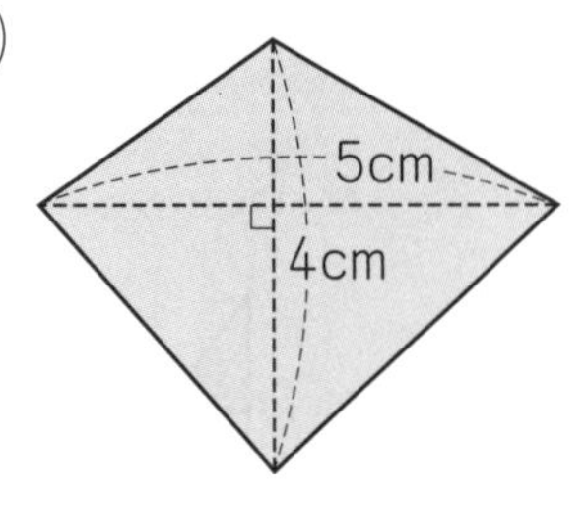

（　　　　）

(4)

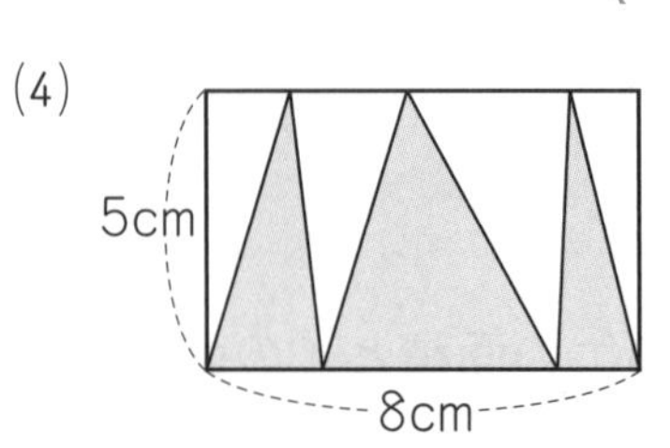

（　　　　）

3 次の図で，色のついた部分の面積を求めなさい。

(1)

5cm　5cm

(　　　　)

(2)

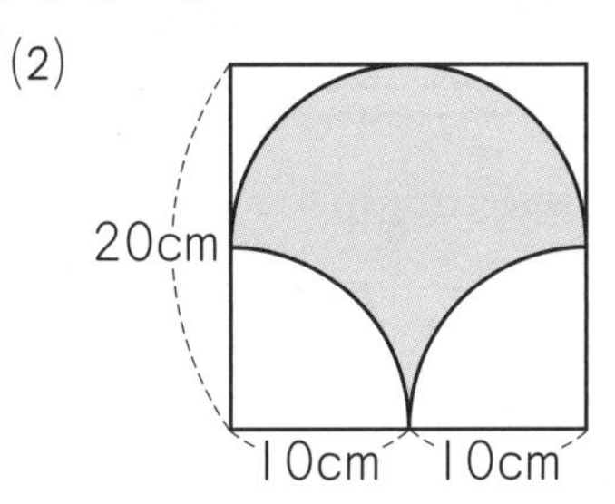

(　　　　)

(3)

8cm
8cm

(　　　　)

(4)

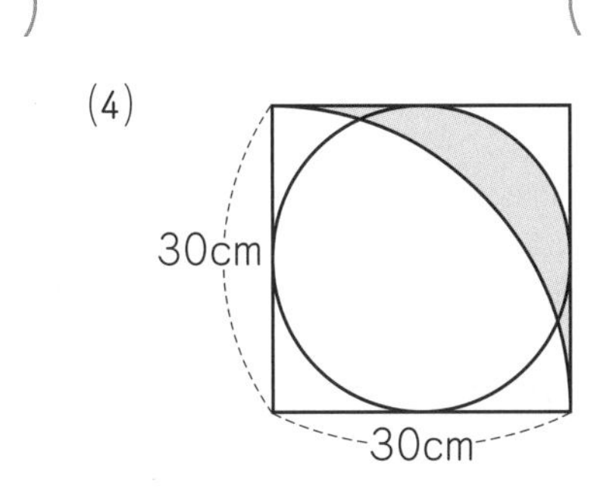

(　　　　)

4 右の図の色のついた部分の面積は何 cm^2 ですか。

〔日本女子大附中〕

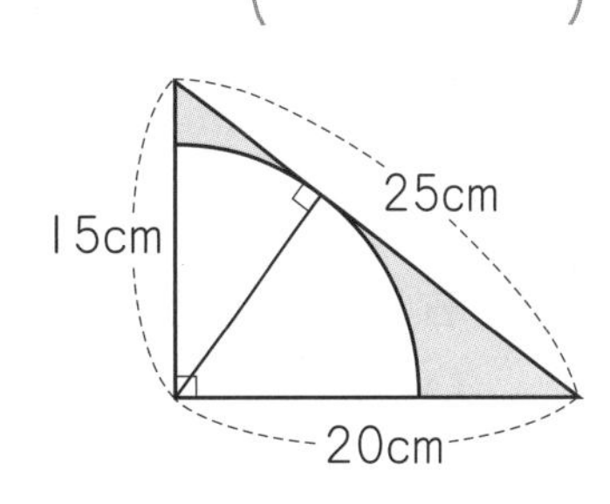

(　　　　)

5 右の図の三角形 ABC は AB＝AC の直角二等辺三角形です。角 ADB＝角AEC＝90°，BD＝6 cm，CE＝10 cm のとき，三角形 ABC の面積は何 cm^2 ですか。

〔明治大付属中野中〕

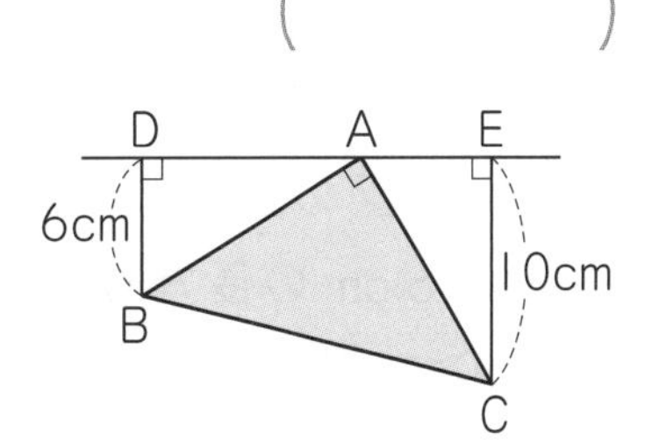

(　　　　)

17 複雑な図形の面積

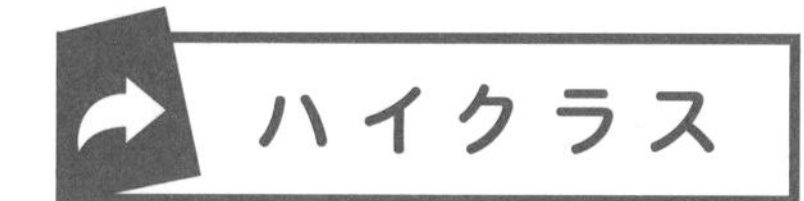

答え▶別冊31ページ

時間 35分	得点
合格 80点	点

（＊円周率は，3.14を使いなさい。）

1 右の図のように，長方形の頂点A，B，C，Dと，辺DC上の点Eを中心として，円の一部をかきました。色のついた部分の面積は何 cm^2 になりますか。

（10点）〔愛知教育大附属名古屋中〕

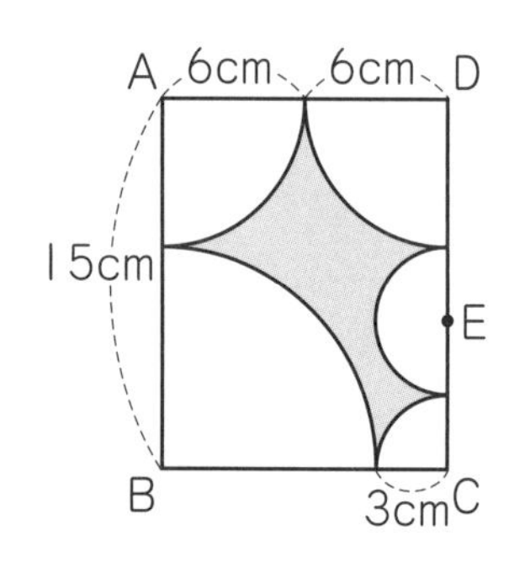

（　　　　　）

2 右の図の色のついた部分の面積を求めなさい。ただし，曲線は円か半円か円の $\frac{1}{4}$ で，方眼の1目は2 cmとします。（10点）

〔東洋英和女学院中〕

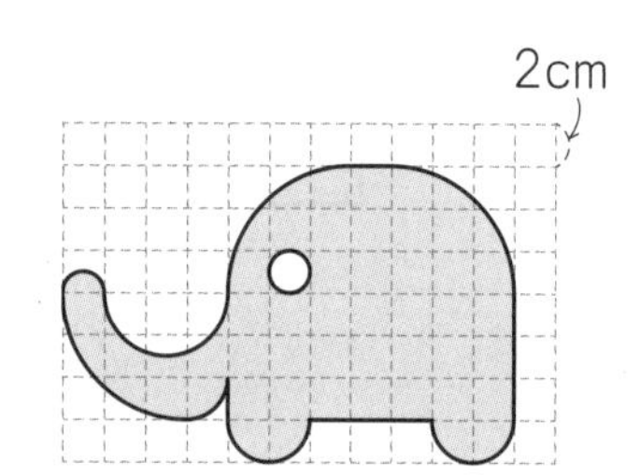

（　　　　　）

3 右の図は正方形と円を組み合わせたものです。色のついた部分の面積の和を求めなさい。（12点）　〔玉川聖学院中〕

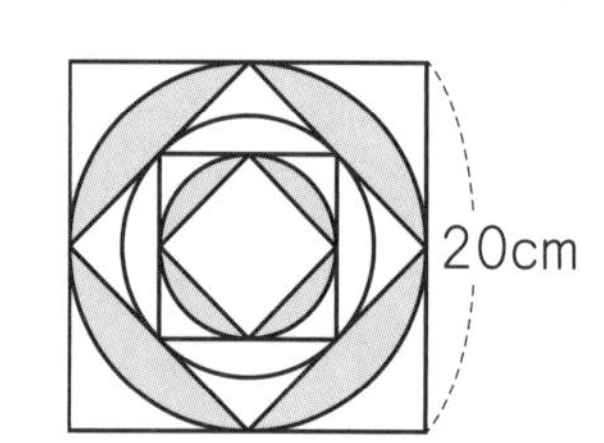

（　　　　　）

4 右の図のように，半径5 cmの円を折り返して，縦8 cm，横6 cmの長方形ABCDをつくりました。このとき，色のついた部分の面積は何 cm^2 ですか。（12点）　〔関西大第一中〕

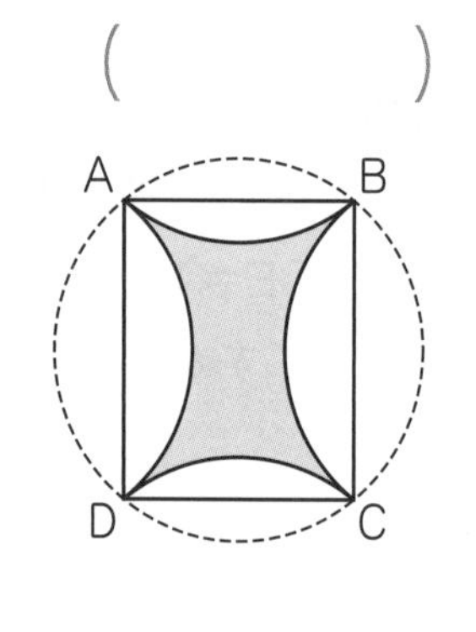

（　　　　　）

5 半径 3 cm の円の中にちょうど入る正六角形をかいて，右の図のように色をぬりました。1 辺の長さが 1 cm の正三角形の面積を 0.433 cm^2 として，次の問いに答えなさい。

（20 点 /1 つ 10 点）〔立命館中〕

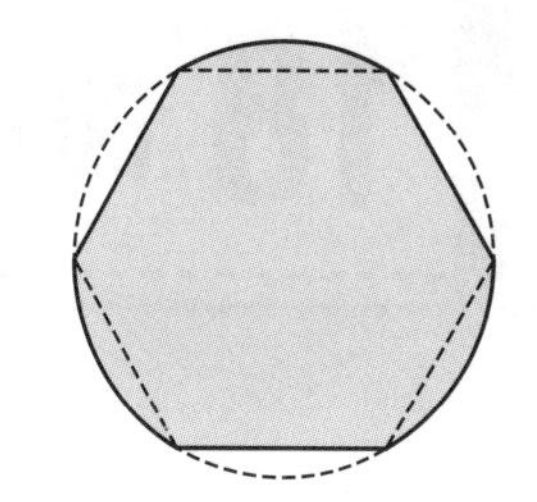

(1) 色のついた部分の面積はいくらですか。

(2) 色のついた部分の周囲の長さはいくらですか。

6 右の図のように 1 辺の長さが 6 cm の正六角形と半径が 6 cm の円があります。色のついた部分の面積の和を求めなさい。（12 点）

〔暁星中〕

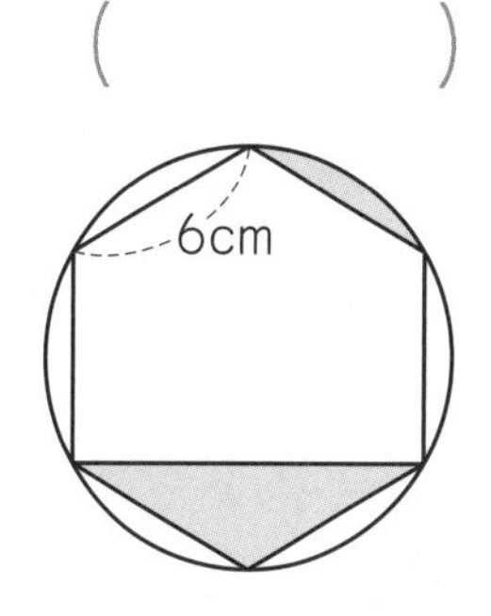

7 右の図のように正六角形の頂点を結び，内側に図 1 の色のついた部分の正六角形を作ります。この内側の正六角形の面積を 12 cm^2 とするとき，①，②の図の色のついた部分の面積をそれぞれ求めなさい。

（24 点 /1 つ 12 点）〔湘南白百合学園中〕

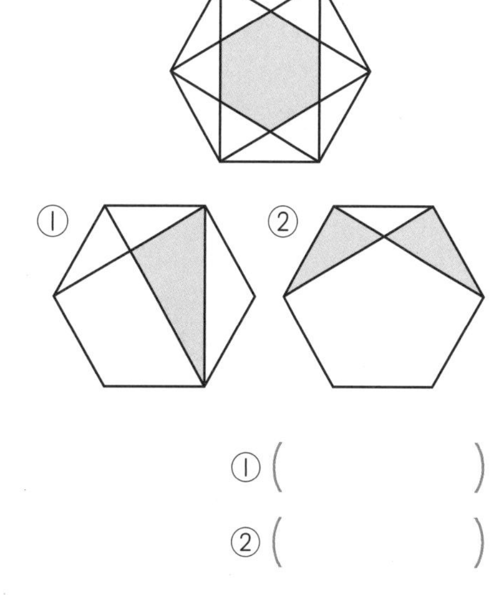

答え▶別冊32ページ

18 図形の面積比

標準クラス

1 次の問いに答えなさい。答えは簡単(かんたん)な整数の比で表しなさい。〔奈良女子大附中〕

(1) 長方形 ABCD の辺 AD と BC を 6 等分した点を結んで，右の図 1 のように 3 つの部分に分けます。㋐と㋑の部分の面積の比を求めなさい。

(図1)

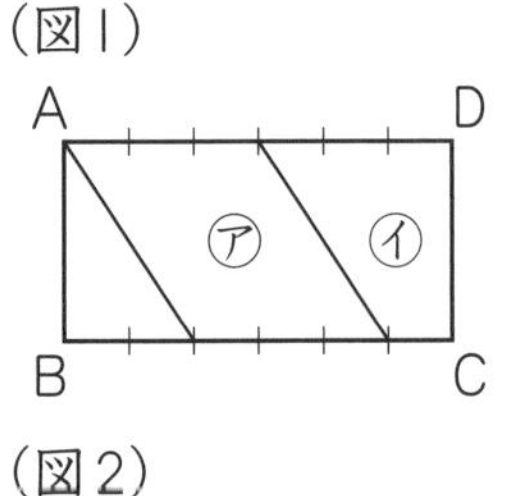

(　　　　)

(図2)

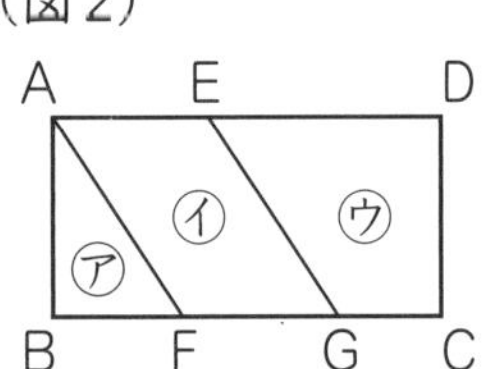

(2) 右の図 2 のように，長方形 ABCD に直線 AF と EG を平行にひくと，㋐，㋑，㋒の部分の面積は，それぞれ $2\,m^2$，$3\,m^2$，$4\,m^2$ となりました。FG と GC の長さの比を求めなさい。

(　　　　)

2 右の図の四角形 ABCD は台形です。対角線が交わった点を E とします。〔土佐女子中〕

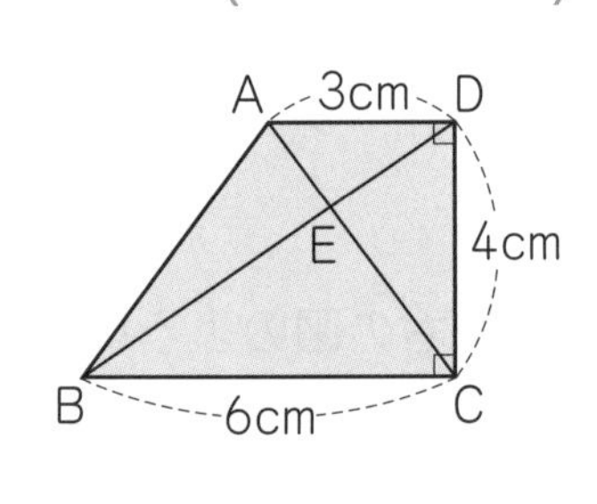

(1) 三角形 ABD の面積を求めなさい。

(　　　　)

(2) BE と ED の長さの比は 2：1 です。三角形 ABE の面積を求めなさい。

(　　　　)

(3) BE と ED の長さの比は 2：1 です。三角形 AED と三角形 CED の面積の比をできるだけ簡単な整数の比で表しなさい。

(　　　　)

3 右の図のように，正三角形 ABC の内部に 2 つの平行四辺形 DBEF，GCHI がぴったり入っています。

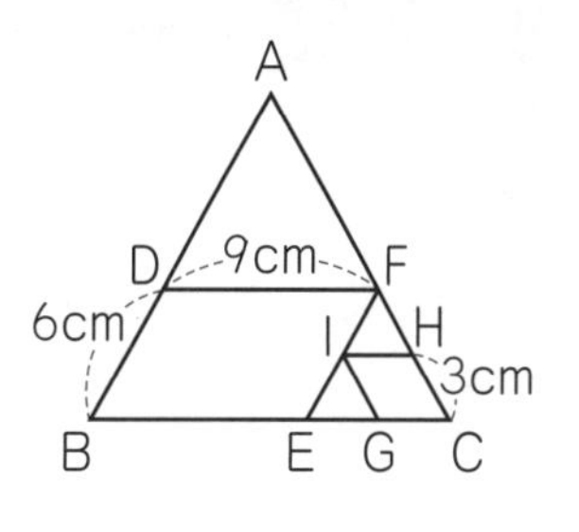

(1) EG の長さは何 cm ですか。

（　　　　）

(2) 平行四辺形 DBEF と三角形 FEC の面積の比を求めなさい。なぜそうなるのか，考え方も書きなさい。図を使ってもよい。

考え方（　　　　）

答え（　　　　）

(3) 正三角形 ABC の面積は，四角形 FIGC の面積の何倍ですか。

（　　　　）

4 右の図の三角形 ABC の面積は 45 cm^2 で，三角形 ABE と三角形 ADC の面積は同じです。このとき，BD の長さは何 cm ですか。〔桐朋中〕

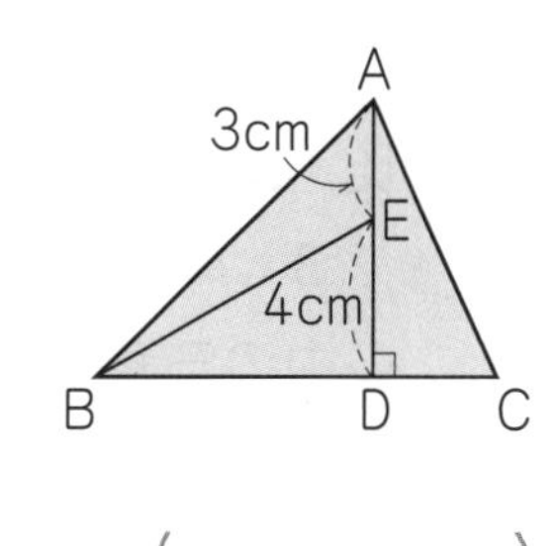

（　　　　）

5 右の図のように，三角形 ABC を 4 つの部分に分けたところ，ア，イ，ウの面積はそれぞれエの面積の 4 倍，3 倍，2 倍になりました。このとき，CD の長さは何 cm ですか。〔淑徳与野中〕

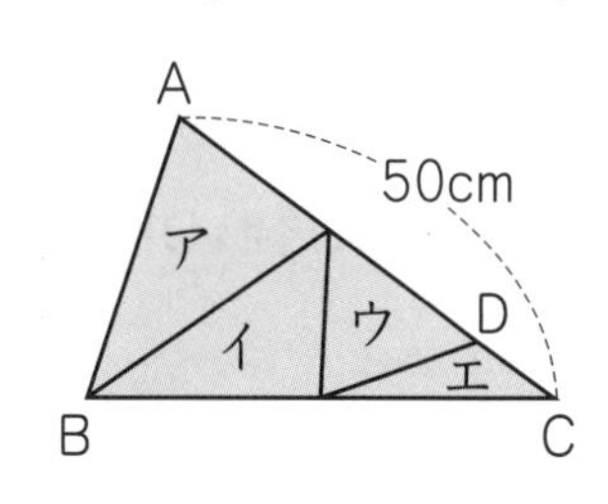

（　　　　）

答え▶別冊33ページ

18 図形の面積比 ハイクラス

時間 35分	得点
合格 80点	点

（＊円周率は，3.14 を使いなさい。）

1 右の図の長方形 ABCD は，辺の比が AB：BC＝1：2 です。いま，CD を 3 等分し，D側の点をEとします。三角形 DEF の面積を $1\ cm^2$ とするとき，長方形 ABCD の面積を求めなさい。（10点）〔十文字中〕

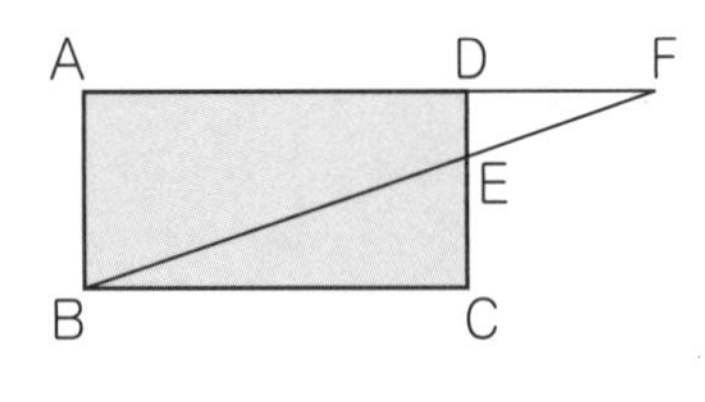

（　　　　）

2 次の比を，もっとも簡単(かんたん)な整数の比で表しなさい。（20点／1つ10点）〔洛南高附中〕

・AC と DE は平行　　・AB と GF は平行

・AD の長さ：DB の長さ ＝1：3

・AG の長さ：GC の長さ ＝4：5

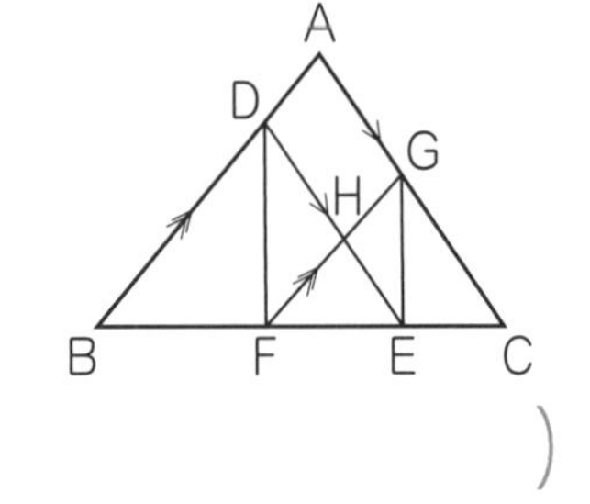

(1) BF の長さ：FE の長さ：EC の長さ

（　　　　）

(2) 三角形 DBF の面積：三角形 EGH の面積

（　　　　）

3 右の図の三角形 ABC は正三角形で，AD と DB の長さの比，BF と FC の長さの比，CH と HA の長さの比はすべて 3：4 です。また，六角形 DEFGHI は正六角形で，その中の三角形 DFH は正三角形です。正三角形 ABC の面積は $294\ cm^2$ です。（24点／1つ8点）〔高田中〕

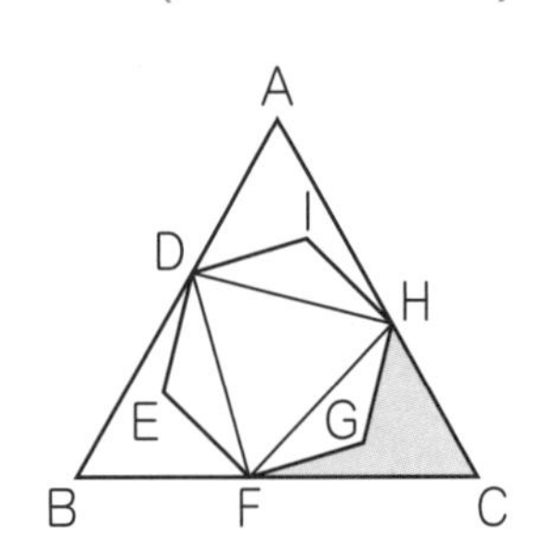

(1) 三角形 HFC の面積は何 cm^2 ですか。

（　　　　）

(2) 正三角形 DFH の面積は何 cm^2 ですか。

（　　　　）

(3) 図の色のついた部分の面積は何 cm^2 ですか。

（　　　　）

4 右の図は三角形ABCを等しい面積の4つの部分に分けたものです。このとき，AD：DE：EBの比を求めなさい。(10点)　〔芝浦工業大附中〕

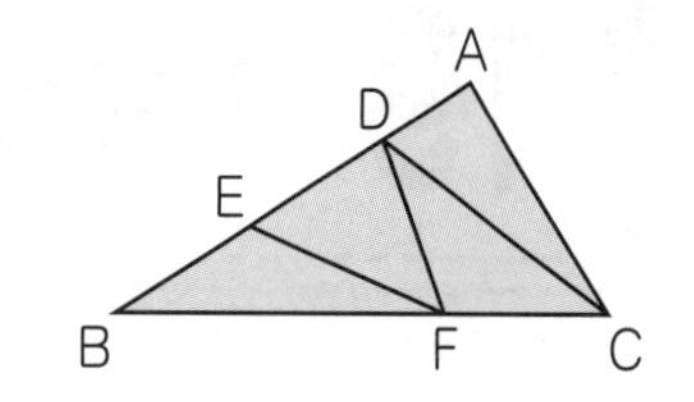

(　　　　　　)

5 右の図1は3つの辺の長さが3 cm，4 cm，5 cmの直角三角形です。これを図2のように辺ACが辺ABに重なるように折り，折り目の線をADとします。次に図3のように辺BDが辺CDに重なるように折り，折り目の線をDEとします。(16点/1つ8点)　〔東海中〕

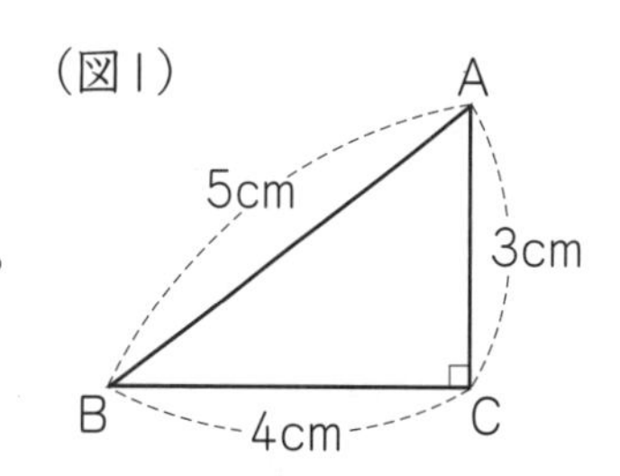

⑴ 辺BDの長さを求めなさい。

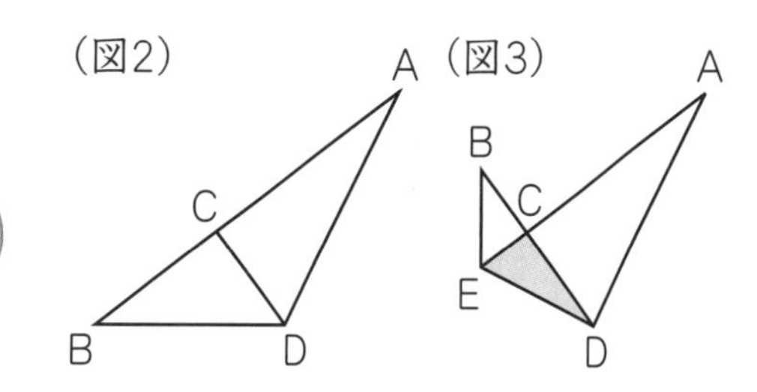

(　　　　　　)

⑵ 三角形CDEの面積を求めなさい。

(　　　　　　)

6 右の図1，図2は，Oを中心とする3つの半円です。(1つ10点)〔淳心学院中〕

⑴ 図1の色のついた部分①，②，③の面積は同じです。このとき，ア，イ，ウの角の大きさの比をもっとも簡(かん)単(たん)な整数の比で答えなさい。

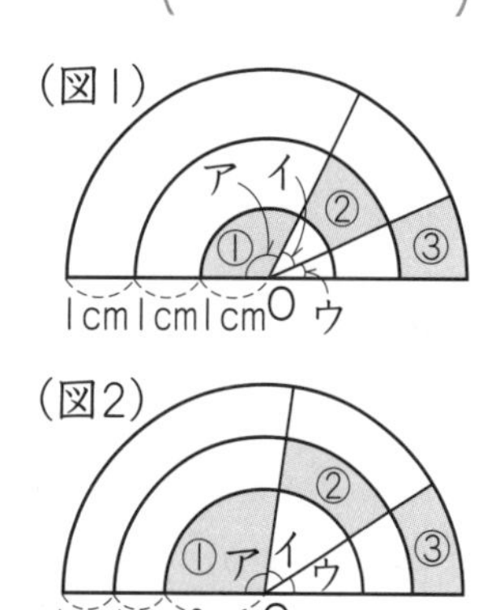

(　　　　　　)

⑵ 図2のア，イ，ウの角の大きさの比は6：3：2です。このとき，色のついた部分①，②，③の面積の比をもっとも簡単な整数の比で答えなさい。

(　　　　　　)

答え▶別冊34ページ

19 図形の移動

標準クラス

（＊円周率は，3.14を使いなさい。）

1 右の図は，台形ABCDで角Aと角Bの大きさは90°，AD＝6 cm，AB＝12 cm，BC＝10 cmです。

点Pは一定の速さで点Aを出発し，辺AB上を動き，点Bまで進みます。点Pが出発してから1分後の三角形APDの面積は6 cm^2 でした。〔横浜女学院中〕

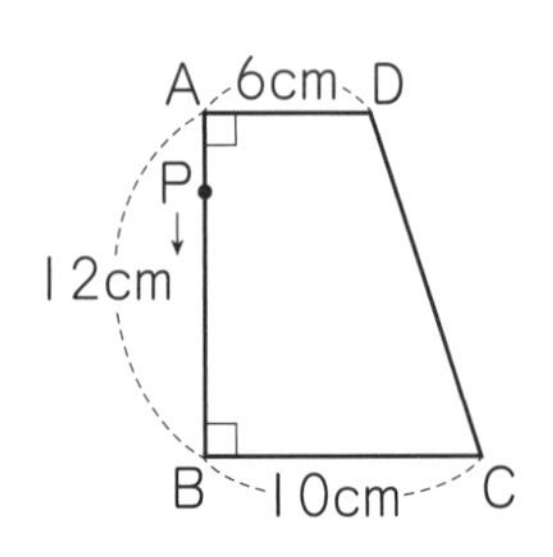

(1) 点Pの動く速さは分速何cmですか。

（　　　　）

(2) 点Pが出発してから4分後の三角形CPDの面積は何 cm^2 ですか。

（　　　　）

(3) 三角形BPCの面積が台形ABCDの面積の3分の1になるのは，点Pが出発してから何分何秒後ですか。

（　　　　）

2 右の図のように長方形ABCDを，頂点（ちょうてん）Cを中心に90°回転させると，頂点AはA′の位置にきます。〔十文字中〕

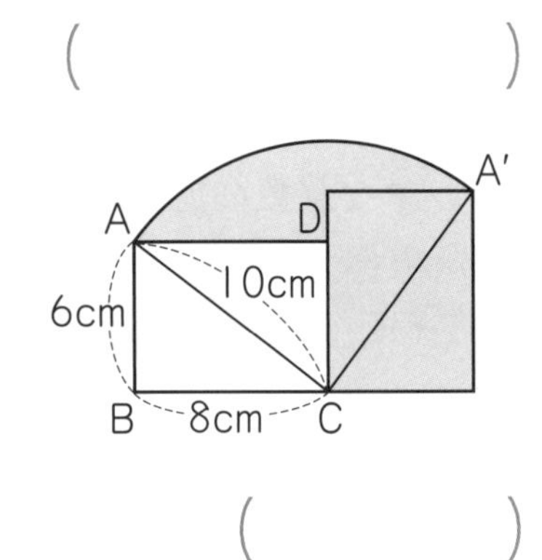

(1) 色のついた部分の面積を求めなさい。

（　　　　）

(2) 色のついた部分のまわりの長さを求めなさい。

（　　　　）

3 右の図のような台形の辺にそって，半径１cmの円を転がしました。色のついた部分は円が転がったあとです。色のついた部分の面積を求めなさい。

〔同志社女子中〕

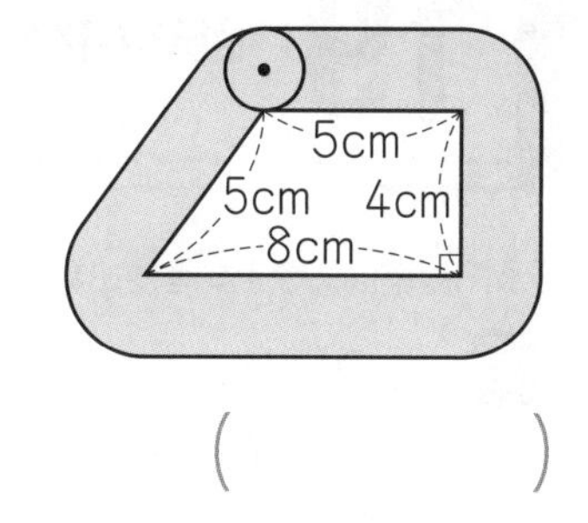

（　　　　　）

4 次の図のように，直線上に長方形Ａと直角三角形Ｂがあります。長方形Ａが図の位置から矢印の方向に秒速１cmで動き始めました。 〔東京女学館中〕

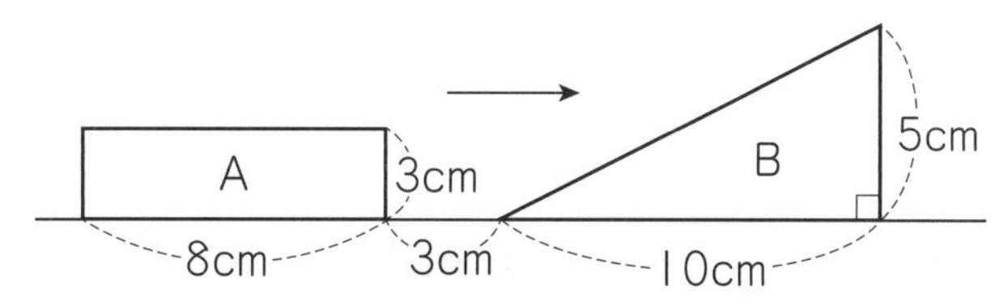

(1) ＡとＢが重なり始めてから重なり終わるまでにかかる時間を求めなさい。

（　　　　　）

(2) 動き始めてから５秒後の，ＡとＢが重なる部分の図形は ① で，その面積は ② cm^2 です。 ① にあてはまる図形を，あとの**ア～カ**の中から選び，記号で答えなさい。また， ② にあてはまる数を求めなさい。

①（　　）②（　　　　　）

(3) 動き始めてから15秒後の，ＡとＢが重なる部分の図形は ③ で，その面積は ④ cm^2 です。 ③ にあてはまる図形を，あとの**ア～カ**の中から選び，記号で答えなさい。また， ④ にあてはまる数を求めなさい。

③（　　）④（　　　　　）

(4) ＡとＢが重なる部分の図形は時間が経（た）つにつれて変化していきますが，どのような形に変化していくのか，変化する順に答えなさい。ただし，次の**ア～カ**の記号を用いて答えること。

ア 長方形	**イ** 台形	**ウ** 直角三角形
エ 二等辺三角形	**オ** 正三角形	**カ** 五角形

（　　　　　　　　　）

答え▶別冊35ページ

19 図形の移動 ハイクラス

時間 35分	得点
合格 80点	点

(＊円周率は，3.14を使いなさい。)

1 右の図は，つくえの上に立てた三角定規ABCを頂点(ちょうてん)Bを中心に回転して左側にたおしたようすを表しています。AB＝10 cm，BC＝5 cm，角Bは60°，角Cは90°です。色のついた部分の面積を求めなさい。(10点)〔武蔵中〕

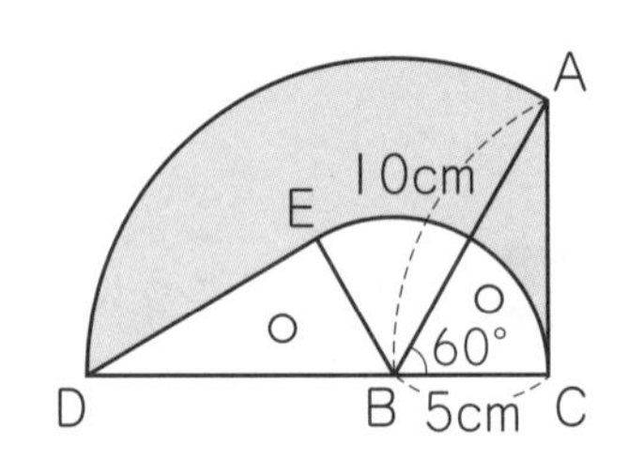

(　　　　　)

2 辺ABが5 cm，辺CDが4 cmの台形ABCDがあります。点Pは毎秒2 cmの速さで点Dを出発して，辺の上をD→A→B→Cの順に移動します。次のグラフは，点Pが出発してからの時間と三角形PCDの面積の関係を表したものです。(40点/1つ10点)〔聖セシリア女子中〕

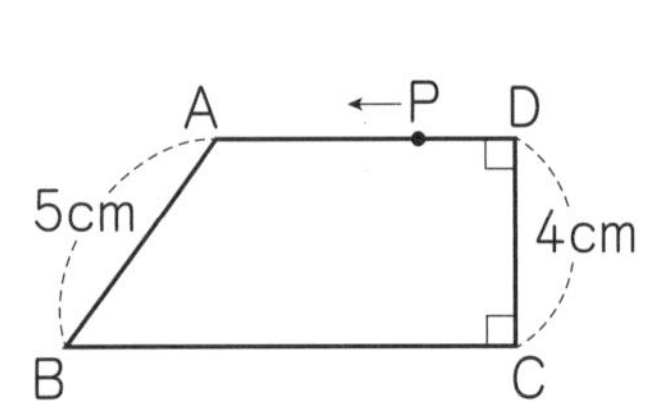

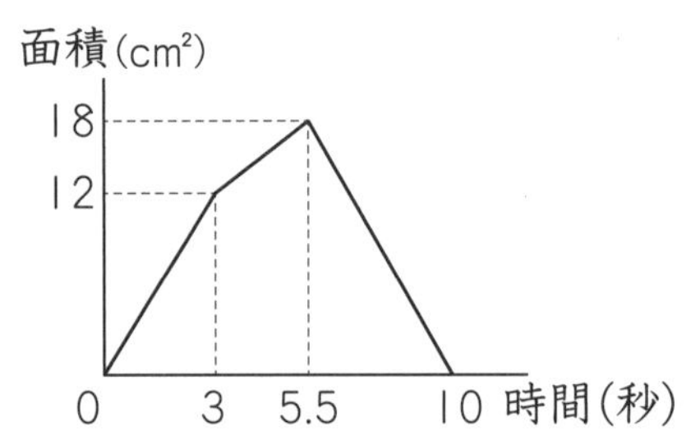

(1) 辺ADの長さを求めなさい。

(　　　　　)

(2) 辺BCの長さを求めなさい。

(　　　　　)

(3) 4秒後の三角形PCDの面積は何 cm^2 ですか。

(　　　　　)

(4) 点Pが辺BCの上にあるとき，三角形PCDの面積が16.8 cm^2 になるのは，点Pが出発してから何秒後ですか。

(　　　　　)

3 右の図のような四角形ABCDがあります。点PはAを出発し，辺上をA→B→Cの順に毎秒1cmの速さで進みます。点PがAを出発してから20秒後の三角形APEの面積は56 cm^2 です。点Qは点Pと同時にCを出発し，辺上をDまで一定の速さで20秒かけて進みます。(30点 /1つ10点)

〔三輪田学園中〕

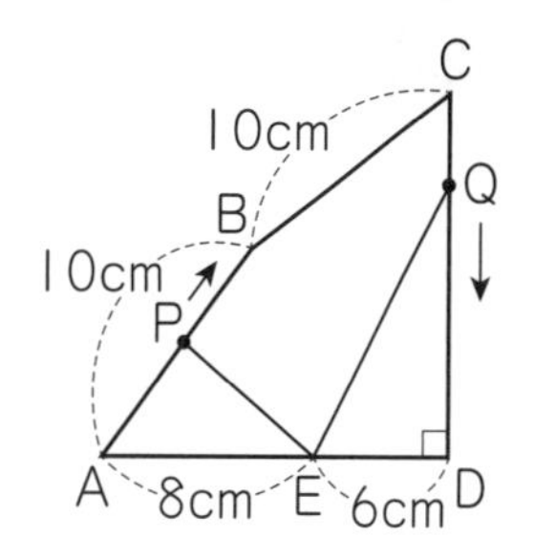

(1) CDの長さは何cmですか。

(　　　　)

(2) 点QがCを出発してから5秒後の三角形DQEの面積は何 cm^2 ですか。

(　　　　)

(3) 点PがAを出発してから10秒後の三角形APEの面積は32 cm^2 でした。点PがAを出発してから15秒後の三角形APEの面積は何 cm^2 ですか。

(　　　　)

4 次の図のように，おうぎ形OABと台形CDEFがあります。

おうぎ形OABのOAがつねにFEと平行になるように，点Oを各辺に沿ってCからDを通ってEまで動かしました。(20点 /1つ10点)

〔淑徳与野中〕

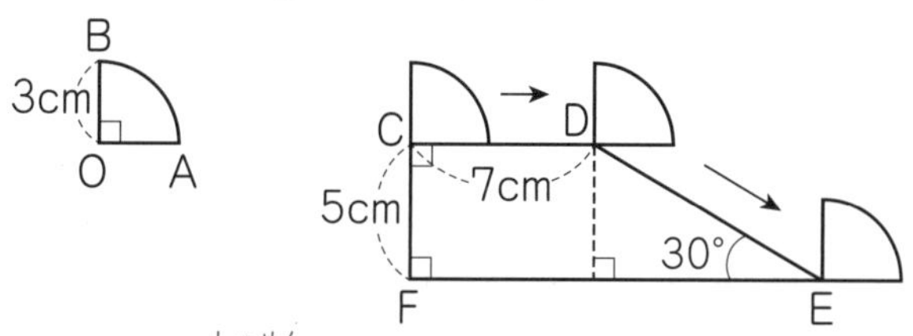

(1) 弧(こ)ABが通過した部分を斜線(しゃせん)でぬりなさい。

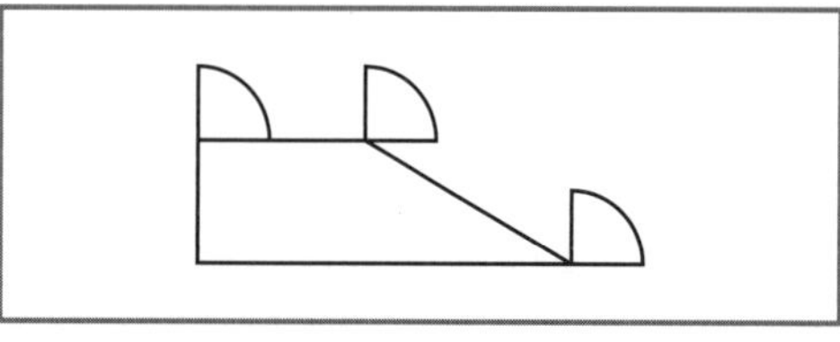

(2) (1)の斜線部分の面積は何 cm^2 ですか。

(　　　　)

答え▶別冊36ページ

時間 35分	得点
合格 80点	点

（＊円周率は，3.14を使いなさい。）

1 次の問いに答えなさい。（16点／1つ8点）

(1) 縮尺（しゅくしゃく）$\frac{1}{10000}$ の地図で，面積が 50.24 cm^2 となる円の実際の半径は何 m ですか。

〔文教大付中〕

（　　　　）

(2) 面積が 39600 m^2 ある野球場は，1 km が 5 cm となる縮図では何 cm^2 ですか。

〔関西大第一中〕

（　　　　）

2 右の図のような縦（たて）5 cm，横 7 cm の長方形 ABCD の中に縦 3 cm，横 4 cm の長方形が(ア)のように入っています。頂点（ちょうてん）B から 4 cm の点 P を中心にこの長方形を(ア)の場所から(イ)の場所まで 90 度回転させました。このとき，長方形 ABCD の中で，この長方形が通らない部分の面積を求めなさい。（12点）

〔関西学院中〕

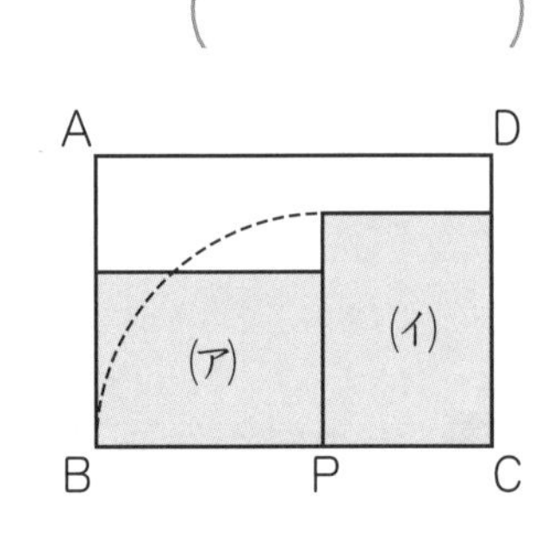

（　　　　）

3 右の図で，半径 10 cm の 3 つの円は，たがいの円の中心を通っています。色のついた部分の面積を求めなさい。

（12点）〔修道中〕

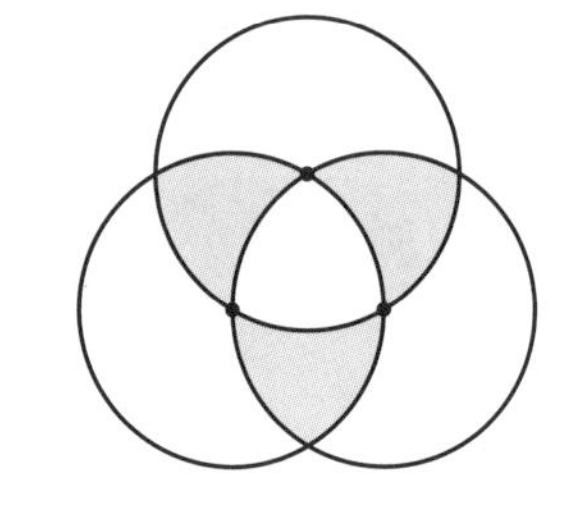

（　　　　）

4 右の図で，色のついた部分の面積は何 cm^2 ですか。

（12点）〔日本大学豊山女子中〕

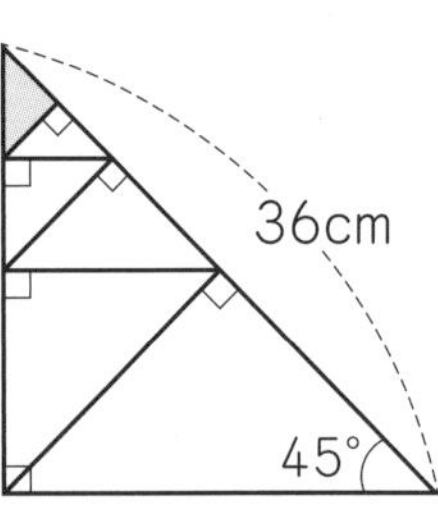

（　　　　）

5 右の図１のような１辺の長さが 8 cm の正方形 ABCD を，頂点Ａと辺 BC の真ん中の点Ｍが重なり合うように折り曲げたら，図２のようになりました。BE の長さは 3 cm になりました。（24 点 /1 つ 6 点）

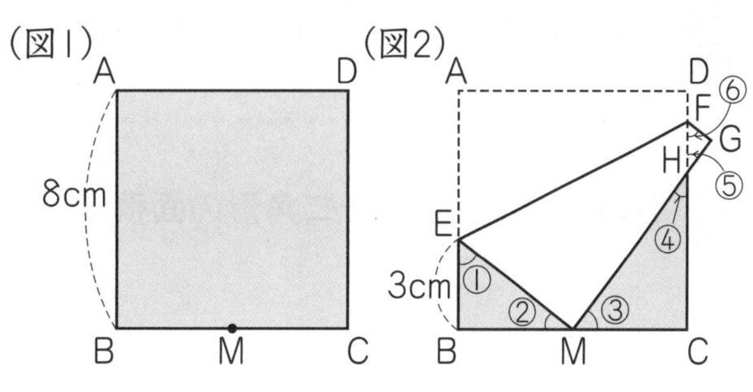

〔香蘭女学校中〕

⑴ 下の**ア**から**エ**のうち，図２の角①と同じ大きさの組はどれですか。

ア ②，③，④　　**イ** ③，⑤　　**ウ** ④　　**エ** ③，⑥

（　　　　）

⑵ MH の長さは何 cm ですか。

（　　　　）

⑶ FG の長さは何 cm ですか。

（　　　　）

⑷ 四角形 EMHF の面積は何 cm^2 ですか。

（　　　　）

6 右の図の四角形 ABCD は AD と BC が平行で，角Ａ＝120°，角Ｃ＝60°の台形です。また，AB：BC＝3：5，AE：EB＝3：5 です。このとき，三角形 CDF の面積は，台形 ABCD の面積の何倍ですか。（12 点）

〔武蔵中〕

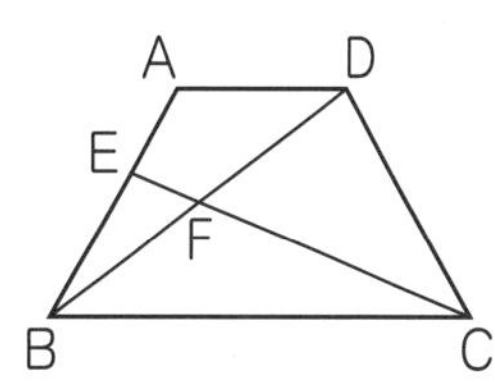

（　　　　）

7 右の図で，AB と CD は垂直（すいちょく）です。AE，BE，CE，DE の長さは，それぞれ 24 cm，6 cm，18 cm，8 cm で，円の面積が 785 cm^2 であるとき，色のついた部分の面積の和を求めなさい。（12 点）

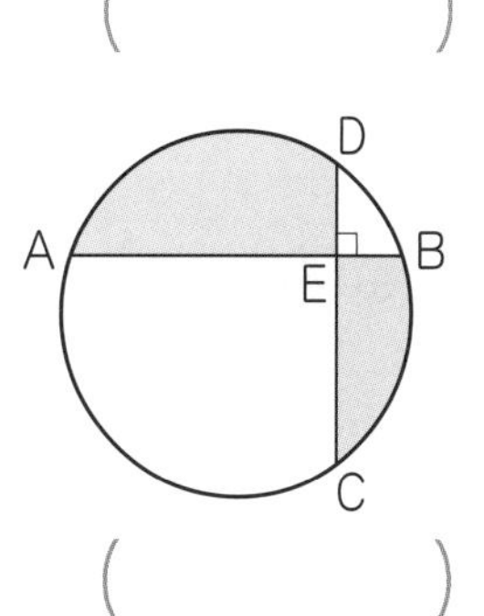

（　　　　）

チャレンジテスト⑥

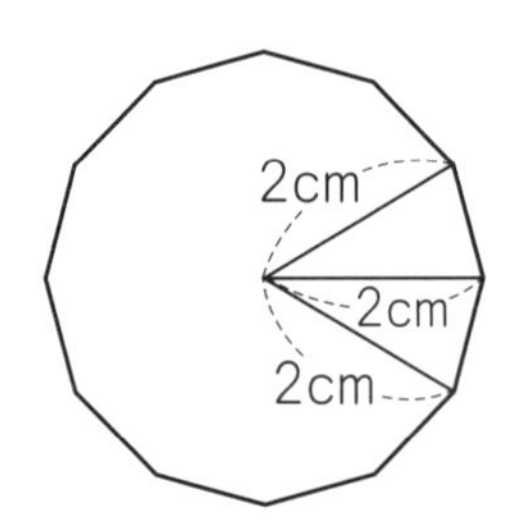

答え▶別冊37ページ

時間	35分	得点
合格	80点	点

1 右の図のような正十二角形の面積は何 cm^2 ですか。（10点）〔富士見中〕

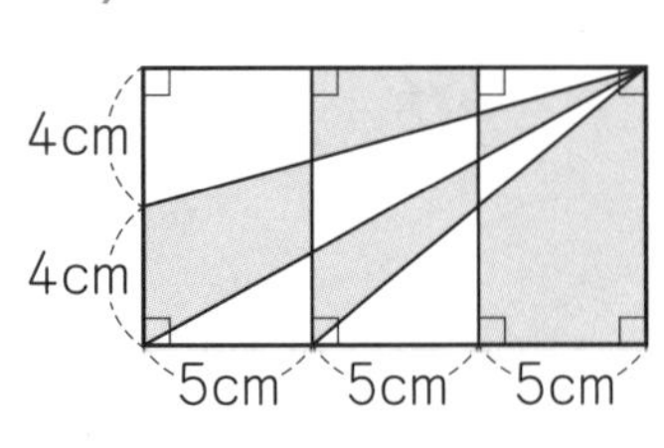

（　　　　）

2 右の図において，色のついた部分の面積の合計は何 cm^2 ですか。（10点）〔和洋九段女子中〕

（　　　　）

3 次の図のような，長方形と直角二等辺三角形があります。いま，直角二等辺三角形をこの状態から毎秒 1 cm の速さで矢印の方向に直線 AB にそって動かしていきます。（30点 /1つ10点）〔江戸川女子中〕

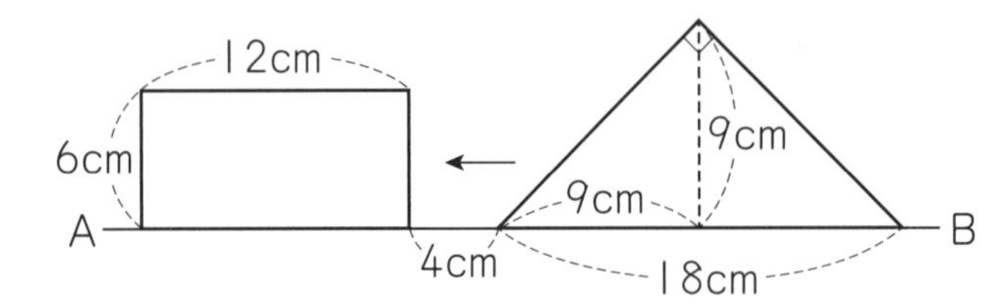

(1) 動かし始めてから 7 秒後に，この 2 つの図形の重なっている部分の面積を求めなさい。

（　　　　）

(2) 動かし始めてから 13 秒後に，この 2 つの図形の重なっている部分の面積を求めなさい。

（　　　　）

(3) 動かし始めてから 19 秒後に，この 2 つの図形の重なっている部分の面積を求めなさい。

（　　　　）

4 右の図１は平らでなめらかな長方形の台を真上から見たものです。ＣやＥに球を置き，その球を辺ADに向かって転がします。辺ADと辺ABにはかべがあり，かべに当たった球は，図２のように㋐と㋑の角の大きさが等しくなるようにはね返ります。ただし，球の大きさとかべの厚みは考えないものとします。

(30点/1つ10点)〔実践女子学園中一改〕

(図1)

(図2)

(1) Ｃに球を置き，転がしたところ，かべに１回だけはね返ってＢにたどり着きました。かべにはね返ったときの㋐にあたる角の大きさは何度ですか。

(　　　　　)

(2) Ｅに球を置いて転がすと，かべに１回だけはね返ってＢに着きました。このとき，球が転がったあとを示す線を右の図にかき入れなさい。

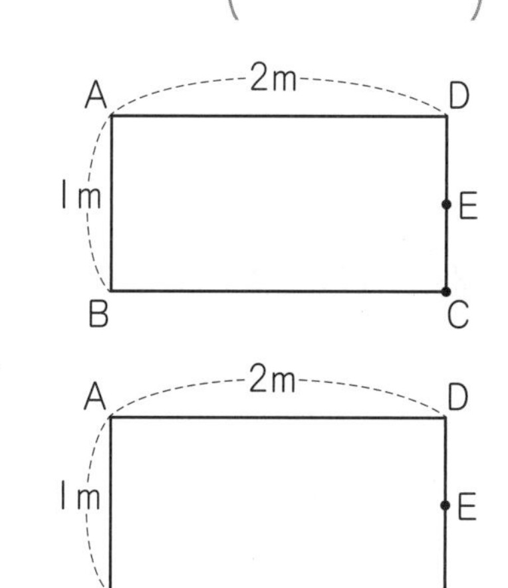

(3) Ｅに球を置いて転がすと，かべに２回はね返ってＣに着きました。このとき，球が転がったあとを示す線を右の図にかき入れなさい。

5 三角形ABCの中に正方形をかくと，右の図１のようになり，図１の正方形の上側に同じようにして正方形をかくと，図２のようになりました。(20点/1つ10点)

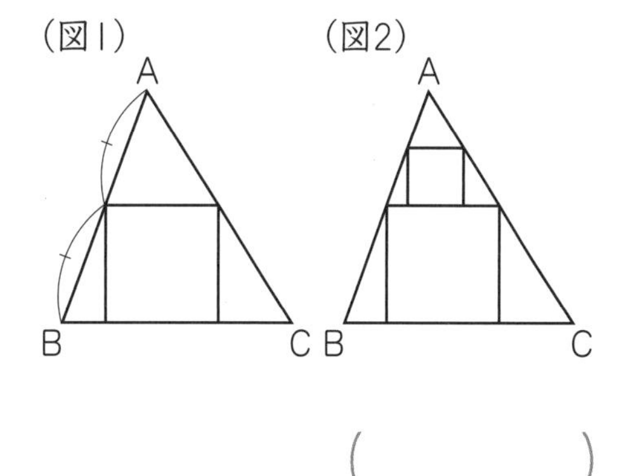

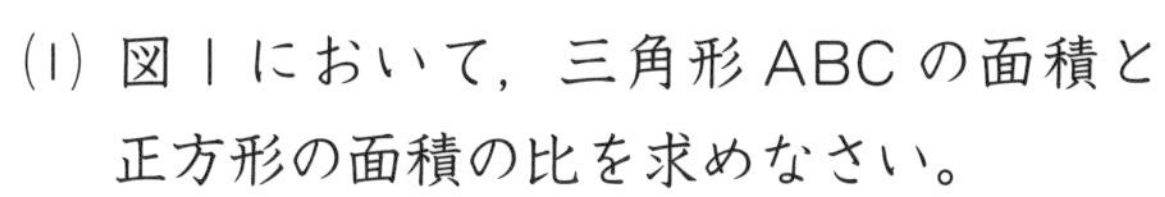

(1) 図１において，三角形ABCの面積と正方形の面積の比を求めなさい。

(　　　　　)

(2) 図２において，(三角形ABCの面積)：(２つの正方形の面積の和)を，もっとも簡単(かんたん)な整数の比で表しなさい。

(　　　　　)

答え▶別冊38ページ

20 角柱と円柱の体積

標準クラス

（＊円周率は，3.14 を使いなさい。）

1 次の角柱の体積を求めなさい。

(1)
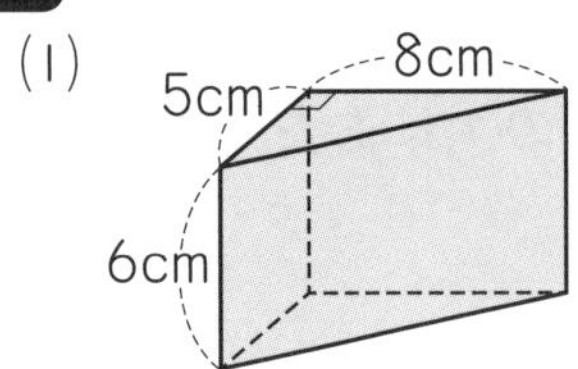

(2)
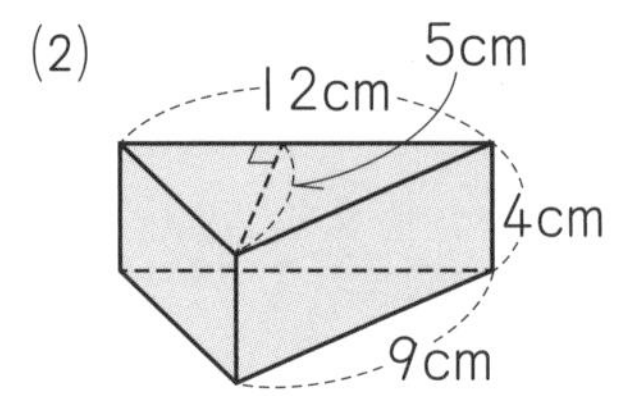

(3)
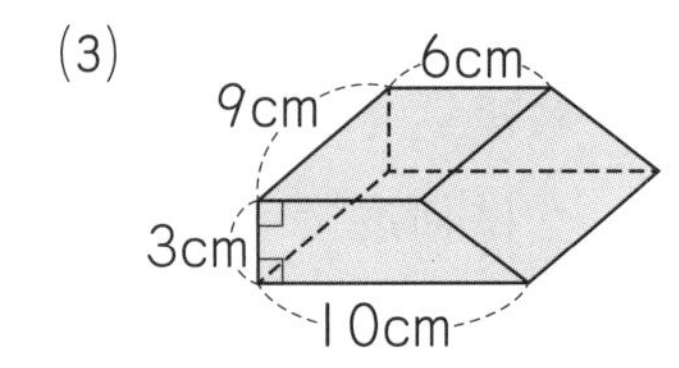

（　　　　）（　　　　）（　　　　）

2 次の立体の体積を求めなさい。

(1)
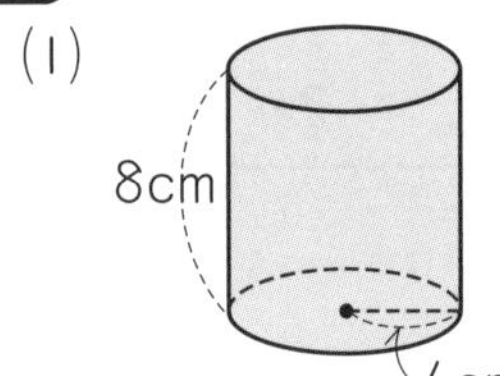

(2)
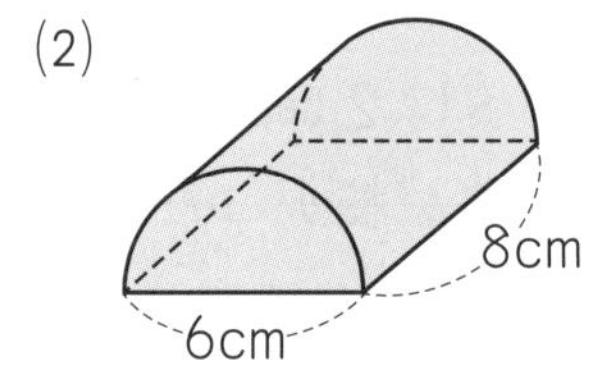

(3)
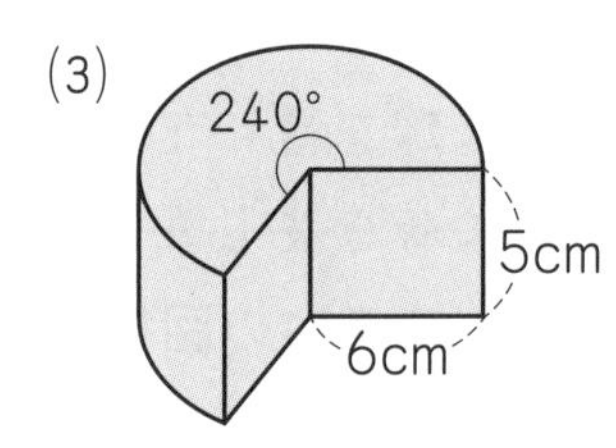

（　　　　）（　　　　）（　　　　）

3 次の図の立体の展開図（てんかいず）を組み立ててできる立体の体積を求めなさい。

(1)
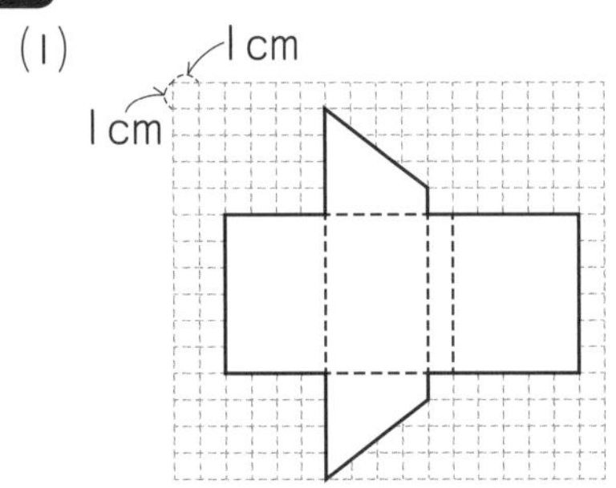

〔晃華学園中ー改〕

(2)
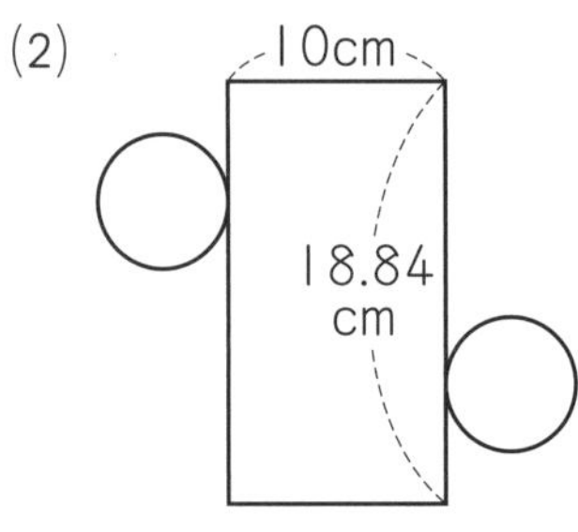

（　　　　）（　　　　）

4 右の図は１辺が 10 cm の立方体から，底面の半径が 4 cm の円柱をくり抜いた立体です。この立体の体積を求めなさい。 〔聖セシリア女子中〕

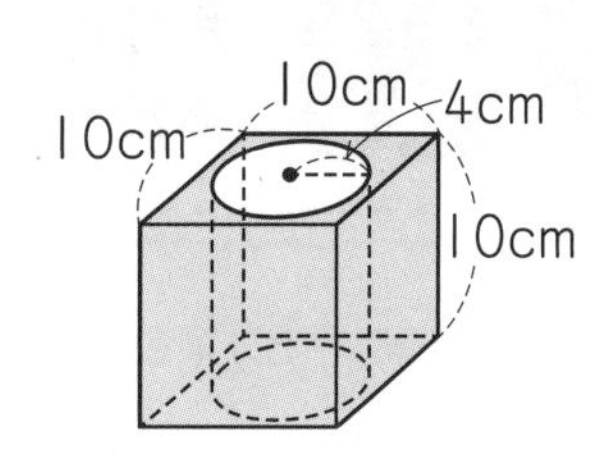

(　　　　　)

5 右の図のように，円柱のまん中を円柱の形にくりぬいた立体があります。この立体の体積は何 cm^3 ですか。 〔桐蔭学園中〕

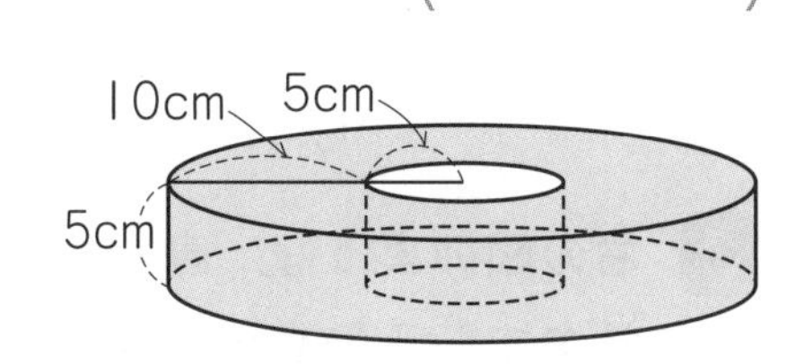

(　　　　　)

6 右の図は，縦（たて）4 cm，横 3 cm，高さ 8 cm の直方体をななめに切った立体です。この立体の体積を求めなさい。 〔比治山女子中〕

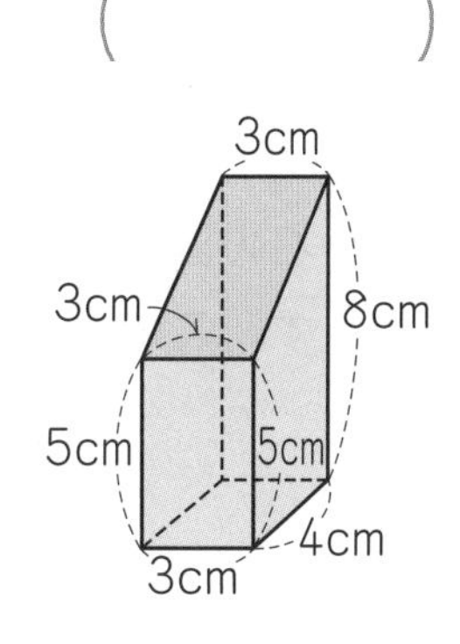

(　　　　　)

7 右の図のような１辺が 10 cm の立方体から，いくつかの直方体を切り取った立体があります。この立体の体積は何 cm^3 ですか。 〔山脇学園中－改〕

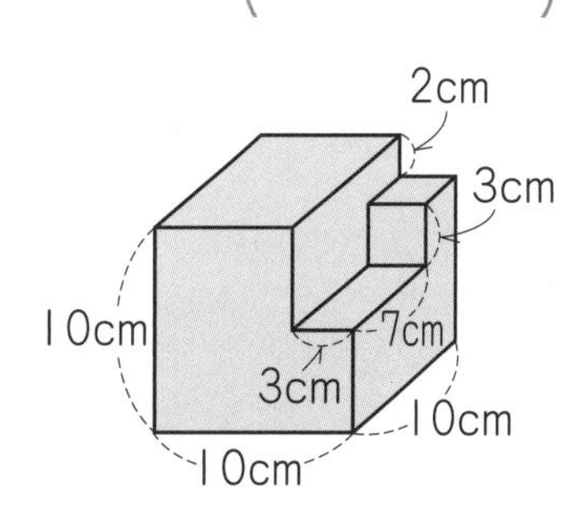

(　　　　　)

答え▶別冊39ページ

20 角柱と円柱の体積

時間 30分 | 合格 80点 | 得点　　点

（＊円周率は，3.14を使いなさい。）

1 右の図は，直方体から直径８cmの半円柱をくりぬいた立体です。この立体の体積を求めなさい。

（14点）〔玉川聖学園中〕

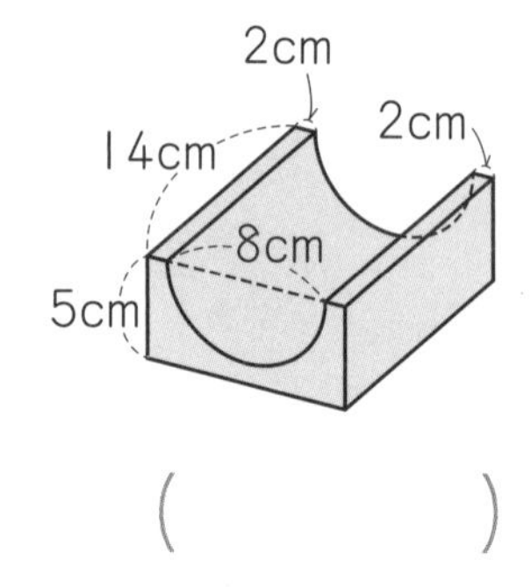

（　　　　）

2 右の図のような，直方体を組み合わせた形の立体があります。この立体の体積が2000 cm^3 であるとき，㋐の長さは何cmですか。（14点）〔帝塚山学院泉ヶ丘中〕

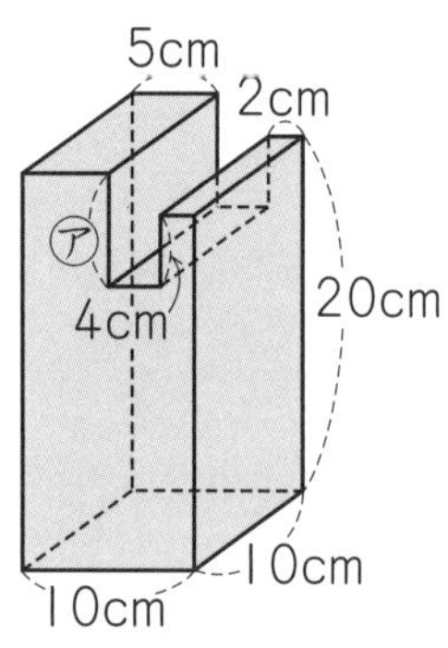

（　　　　）

3 右の図は立体を真正面から見た図と真上から見た図です。この立体の体積を求めなさい。（14点）〔自修館中〕

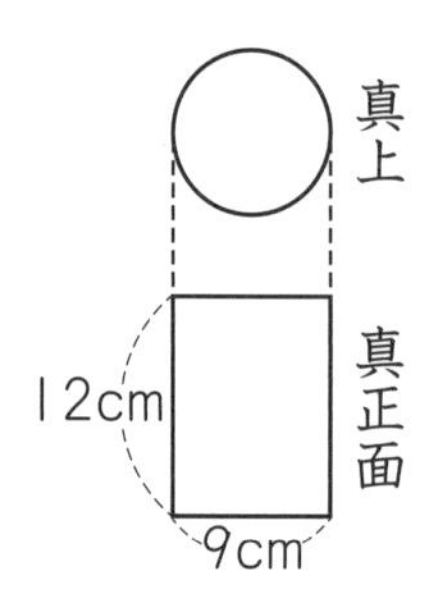

（　　　　）

4 右の展開図（てんかいず）を組み立ててできる直方体の体積は何 cm^3 ですか。（14点）

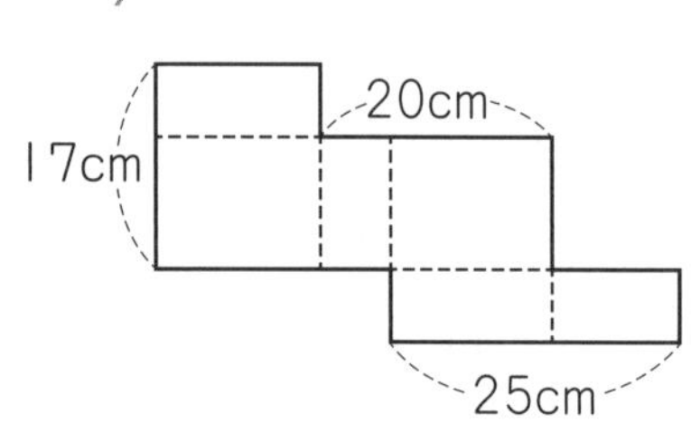

（　　　　）

5 右の図の図形を，直線ABの周りに１回転させてできる立体の体積は何cm^3ですか。（16点）

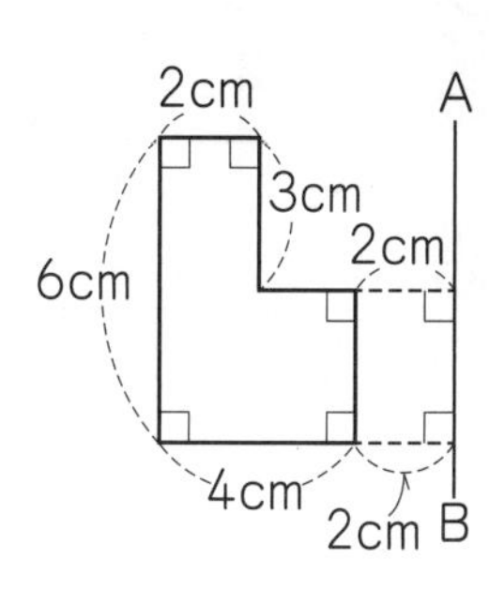

（　　　　　）

6 右の図の図形を，辺ABを軸（じく）にして１回転した立体の体積をV，辺CDを軸にして１回転した立体の体積をWとします。（28点/1つ14点）

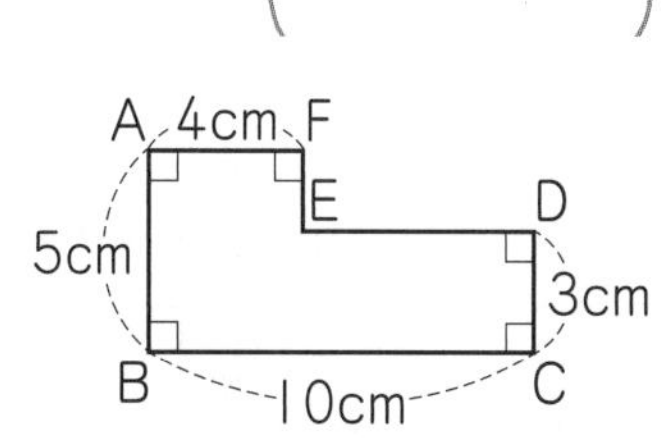

(1) VとWをくらべてどちらが何cm^3大きいか求めるとき，できるだけ簡単に求める方法を説明しなさい。説明のために自分で図をかくときは，図は簡単なものでよく，定規を使わずにかいてもかまいません。

（　　　　　　　　　　　　　　　　　　　　　　　　　　）

(2) VとWをくらべると，どちらが何cm^3大きいですか。

（　　　　）が（　　　　　）大きい

答え▶別冊39ページ

21 立体の体積と表面積

標準クラス

（＊すい体の体積＝底面積×高さ×$\frac{1}{3}$）

（＊円周率は，3.14 を使いなさい。）

1 次の立体の体積と表面積を求めなさい。

(1) 四角柱

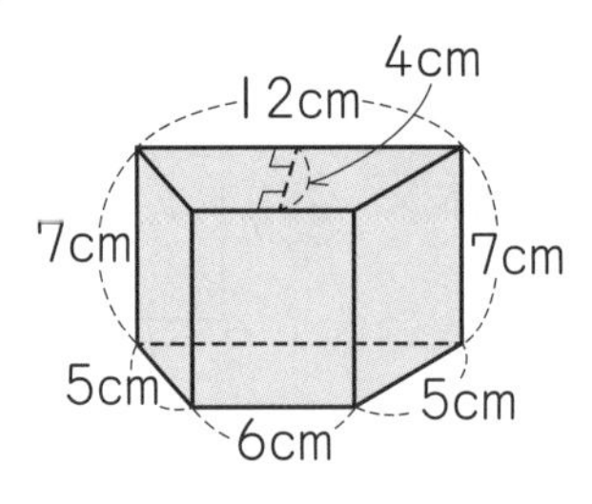

体積（　　　　　）
表面積（　　　　　）

(2) 円柱の半分

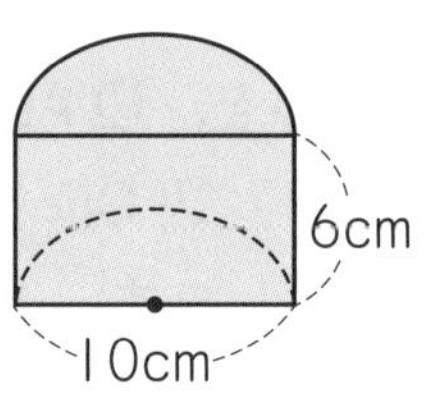

体積（　　　　　）
表面積（　　　　　）

2 次の角すいや円すいの体積を求めなさい。

(1)

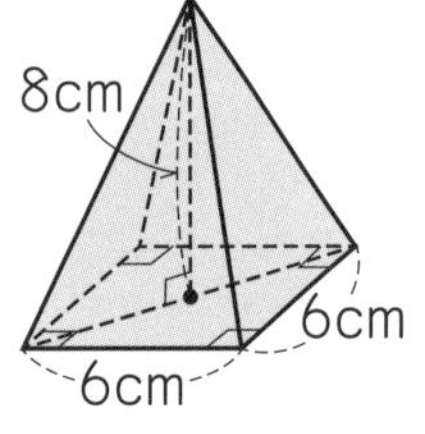

（　　　　　）

(2)

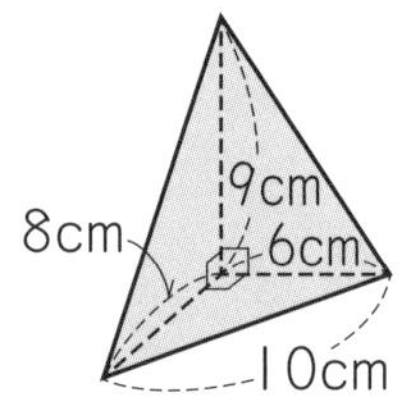

（　　　　　）

(3)

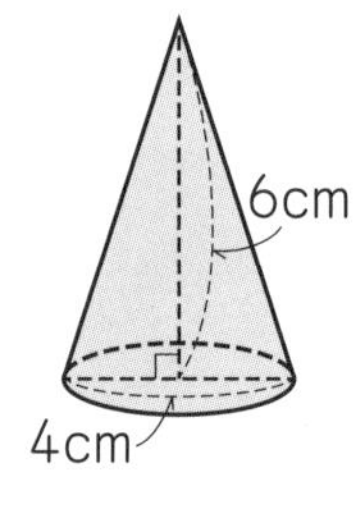

（　　　　　）

3 次の立体の表面積を求めなさい。

(1) 正四角すい

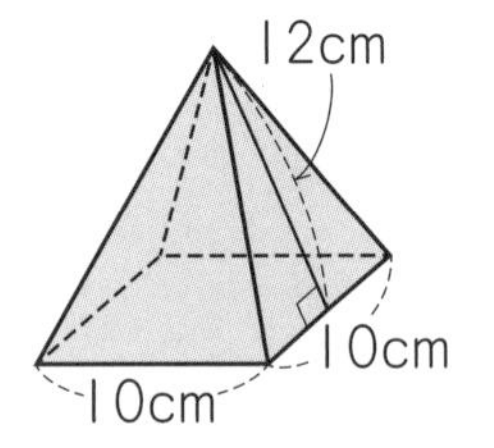

（　　　　　）

(2) 円すい

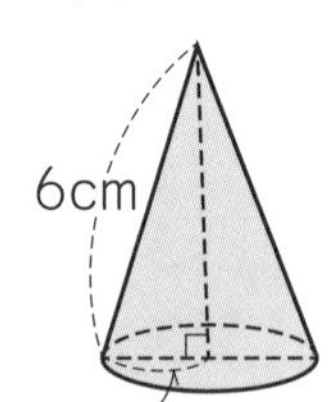

（　　　　　）

(3) 円すいの半分

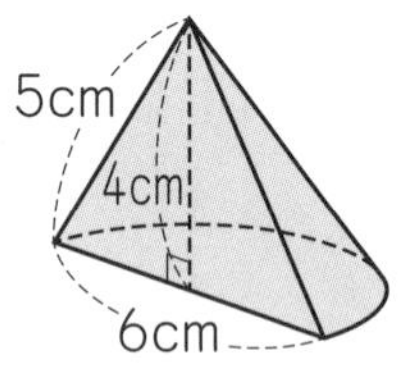

（　　　　　）

4 右の立体は，直方体をななめに切ったものです。四角形ABCDは，その切り口を表しています。

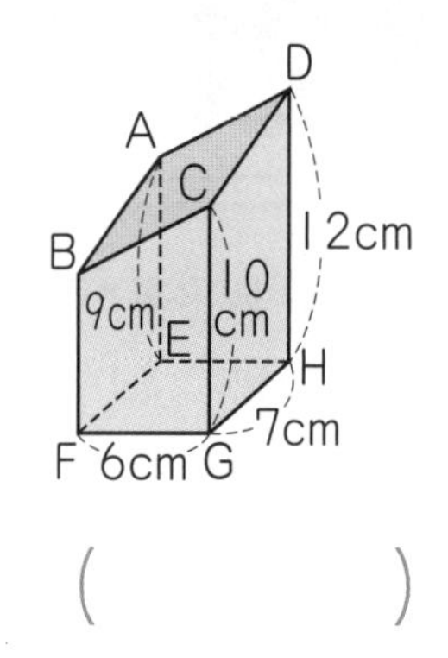

⑴ 辺BFの長さは何cmですか。

（　　　　）

⑵ この立体の体積は何cm^3ですか。

（　　　　）

5 右の図は円柱をななめに切った立体です。この立体の体積を求めなさい。

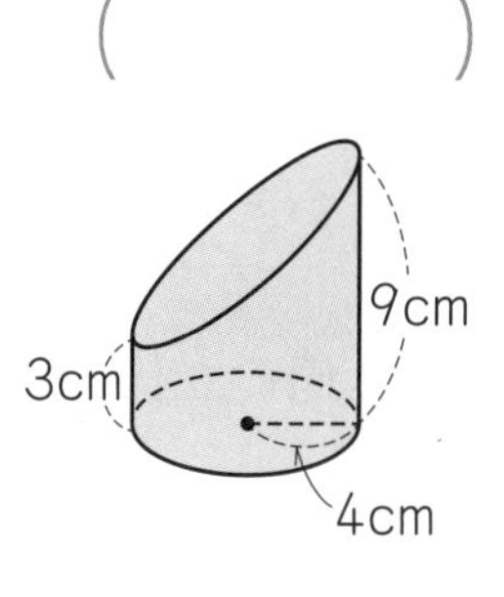

（　　　　）

6 ある立体を(真上)と(真横)から見たところ，右の図のようになっていました。この立体の体積は何cm^3ですか。

〔横浜富士見丘学園中〕

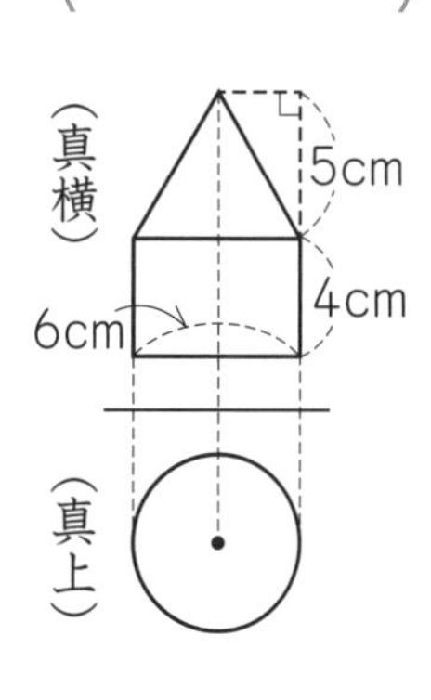

（　　　　）

7 右の図のような直方体を，4点A，B，C，Dを通る平面で切って2つの立体に分けました。この2つの立体の表面積の差を求めなさい。

〔聖園女学院中〕

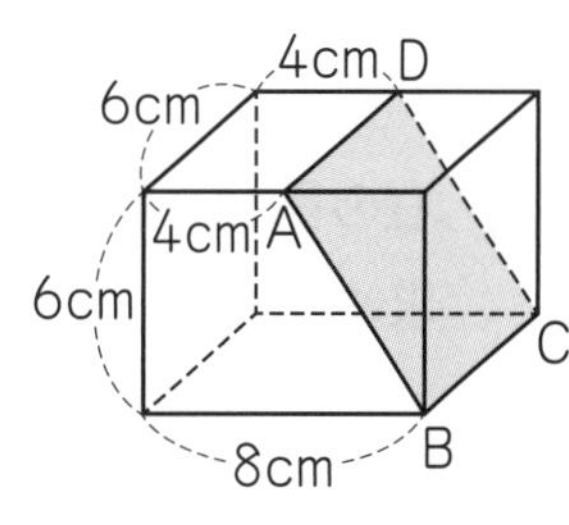

（　　　　）

答え▶別冊40ページ

21 立体の体積と表面積

時間	35分	得点
合格	80点	点

（＊すい体の体積＝底面積×高さ×$\frac{1}{3}$）

（＊円周率は，3.14 を使いなさい。）

1 右の図は，半径 6 cm の円を底面とする高さ 8 cm の円柱から，半径 2 cm の円を底面とする高さ 4 cm の円柱と，半径 4 cm の円を底面とする高さ 4 cm の円柱をくりぬいた立体です。この立体の表面積を求めなさい。（10 点）　〔岡山白陵中〕

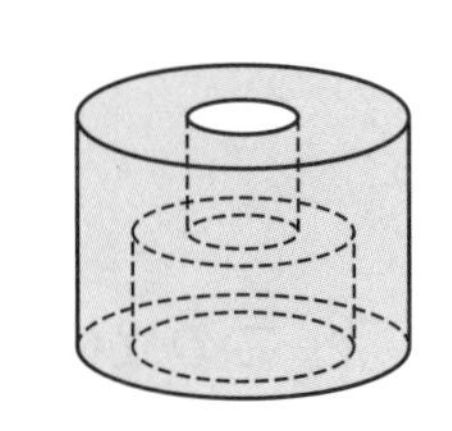

（　　　　）

2 底面の半径が 2 cm，高さが 10 cm の円柱を，切り口が平らになるように切断したところ，底面からの高さは最も低いところが 4 cm，最も高いところが 6 cm となりました。

（16 点 /1 つ 8 点）〔獨協埼玉中〕

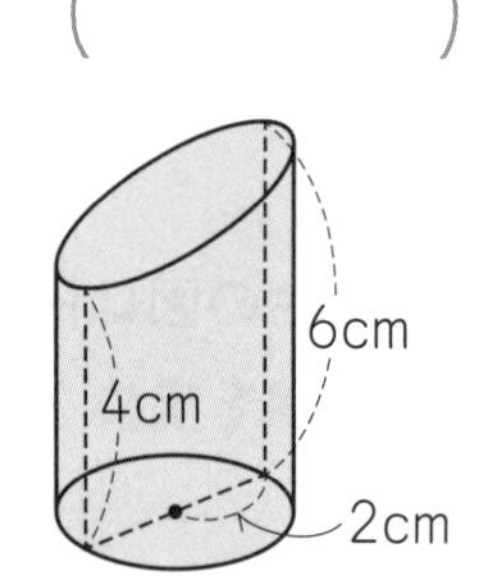

(1) 図の立体の体積を求めなさい。

（　　　　）

(2) 切り口の面積が 14.04 cm^2 のとき，図の立体の表面積を求めなさい。

（　　　　）

3 右の図は，直方体の上に立方体をのせたものです。図の立体の表面積は，直方体の表面積より 144 cm^2 増えました。立方体の体積は何 cm^3 ですか。（8 点）　〔日本大学豊山女子中〕

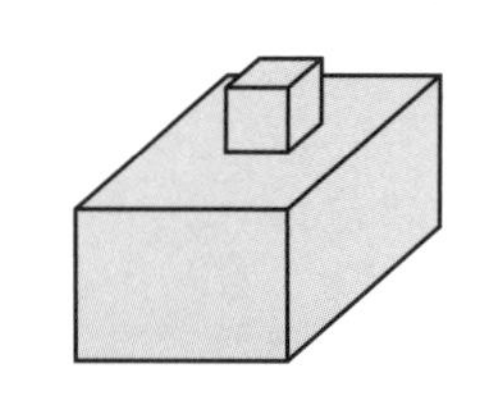

（　　　　）

4 右の図は，ある立体の展開図（てんかいず）です。この立体の体積を求めなさい。（10 点）　〔聖園女学院中〕

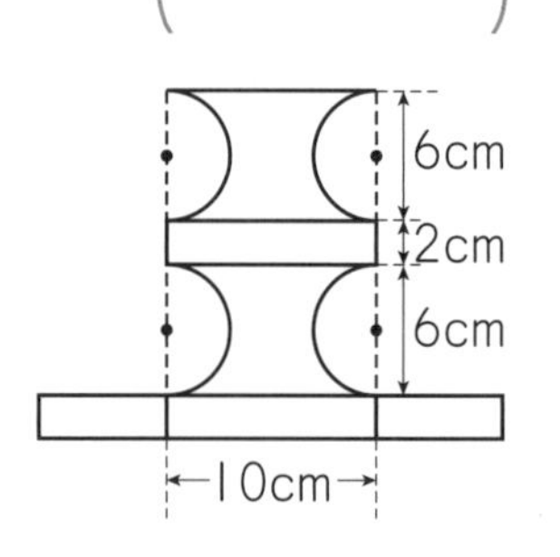

（　　　　）

5 右の図は，いくつかの直方体を組み合わせてつくった立体です。(16点/1つ8点)　〔神戸女学院中〕

(1) この立体の表面積を求めなさい。

(　　　　　)

(2) この立体の体積を求めなさい。

(　　　　　)

6 1辺の長さが1cmの正方形を，右の図のように4個組み合わせた図形を直線ABのまわりに1回転させてできる立体について答えなさい。(16点/1つ8点)　〔明星中〕

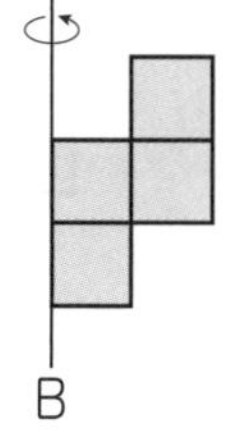

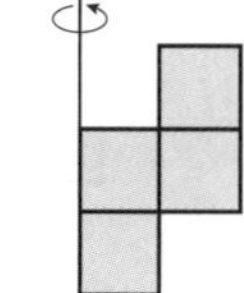

(1) この立体の体積を求めなさい。

(　　　　　)

(2) この立体の表面積を求めなさい。

(　　　　　)

7 正三角形1つと直角二等辺三角形3つを組み合わせた右の図のような展開図があります。この展開図を組み立ててできる立体の体積を求めなさい。(8点)〔鷗友学園女子中〕

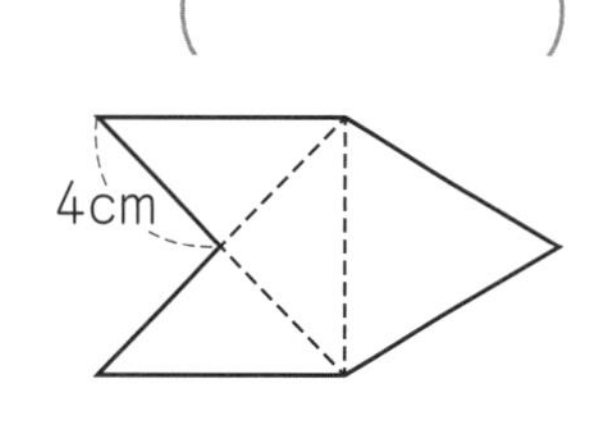

(　　　　　)

8 右の図のような四角形を，直線ABを軸(じく)として1回転させてできる立体について答えなさい。(16点/1つ8点)

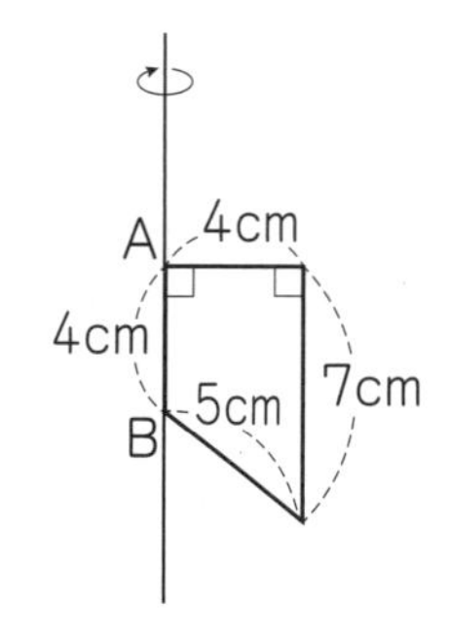

(1) 体積は何cm^3ですか。

(　　　　　)

(2) 表面積は何cm^2ですか。

(　　　　　)

答え▶別冊41ページ

22 立体の切断

標準クラス

（＊すい体の体積＝底面積×高さ×$\frac{1}{3}$）

1 次の図の立方体を，・をつけた３つの点を通る平面で切るときにできる切り口の形を下のア～コから選んで，記号で答えなさい。ただし，立方体の各辺の区切りはそれぞれの辺を４等分しています。

(1)
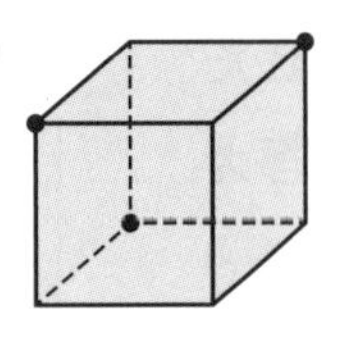

(2)
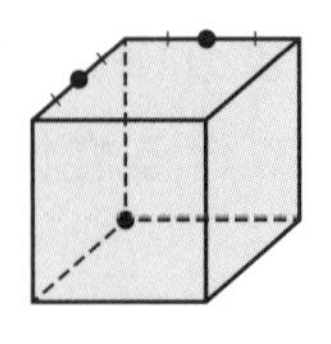

(3)
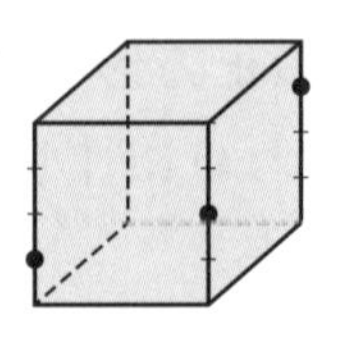

(4)
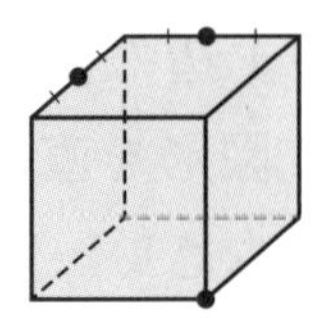

（　　　）

（　　　）

（　　　）

（　　　）

(5)

(6)

(7)

(8)
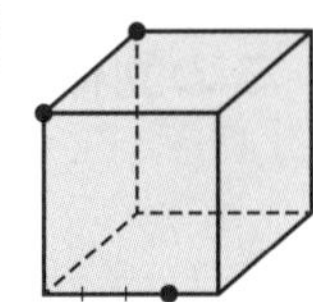

（　　　）

（　　　）

（　　　）

（　　　）

ア 正三角形	**イ** 二等辺三角形	**ウ** 直角三角形	**エ** 正方形	**オ** 長方形
カ ひし形	**キ** 平行四辺形	**ク** 台形	**ケ** 五角形	**コ** 正六角形

2 次の図の立方体を，・をつけた３つの点を通る平面で切るときにできる切り口の形を，それぞれの図にかき入れなさい。

(1)
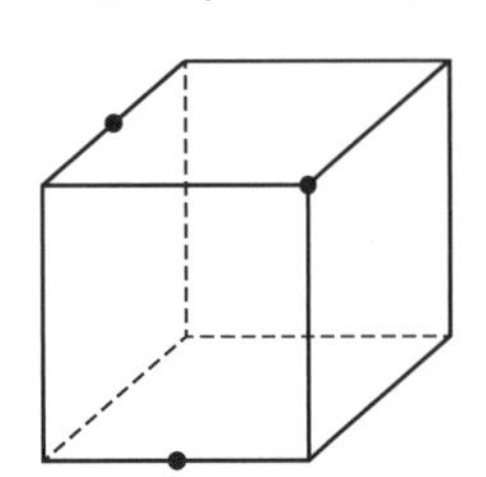

(2)
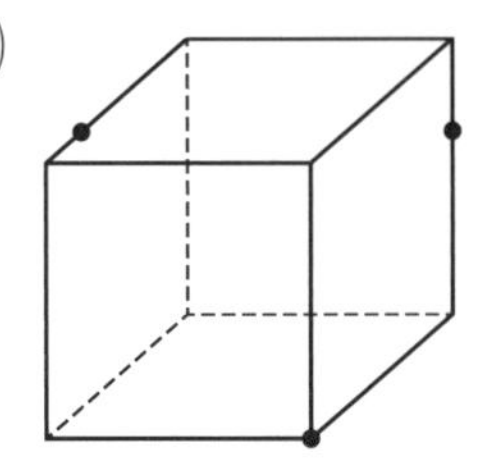

(3)
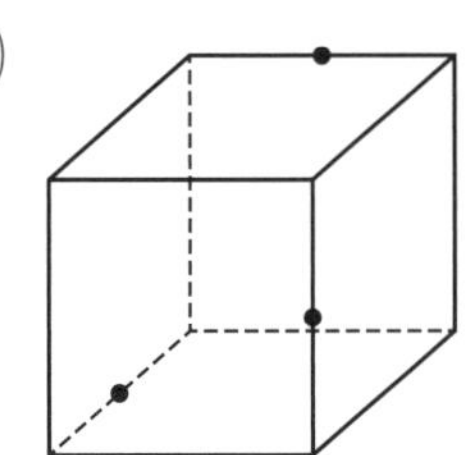

3 次の図の立方体を，・をつけた3つの点を通る平面で切って2つの立体に分けたとき，頂点アをふくむ立体の体積を求めなさい。

(1)

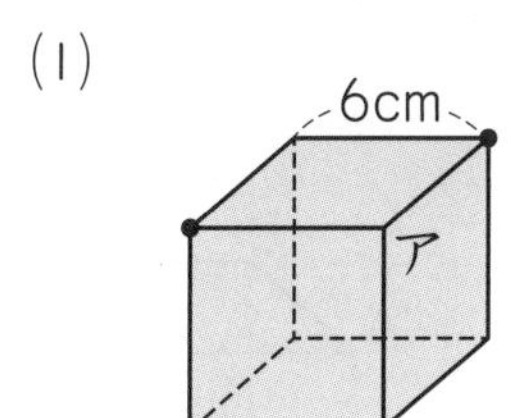

(2)

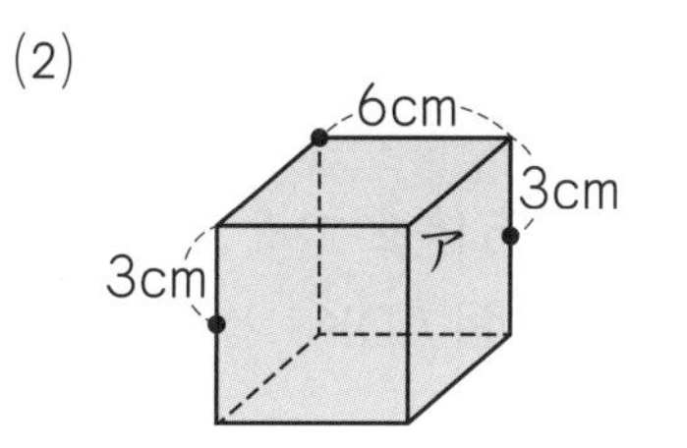

(3)

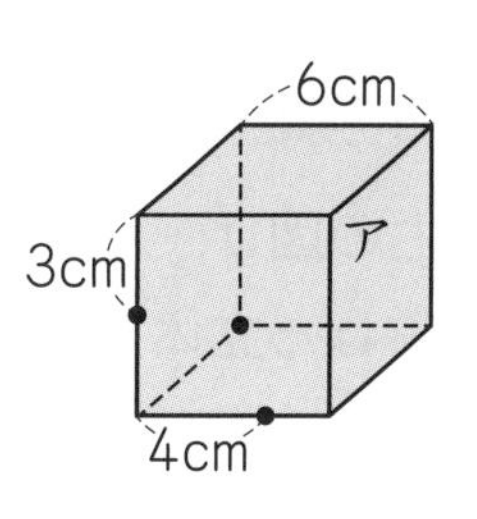

(　　　　)　(　　　　)　(　　　　)

4 右の図は，1辺の長さが6cmの立方体です。点P，Qはそれぞれ辺CD，EF上の点で，DP＝2cm，EQ＝2cmです。〔鎌倉女学院中〕

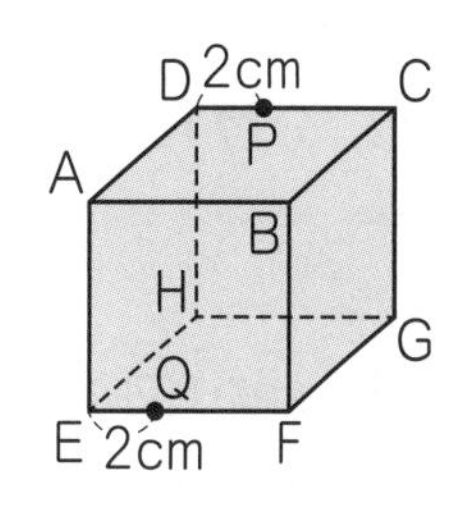

(1) この立方体を3点A，P，Hを通る平面で切るとき，点Dをふくむ立体の体積は何cm^3ですか。

(　　　　)

(2) この立方体を3点A，P，Qを通る平面で切るとき，点Fをふくむ立体の体積は何cm^3ですか。

(　　　　)

5 右の図のように，1辺の長さが2cmの立方体ABCD－EFGHがあります。辺AB，BCの真ん中の点をそれぞれP，Qとします。4点E，G，P，Qを通る平面で立方体ABCD－EFGHを2つの立体に分割しました。〔昭和学院秀英中〕

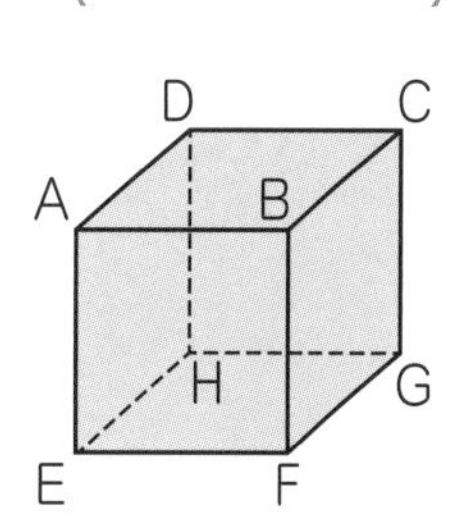

(1) 分割された2つの立体に対して，表面積の差を求めなさい。

(　　　　)

(2) 分割された2つの立体に対して，体積の差を求めなさい。

(　　　　)

答え▶別冊42ページ

22 立体の切断

時間	30分	得点
合格	80点	点

（＊すい体の体積＝底面積×高さ×$\frac{1}{3}$）

1 右の図は，１辺が４cmの立方体２つを，上下にぴったり重ねた立体です。この立体を面ADKJと面FGLIで切りました。（20点/１つ10点）〔中央大附属横浜中－改〕

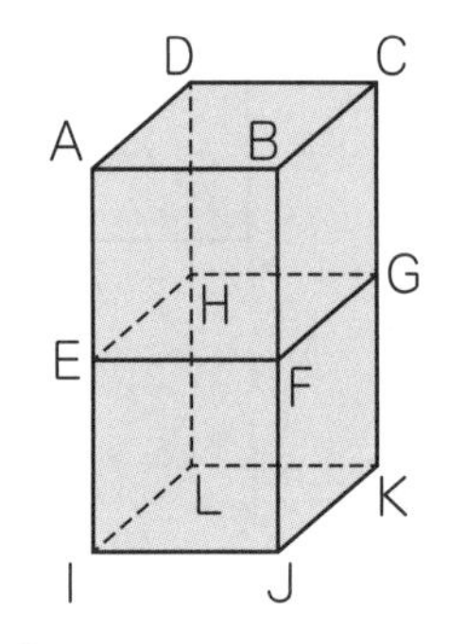

(1) 分けられた立体のうち，面ABCDをふくむ立体はどんな形ですか。名前を書きなさい。

（　　　　）

(2) 分けられた立体のうち，面IJKLをふくむ立体の体積は何cm^3ですか。

（　　　　）

2 右の〔図Ⅰ〕のような１辺の長さが３cmの立方体があります。点Ｉは辺GH上，点Ｊは DH上にあり，GI＝DJ＝１cmです。この立方体を，３点Ａ，Ｆ，Ｊを通る平面で切ったとき，点Ｅをふくむ立体をＫとします。（30点/１つ10点）〔本郷中〕

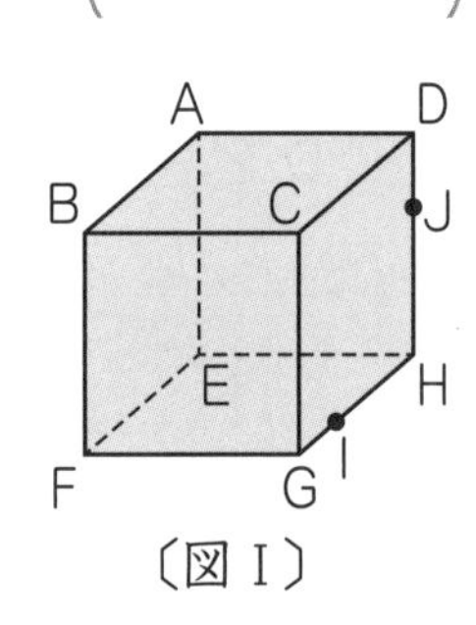

〔図Ⅰ〕

(1) 立体Ｋの表面のうち，もとの立方体の表面にふくまれる部分の面積は何cm^2ですか。

（　　　　）

(2) この立方体の展開図（てんかいず）は〔図Ⅱ〕のようになります。(1)で求めた部分を斜線（しゃせん）で表します。残りの部分を斜線で表しなさい。ただし，定規は使用せず，手がきしなさい。

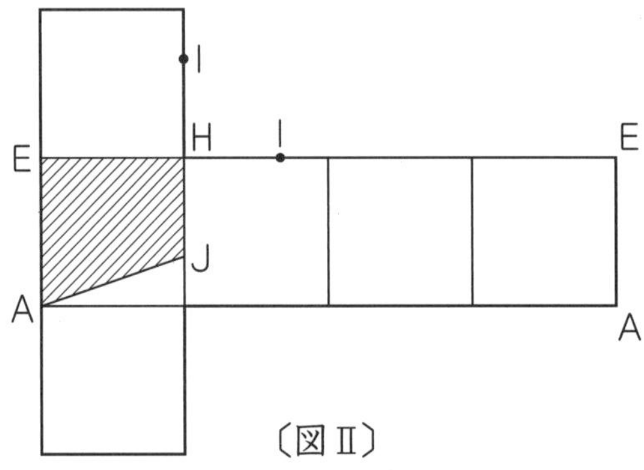

〔図Ⅱ〕

(3) 立体Ｋの体積は何cm^3ですか。

（　　　　）

3 1辺の長さが1cmの立方体を8個組み合わせて右の図1のような立方体をつくりました。〔芝浦工業大柏中ー改〕

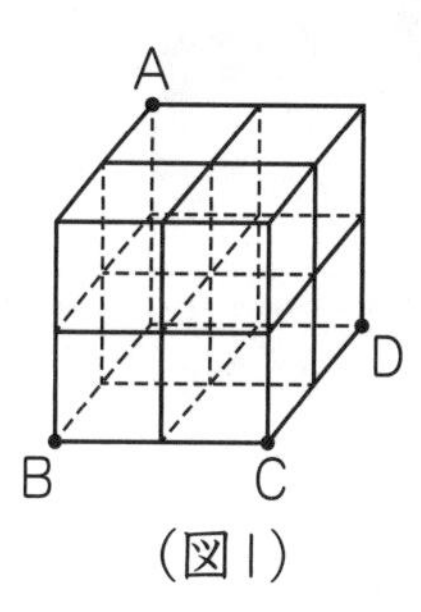

(図1)

(1) この立方体をA，B，Cをふくむ平面で切ったときを考えます。(20点/1つ10点)

① 8個の立方体のうち，切られた立方体は何個になりますか。

(　　　　)

② 頂点Aをふくむ1辺の長さが1cmの立方体の，切り口の形はどんな図形になりますか。

(　　　　)

(2) この立方体をA，B，Dをふくむ平面で切ったとき，8個の立方体のうち，切られた立方体は何個になりますか。(10点)

(　　　　)

次に，図1から上の立方体3個をとりのぞいた図2のような立体をつくりました。この立体をP，Q，Rを通る平面で切ったときにできる図形について考えます。

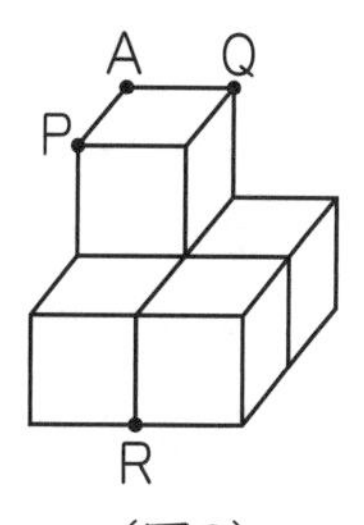

(図2)

(3) 切り口の図形で正しいものはどれになるか，もっとも適当なものを次のア～エから1つ選び，記号で答えなさい。(10点)

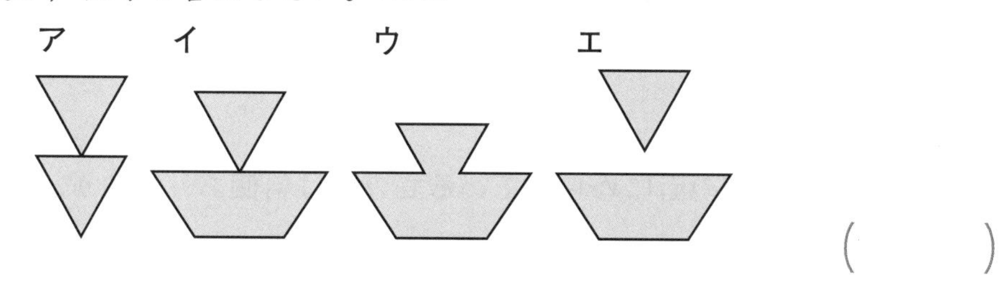

(　　　　)

(4) 切ったときにできる立体のうち，点Aをふくむ方の立体の体積は何cm^3ですか。(10点)

(　　　　)

答え▶別冊43ページ

23 立方体についての問題

標準クラス

1 右の図は１辺１cmの立方体を積み重ねたものです。

真上

真正面

(1) 立方体は全部で何個ありますか。

(　　　　　)

(2) 真上から見ると，立方体の面はいくつ見えますか。

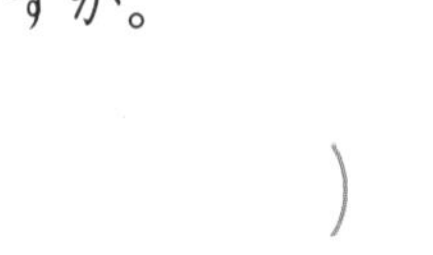

(　　　　　)

(3) 真正面から見ると，立方体の面はいくつ見えますか。

(　　　　　)

2 右の図のように１辺１cmの立方体を積み重ねて置き，底に接している面もふくめて表面にペンキをぬりました。立方体が接していて外から見えない面にはペンキをぬっていません。たとえばアの立方体には上，前，右の３つの面にペンキがぬられています。

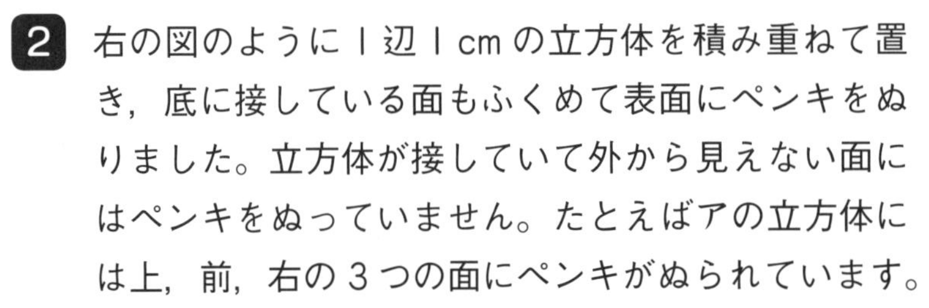

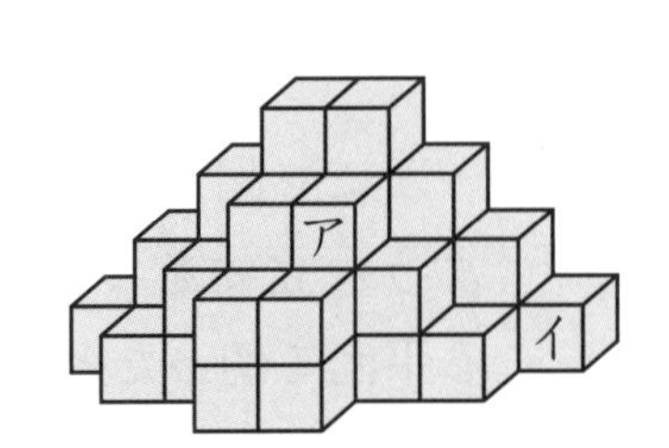

(1) 全体の体積は何cm^3ですか。

(　　　　　)

(2) イの立方体でペンキがぬられている面の数を答えなさい。

(　　　　　)

(3) ペンキが４つの面にぬられている立方体は何個ありますか。

(　　　　　)

(4) ペンキがぬられていない立方体は何個ありますか。

(　　　　　)

3 右の図１のように，立方体をいくつか積み重ねて立体を作ります。図１の立体に使われている立方体は４個で，この立体を正面，真上，真横から見ると，それぞれ図２のようになります。

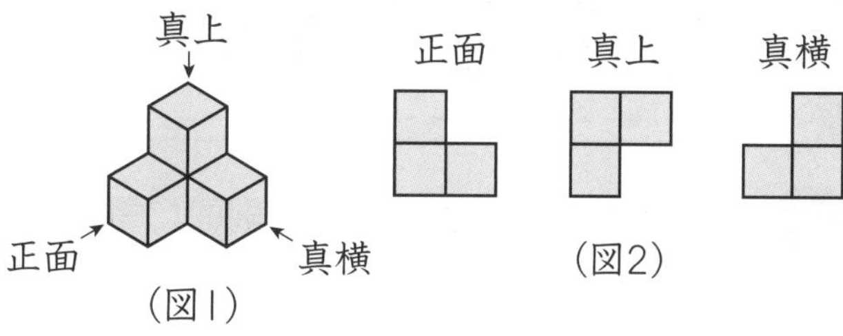

（図１）　（図２）

〔学習院女子中等科〕

(1) ある立体を正面，真上，真横のどこから見ても図３のように見えました。この立体に使われている立方体の個数として考えられるのは，最小で何個ですか。

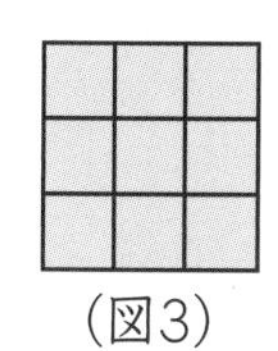
（図３）

（　　　　）

(2) 正面，真上，真横のどこから見ても図３のように見える立体で，立方体を27個使って作られるものは図４の１種類です。正面，真上，真横のどこから見ても図３のように見える立体で，立方体を26個使って作られるものは何種類あるか求めなさい。ただし，図５のように回転して同じになる立体は同じ種類とします。

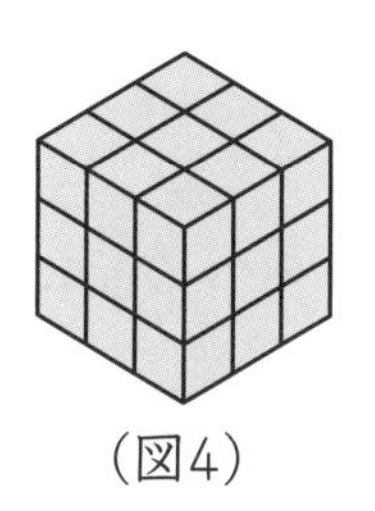
（図４）

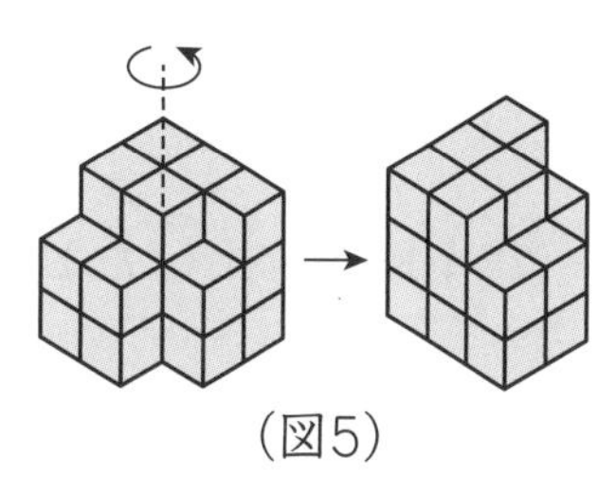
（図５）

（　　　　）

(3) 正面，真上，真横のどこから見ても図３のように見える立体で，立方体を25個使って作られるものは何種類あるか求めなさい。ただし，図５のように回転して同じになる立体は同じ種類とします。

（　　　　）

4 右の図は１辺１cmの立方体36個を直方体の形に積んだあと，色のついた部分を前後，左右，上下の方向にくりぬいたものです。

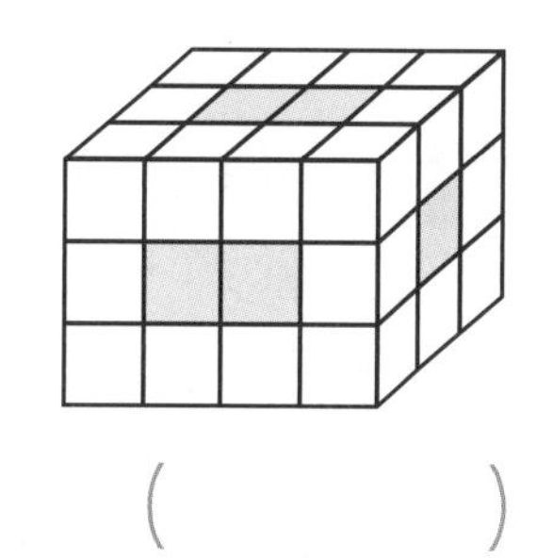

(1) この立体の体積は何cm^3ですか。

（　　　　）

(2) この立体の表面積は何cm^2ですか。

（　　　　）

答え▶別冊44ページ

23 立方体についての問題

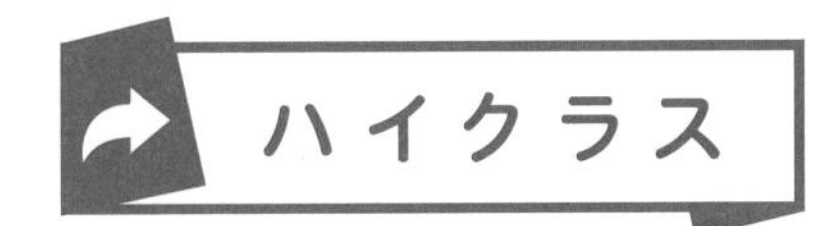

時間 30分	得点
合格 80点	点

1 次の図のように立方体を規則的に重ね，底の面もふくめてすべての表面をペンキでぬります。(50点/1つ10点)

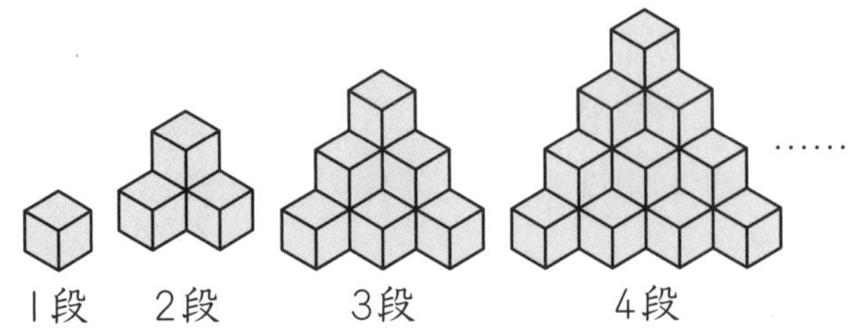

Ⅰ段　2段　3段　4段

(1) 3段(だん)積み上げたとき，ペンキがぬられた面は全部でいくつですか。

(　　　　)

(2) 4段積み上げたとき，5つの面にペンキがぬられた立方体は何個ありますか。

(　　　　)

(3) 5段積み上げたとき，4つの面にペンキがぬられた立方体は何個ありますか。

(　　　　)

(4) 6段積み上げたとき，2つの面にペンキがぬられた立方体は何個ありますか。

(　　　　)

(5) 7段積み上げたとき，Ⅰつの面にペンキがぬられた立方体は何個ありますか。

(　　　　)

2 右の図は，とうめいな立方体の容器の中にこの立方体のⅠつの面と同じ大きさの正方形の板を入れ，真正面と真上から見たときのようすを表しています。容器や板の厚さは考えないものとして，下の見取り図に容器に入っている正方形の板をかきなさい。(10点)

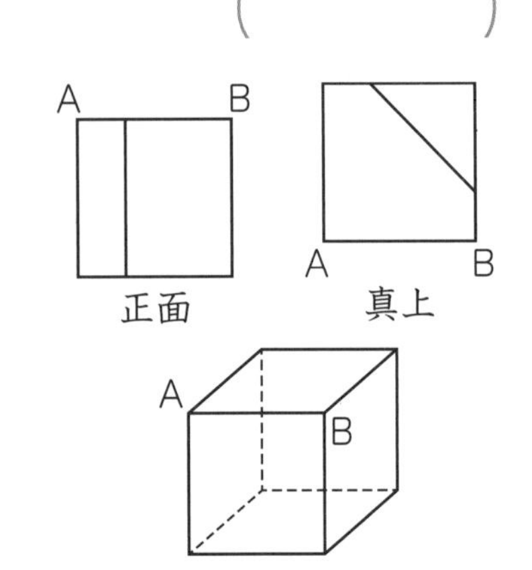

3 同じ大きさの立方体がたくさんあります。この立方体の何個かを，面と面がぴったり重なるようにのりではり合わせて立体を作りました。この立体を正面と右の２方向から見ると，次の図のようになりました。(20点/1つ10点)〔慶應義塾普通部ー改〕

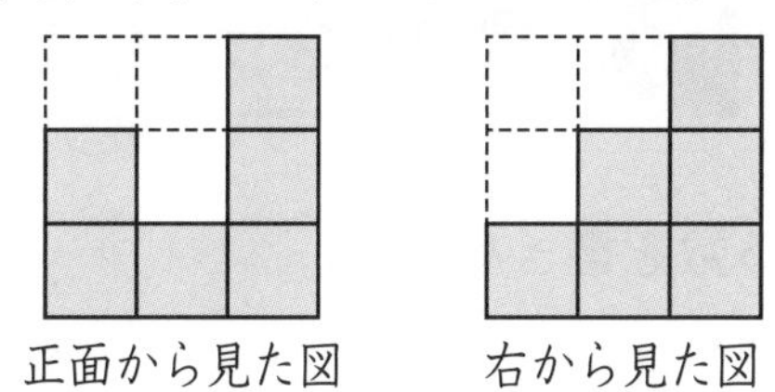

(1) 使っている立方体の数として考えられる最大の数は何個ですか。

(　　　　　)

(2) 使っている立方体の数として考えられる最小の数は何個ですか。

(　　　　　)

4 １辺が１cmの立方体を重ねて図のような１辺が５cmの立方体を作りました。図の色のついた部分を反対側の面までまっすぐ，くりぬきます。

(20点/1つ10点)〔城北埼玉中ー改〕

(1) くりぬいたあとの立体の体積は何cm^3ですか。

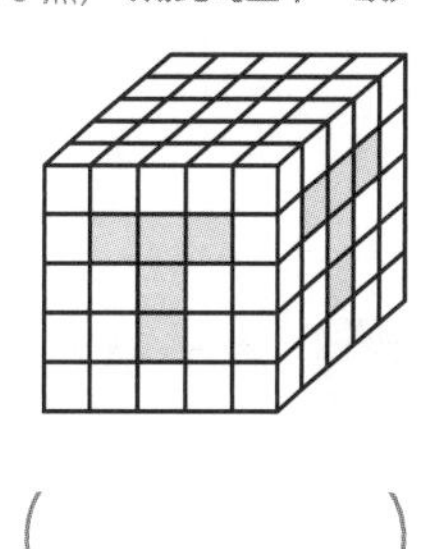

(　　　　　)

(2) くりぬいたあとの立体の体積は何cm^3ですか。

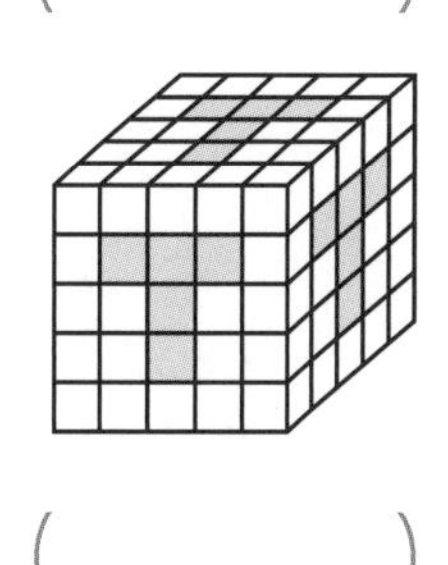

(　　　　　)

答え▶別冊44ページ

24 容　積

1 次の□にあてはまる数を書きなさい。

(1) 4800 cm^3＝□ m^3　　(2) 2.4 L＝□ cm^3

(3) 1.08 m^3＋1.3 L＝□ L　　(4) 850 cm^3＋15 dL＝□ mL

2 縦(たて)25 m, 横16 m, 深さ1.2 m の水の入っていないプールがあります。このプールに毎分500 L の割合(わりあい)で水を入れていきます。水を入れはじめてから4時間後には, 水の深さは何 cm になりますか。〔東京学芸大附属竹早中〕

(　　　　)

3 底面が1辺10 cm の正方形で, 高さが15 cm の直方体の水そうに, 深さ7 cm まで水が入っています。この水そうの中に1辺が5 cm の立方体をしずめると, 水の深さは何 cm になりますか。〔広島女学院中〕

(　　　　)

4 直方体の容器に1.2 L の水を入れ, その中に石をしずめたら, 深さが16 cm になりました。さらに, その容器に2 L の水を加えたら, 深さは36 cm になりました。石の体積は何 cm^3 ですか。考え方も書きなさい。〔啓光学園中－改〕

考え方(　　　　)

答え(　　　　)

5 右の図のように，直方体の容器に水が入っています。この中に，直方体のおもりを入れて底までしずめたところ，ちょうどおもりの上の面が水面と同じ高さになりました。このおもりの高さは何 cm ですか。

〔西南学院中〕

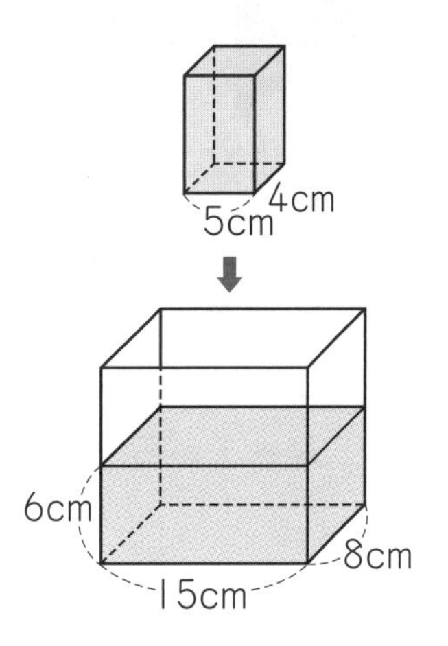

(　　　　)

6 右の図１のような直方体の水そうに，水 1.2 L を入れました。

〔南山中男子部〕

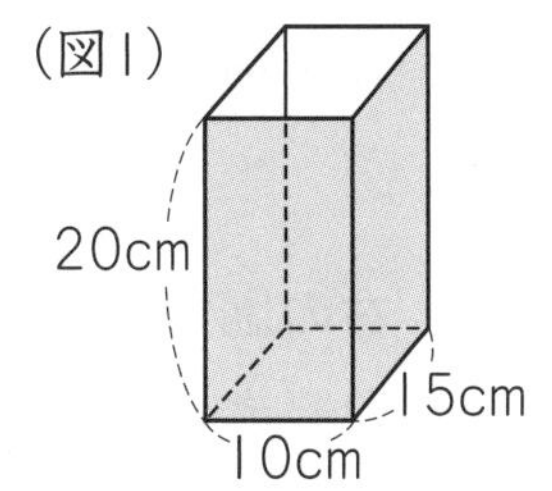

(1) 水の深さは何 cm になりますか。

(　　　　)

(2) 次に図２のような円柱を底面が底につくまで入れたら，ちょうど 2 cm だけ水の高さが上がりました。この円柱の底面積を求めなさい。ただし，円柱の中に水は入りません。

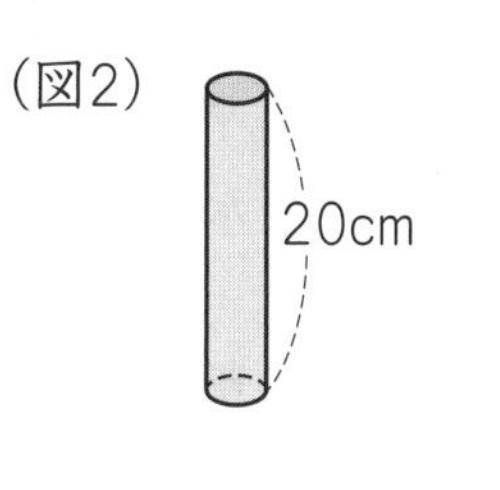

(　　　　)

7 下の図１のような直方体の容器があり，水がいっぱい入っています。この容器を図２，図３のように静かにかたむけていきます。

〔共立女子中一改〕

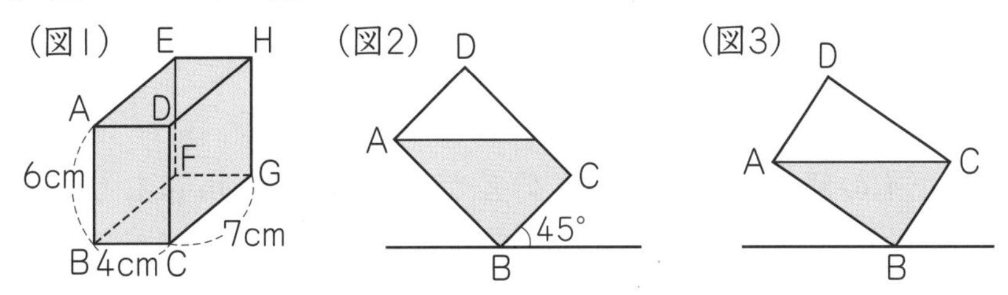

(1) 図２のとき，容器に入っている水は何 cm^3 ですか。

(　　　　)

(2) 図２の状態から図３の状態になるとき，何 cm^3 の水がこぼれますか。

(　　　　)

答え▶別冊45ページ

24 容積 ハイクラス

時間	35分	得点
合格	80点	点

1 右の図のように，容器の中に深さ半分のところまで水が入っています。この容器から水が外に出ることはありません。(20点/1つ10点)　〔立教池袋中〕

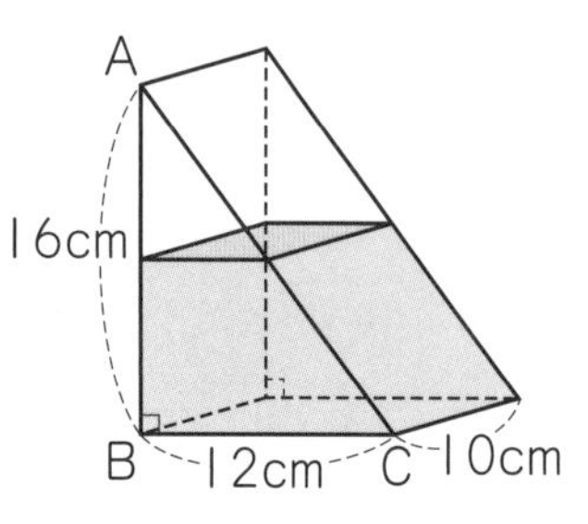

(1) 入っている水は何 cm^3 ですか。

(　　　　)

(2) この容器を三角形ABCの部分が底になるように置くと，深さは何cmになりますか。

(　　　　)

2 右の図のような直方体の容器を，側面に平行な長方形のしきりで2つの部分ア，イに分けます。アの部分に給水管を1本，イの部分に給水管を2本取り付け，同時に水を入れはじめました。どの給水管からも同じ割合で水が入り，しきりの厚さは考えないものとします。(36点/1つ12点)

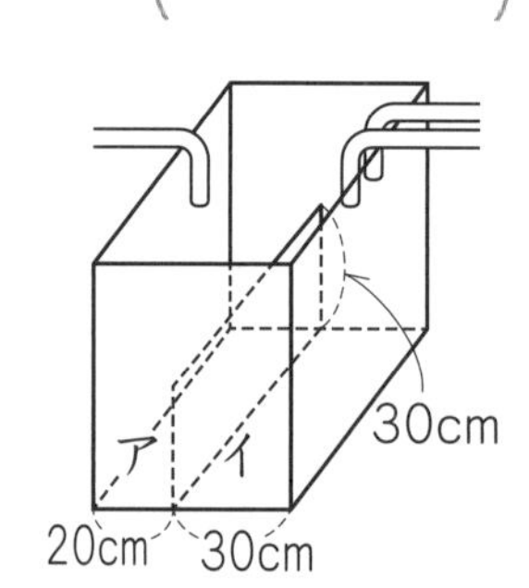

(1) アの部分とイの部分の水面の高さがどちらも30cmに達していないとき，アの部分の水面が上がる速さとイの部分の水面が上がる速さでは，どちらが速いですか。考え方も書いて答えなさい。(完答)

考え方(　　　　)

答え(　　　　)

(2) アの部分とイの部分の水面の高さの差がはじめて4cmになりました。このとき，アの部分の水面の高さは何cmですか。

(　　　　)

(3) アの部分とイの部分の水面の高さの差が6cmになることが2回あります。水を入れはじめて12分後にアの部分とイの部分の水面の高さの差がはじめて6cmになりました。2回目にアの部分とイの部分の水面の高さの差が6cmになるのは，はじめに水を入れはじめてから何分何秒後ですか。

(　　　　)

3 縦(たて)25 cm，横40 cm，高さ30 cmの直方体の水そうがあり，15 cmの深さまで水が入っています。この水そうの中に右の図のような，縦20 cm，横10 cm，高さ4 cmのコンクリートでできた直方体のブロックを入れていきます。(20点/1つ10点) 〔大阪教育大附属池田中〕

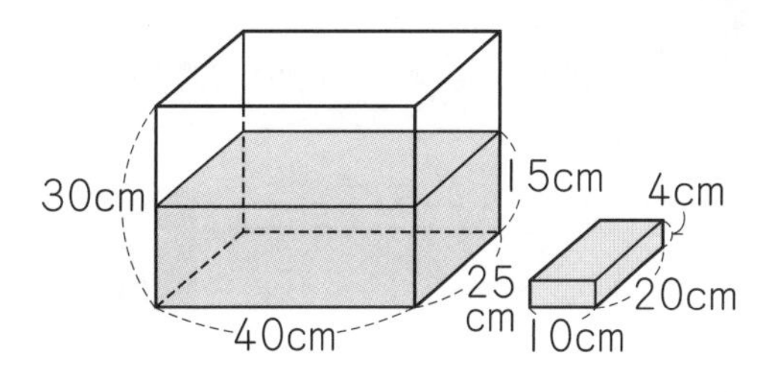

(1) ブロックを何個以上入れると，水そうから水があふれますか。

(　　　　)

(2) ブロックを右の図のように，水そうの中に1列に積み重ねていきます。何個重ねたとき，はじめてブロックが水面の上に出てきますか。

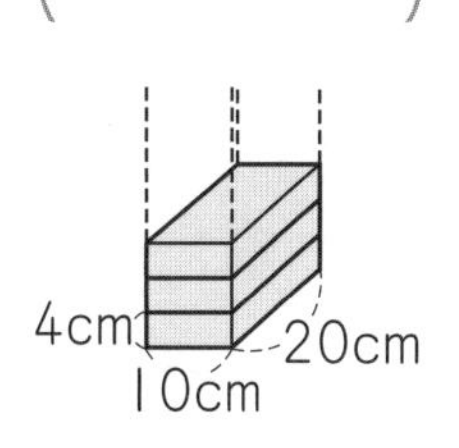

(　　　　)

4 次の図1のように直方体から直方体を切り取った形の容器があります。この容器に水をいっぱいに入れたところ，224 cm^3 入りました。

(24点/1つ12点) 〔世田谷学園中〕

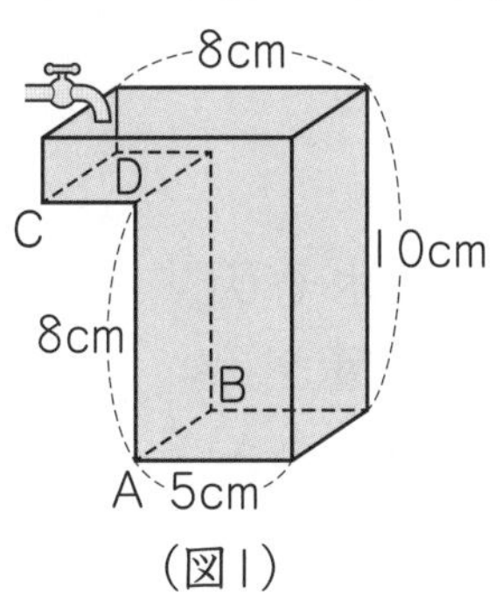

(図1)

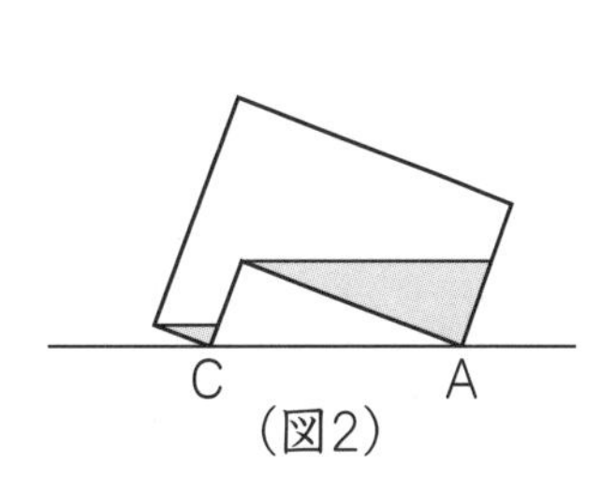

(図2)

(1) 辺ABの長さは何cmですか。

(　　　　)

(2) 辺ABを床につけたまま，図2のように辺CDが床につくまでゆっくりと容器をかたむけました。このとき，容器の中に残っている水は何cm^3 ですか。

(　　　　)

答え▶別冊46ページ

25 水量の変化とグラフ

標準クラス

1 右の図１のような直方体の形をした容器の中に，大きさのちがう直方体①と②があります。この容器に一定の割合（わりあい）で水を入れています。水を入れ始めてからの時間と水の深さとの間には図２で示すような関係があります。〔修道中〕

（図１）

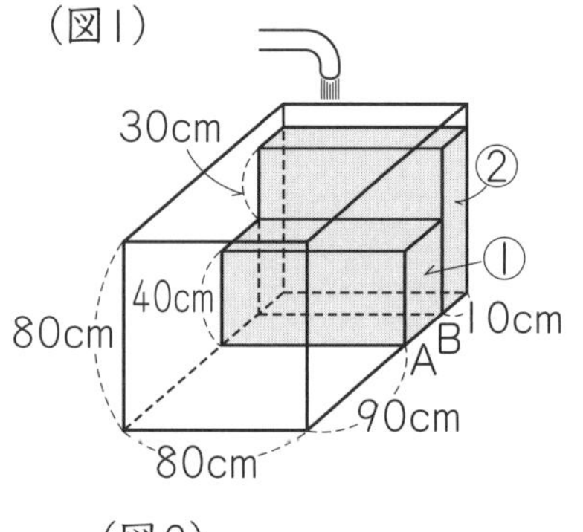

（図２）

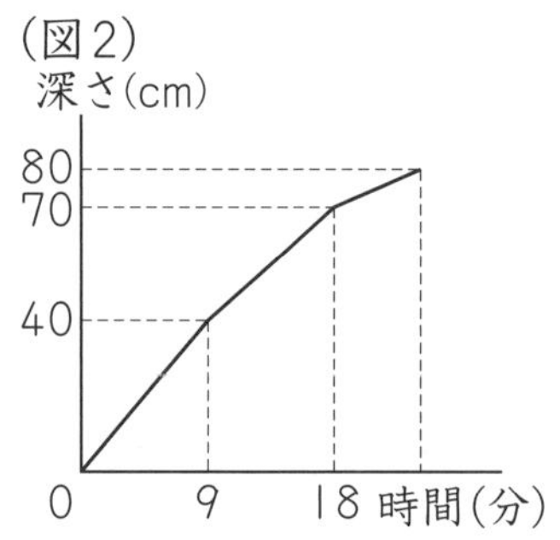

(1) 毎分何Ｌの水が入りますか。

（　　　　）

(2) 直方体①のはば（辺ABの長さ）は何cmですか。

（　　　　）

(3) 水を入れ始めてから何分何秒後に容器の水がいっぱいになりますか。

（　　　　）

2 右の図のような，１辺が30cmの立方体の水そうの中に，１辺が20cmの立方体の水そうを置き，底面を固定します。グラフは毎分１Ｌの割合で小さい水そうの外側に水を入れ，大きい水そうがいっぱいになるまでのようすを表しています。ただし，水そうの厚みは考えないものとします。〔武庫川女子大附中〕

(cm)
水面の高さ 30 20 0 時間 (分)

(1) 水面の高さが20cmになるのは，水を入れ始めて何分後から何分後までの間ですか。

（　　　　）

(2) 大きい水そうがいっぱいになるのは，水を入れ始めてから何分後ですか。

（　　　　）

3 右の図１のような直方体の形をしたガラスの水そうが，高さ 15 cm の長方形の板Ａと高さ 25 cm の長方形の板Ｂによって垂直に仕切られています。Ｘの部分の真上の蛇口から一定の割合で水を注いだ時間と，Ｘの部分の水面の高さの関係を図２のグラフに表しました。ただし，水そうのガラスの厚さと板の厚さは考えないものとします。〔浅野中〕

(図１)

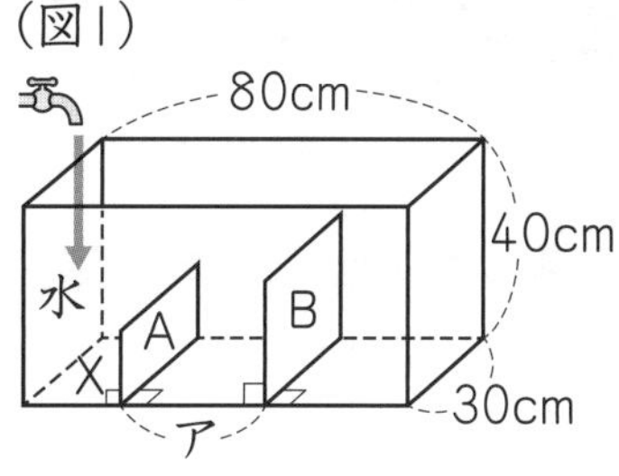

(図２)

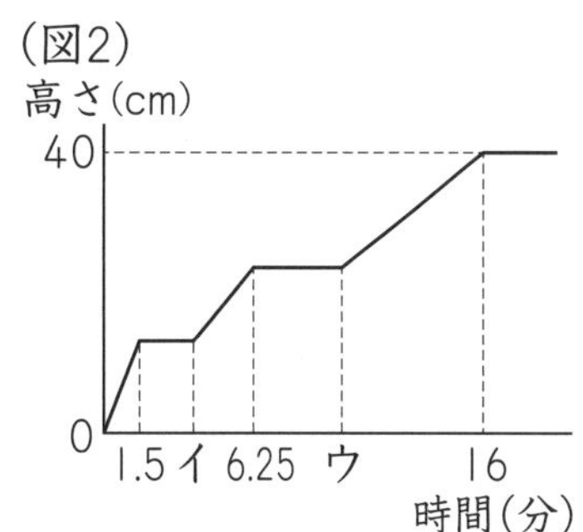

(1) 水そうに毎分何Ｌの水を注いでいますか。

(　　　　)

(2) 図１で，アの長さは何 cm ですか。

(　　　　)

(3) 図２で，イにあてはまる数を求めなさい。

(　　　　)

(4) 図２で，ウにあてはまる数を求めなさい。

(　　　　)

4 右の図のように，内のりが，縦 15 cm，横 30 cm，高さ 40 cm の直方体の水そうを，２枚のしきり板㋐，㋑でしきり，Ａ，Ｂ，Ｃの３つの部分に分けました。いま，Ａの部分から毎分 300 cm³ の割合で水を注ぎます。ただし，しきり板の厚さは考えないことにします。〔神奈川大附中〕

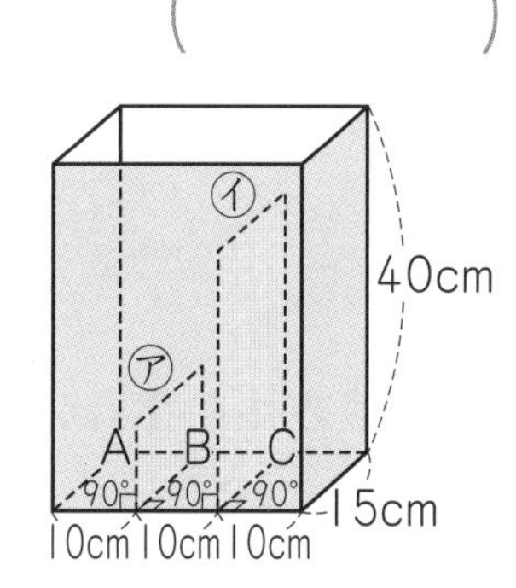

(1) 右のグラフは，水をいれはじめてから x 分後のＡの部分の水の深さを y cm として，x と y の関係をグラフにしたものです。このグラフを完成させなさい。

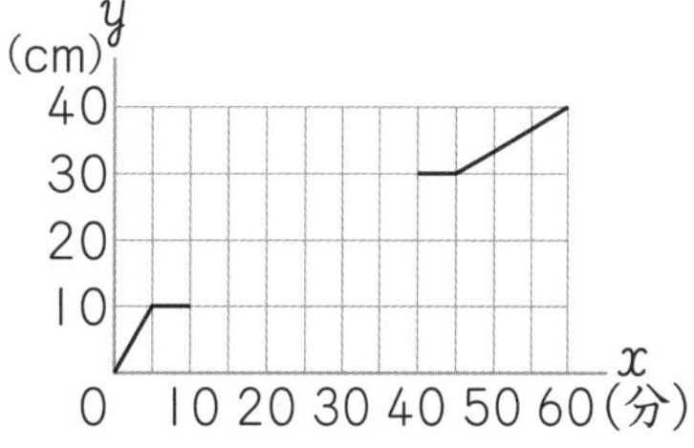

(2) 入れはじめてから 27 分後のＡの部分の水の深さは何 cm ですか。

(　　　　)

答え▶別冊46ページ

25 水量の変化とグラフ

時間	30分	得点
合格	80点	点

1 右の図1のような直方体の容器があります。この容器に，図2のような直方体を2つ，図3のように置き，一定の割合(わりあい)で水を入れました。グラフは，水を入れ始めてからの時間とアからの深さの関係を表しています。

(図1)　(図2)　(図3)

20cm　40cm　10cm　10cm　15cm　エ　ア　オ　イ　ウ

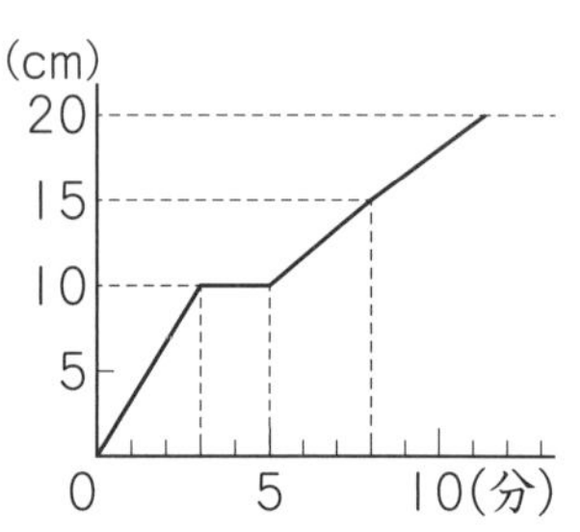

(40点/1つ10点)〔大阪教育大附属中野中〕

(1) 直方体の容器のイウの長さは何cmですか。

(　　　　)

(2) アオの長さは何cmですか。

(　　　　)

(3) 直方体の容器が水でいっぱいになるのは，水を入れ始めてから何分何秒後ですか。

(　　　　)

(4) 容器に置いた2つの直方体を，そのままの形で図3の位置より左に置き直すと，グラフは変わります。その中の1つをグラフにかきこみなさい。ただし，オはアに重ならないものとします。

2 次の図のように，直方体の水そうが 2 枚の長方形の仕切りでAとBとCの部分に分けられています。この水そうのAの部分に，蛇口(じゃぐち)から一定の割合で水そうがいっぱいになるまで水を入れました。グラフは，Aの部分の水面の高さとCの部分の水面の高さの差と，蛇口を開いてから水そうがいっぱいになるまでの時間との関係を表したものです。（60 点 /1 つ 10 点）〔森村学園中ー改〕

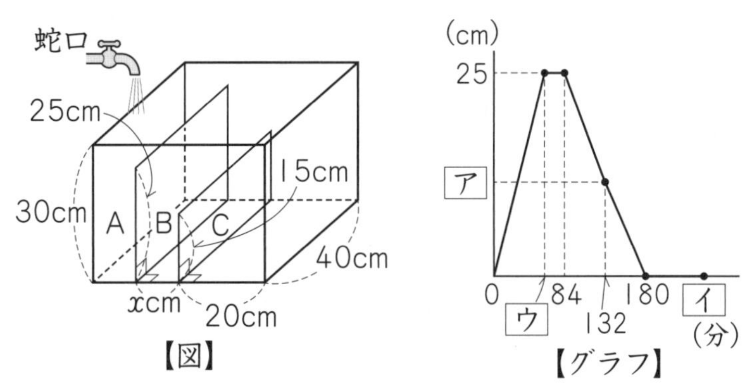

【図】　【グラフ】

(1) 蛇口を開いて，84 分から 132 分までの間のA，B，Cの各部分の水面の高さの変わり方を簡単(かんたん)に説明しなさい。

(　　　　)

(2) 蛇口から出る水の量は毎分何 cm^3 ですか。

(　　　　)

(3) グラフのアにあてはまる値(あたい)はいくつですか。

(　　　　)

(4) 図の x にあてはまる値はいくつですか。

(　　　　)

(5) グラフのイにあてはまる値はいくつですか。

(　　　　)

(6) グラフのウにあてはまる値はいくつですか。

(　　　　)

答え▶別冊47ページ

時間 30分	得点
合格 80点	点

1 右の図１のように直方体の容器に深さ９cmまで水が入っています。そこへ，図２のような直方体の棒(ぼう)を立てたまま，まっすぐに底がつくまで入れます。（30点／1つ10点）〔捜真女学校中〕

30cm 9cm 10cm 16cm
（図1）

20cm 4cm 4cm
（図2）

(1) 図２の棒の体積は何 cm^3 ですか。

（　　　　）

(2) 棒を１本入れると，棒の上部は水面の外に出ます。水の深さは何cm増えますか。

（　　　　）

(3) 棒を全部で何本入れると，入れた棒すべてが完全に水の中に入りますか。最も少ない本数を答えなさい。

（　　　　）

2 １辺の長さが１cmである小さな立方体をいくつか組み合わせて，直方体を作ります。（20点／1つ10点）〔浦和明の星女子中〕

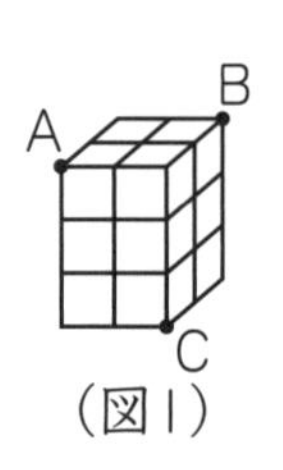

（図1）

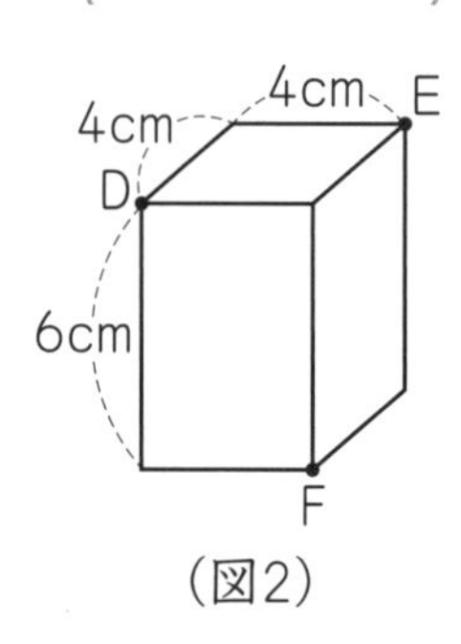

（図2）

(1) 右の図１のような３辺の長さがそれぞれ２cm，２cm，３cmの直方体を作り，３つの頂点Ａ，Ｂ，Ｃを通る平面で切断します。このとき，切断される小さな立方体の個数を答えなさい。

（　　　　）

(2) 図２のような３辺の長さがそれぞれ４cm，４cm，６cmの直方体を作り，３つの頂点Ｄ，Ｅ，Ｆを通る平面で切断します。このとき，切断される小さな立方体の個数を答えなさい。

（　　　　）

3 4つの直方体を組み合わせた右の図のような立体があります。この立体のすべての面の面積の和は1690 cm^2 です。(20点/1つ10点)　〔女子学院中〕

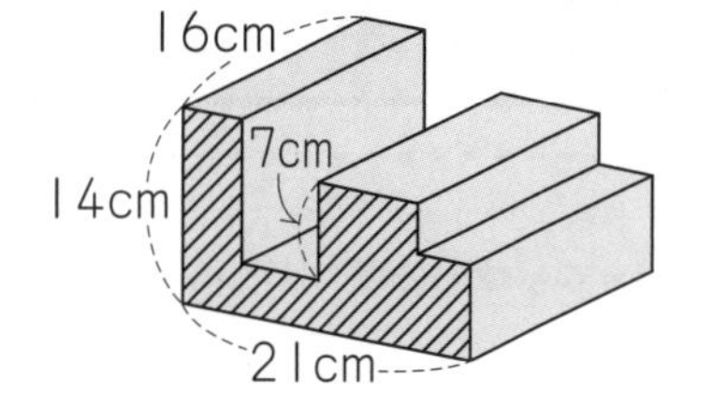

(1) 斜線(しゃせん)部分の面積は何 cm^2 ですか。

(　　　　　)

(2) この立体の体積は何 cm^3 ですか。

(　　　　　)

4 次の〔図Ⅰ〕のような直方体を2つ合わせた形の水そうがあります。この水そうを長方形の板で底面に垂直(すいちょく)に仕切り，(ア)の部分に高さが 10 cm の鉄の円柱を置きました。今，(ア)の部分の真上から一定の割合で水を注ぎ入れます。水を注ぎ始めてから水そうがいっぱいになるまでの時間と(ア)の部分の水の深さの関係をグラフで表すと〔図Ⅱ〕のようになります。ただし，仕切りの厚さは考えないものとします。(30点/1つ10点)　〔本郷中〕

〔図Ⅰ〕

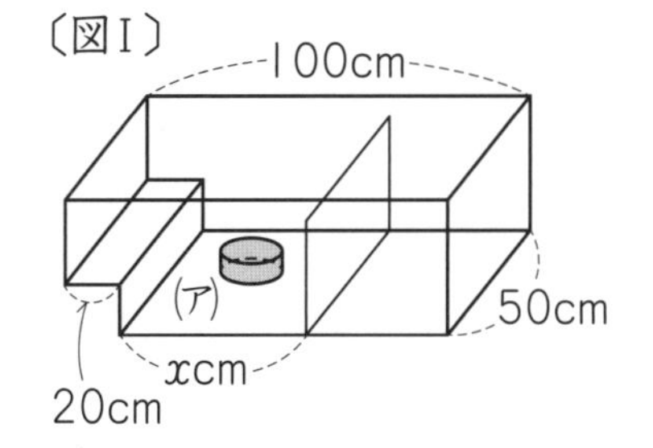

〔図Ⅱ〕

(cm)
50
40
20
10
0
48 98 238 358 458(分)

(1) 水は毎分何 cm^3 の割合で注がれていますか。

(　　　　　)

(2) 〔図Ⅰ〕の x はいくつですか。

(　　　　　)

(3) 鉄の円柱の底面積は何 cm^2 ですか。

(　　　　　)

答え▶別冊48ページ

時間	30分	得点
合格	80点	点

チャレンジテスト⑧

（＊すい体の体積＝底面積×高さ×$\frac{1}{3}$）

（＊円周率は，3.14を使いなさい。）

1 右の図1の直方体の水そうの中に，図2のような立体を色のついた面を下にして4つ置きます。その後，この水そうに毎秒10 cm³ずつ水を入れていきます。（24点 /1つ12点）〔慶應義塾普通部〕

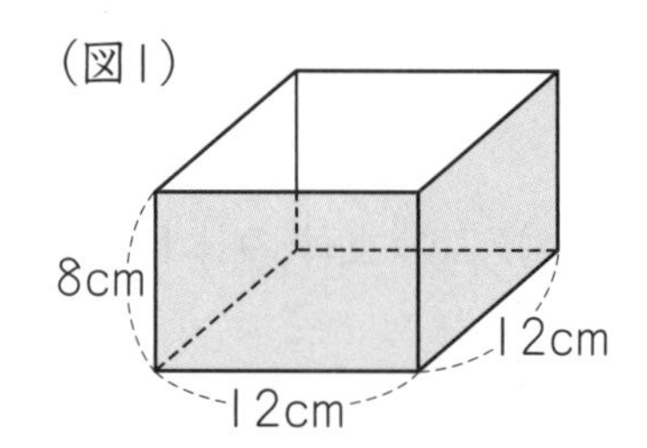

(1) 水の深さが2 cmになったとき，水面の面積は何cm²ですか。

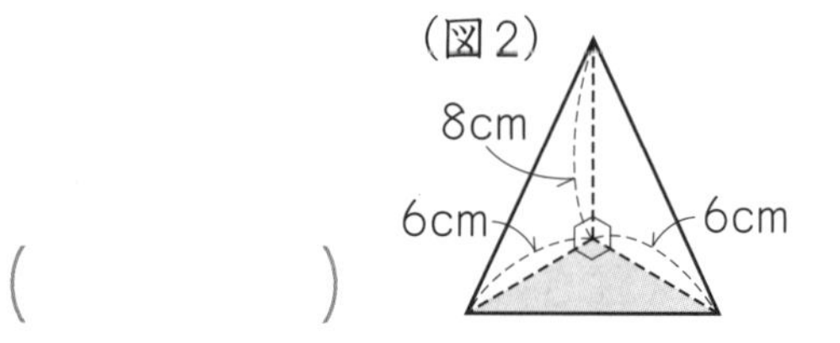

（　　　　）

(2) (1)のあと水そうの水がいっぱいになるまで何秒かかりますか。

（　　　　）

2 右の図は三角柱の展開図（てんかいず）で，点P，Qはそれぞれの辺の真ん中の点です。（24点 /1つ12点）〔明治大付属中野八王子中〕

(1) この三角柱の体積は何cm³ですか。

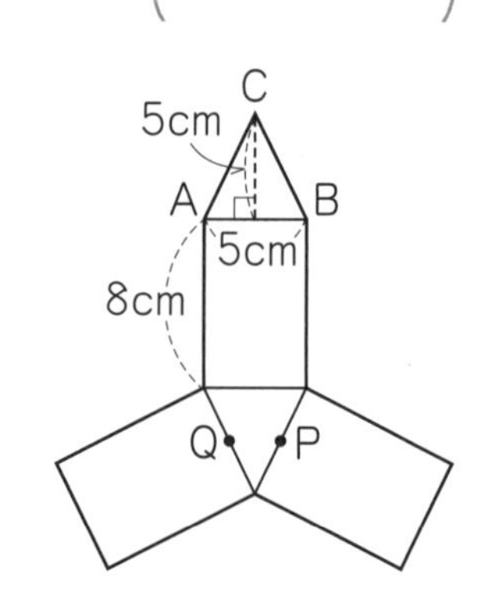

（　　　　）

(2) 点A，B，P，Qを通る平面でこの三角柱を切ったとき，点Cをふくむ立体の体積は何cm³ですか。

（　　　　）

3 右の図は長方形と円の一部を組み合わせてできた展開図です。この展開図を組み立ててできる立体の体積は何 cm^3 ですか。(16点) 〔日本女子大附中〕

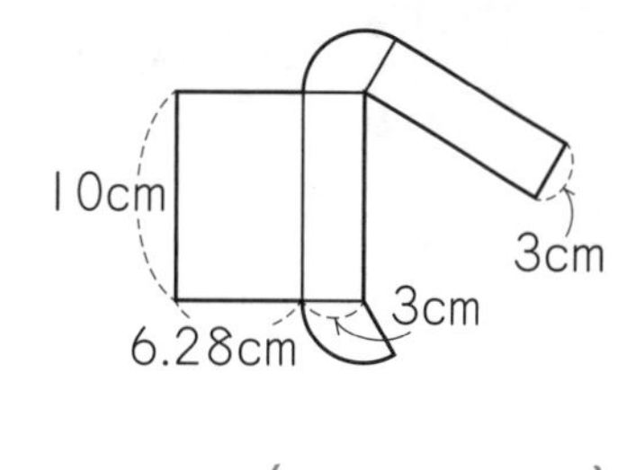

( )

4 次の図のように，深さが 20 cm の直方体の容器に，長方形の仕切りを PQ と BC が平行となるように作りました。この容器に毎秒 125 cm^3 の割合で水を注いだところ，48秒で満水となりました。グラフは，水を注ぎ始めてからの時間と，AB で測った水の深さの関係を表したものです。ただし，仕切りの厚さは考えないものとします。 〔実践女子学園中〕

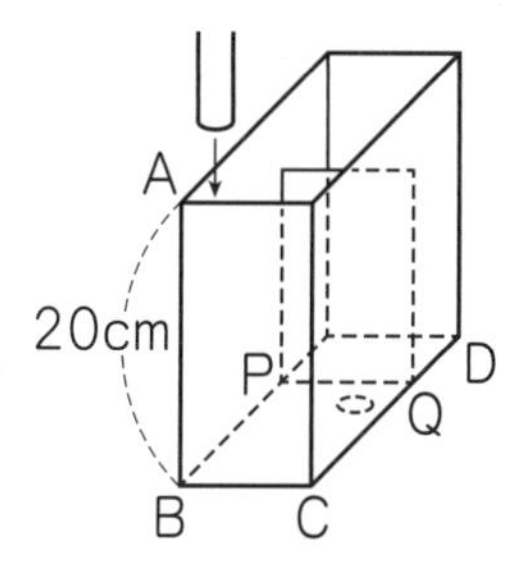

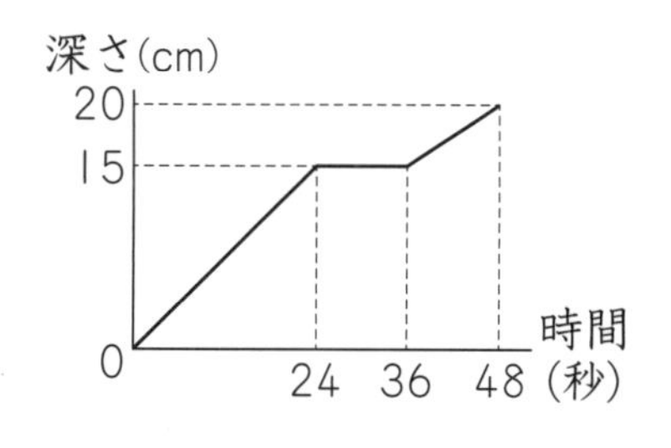

(1) CQ と QD の長さの比を，もっとも簡単(かんたん)な整数の比で答えなさい。(12点)

( )

(2) 満水になったあと，底面の四角形 BCQP の部分に穴をあけ，毎秒 150 cm^3 の割合で水をぬきました。(24点/1つ12点)

① ぬいた水の体積は何 cm^3 ですか。

( )

② 水をぬき始めてからの時間と，AB で測った水の深さの関係を表すグラフを，右の図に定規を使ってかきなさい。

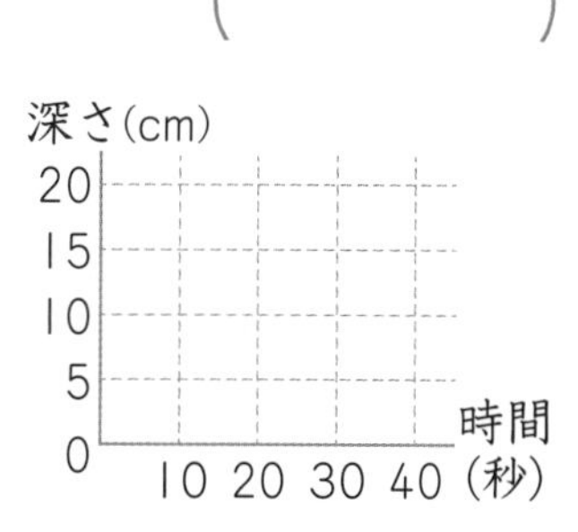

答え▶別冊49ページ

26 推理や規則性についての問題

標準クラス

1 何人かで旅行へ行き，写真を３枚(まい)とりました。１枚目の写真には３人，２枚目の写真には４人，３枚目の写真には６人写っています。３枚すべてに写っているのは１人，３枚中２枚に写っているのは２人であるとき，旅行へ行ったのは全員で何人でしょうか。ただし，写真に写っていない人はいないこととします。

〔昭和女子大附属昭和中〕

（　　　　）

2 Ａ君，Ｂ君，Ｃ君，Ｄ君，Ｅ君，Ｆ君の６人で食事をしました。６人は円形のテーブルを囲んで，等しい間隔(かんかく)でテーブルの中央に向かって座(すわ)り，１人１品を注文しました。①から⑧のすべての条件を満たすような６人の並(なら)び方を右の図に書きなさい。ただし，すでにＡ君の位置は書き記してあります。

〔市川中〕

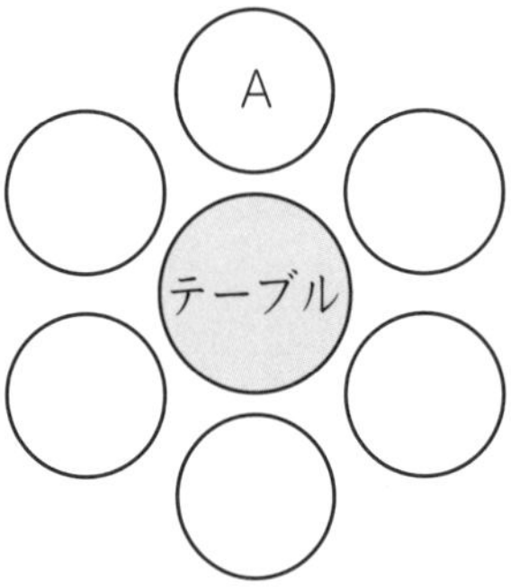

A

テーブル

① ６人の注文をまとめると，牛丼(ぎゅうどん)が３人，カレーライスが２人，ラーメンが１人でした。
② Ｃ君はＡ君と向かい合わせに座り，同じものを注文しました。
③ Ｂ君はカレーライスを注文しました。
④ カレーライスを注文した２人はとなりどうしで並んで座っています。
⑤ Ｆ君はラーメンを注文しました。
⑥ Ｄ君の右どなりの人は牛丼を注文しました。
⑦ Ｅ君の２つとなりの人はＣ君です。
⑧ Ｆ君のとなりにＡ君がいます。

3 次の図のように，青と白の三角形のタイルを規則にしたがってならべていきます。

〔横浜女学院中〕

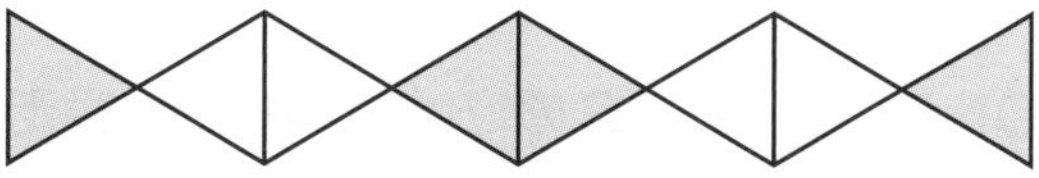

(1) このタイルを全部で16枚並べたとき，右はしのタイルは何色ですか。

(　　　　)

(2) 青いタイルを全部で19枚並べたとき，タイルは全部で何枚並んでいますか。考えられるすべての枚数を答えなさい。

(　　　　　　　)

(3) タイルを全部で157枚並べたとき，青いタイルは全部で何枚並んでいますか。

(　　　　)

4 ご石を，白石をまわりに，黒石を中に，下のように正方形の形に並べました。

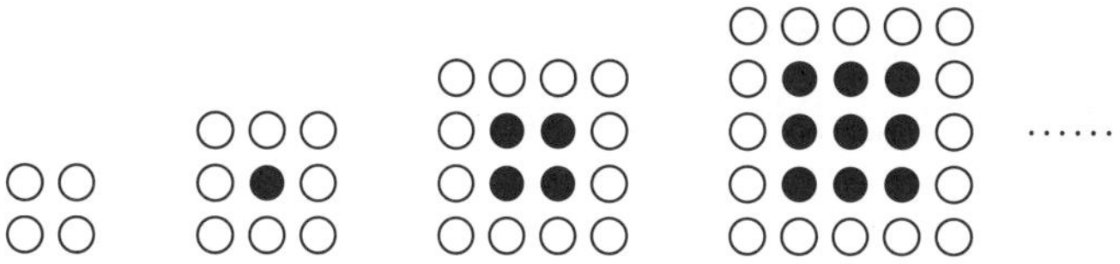

○○　○○○　○○○○　○○○○○ ……

(1) まわりの1辺に6個並べたとき，まわりの白石の数は何個ですか。

(　　　　)

(2) まわりの白石の数が28個のとき，黒石の数は何個ですか。

(　　　　)

(3) 黒石の数が64個のとき，まわりの白石の数は何個ですか

(　　　　)

答え▶別冊50ページ

26 推理や規則性についての問題

時間 30分	得点
合格 80点	点

1 ランナーA，B，C，D，E，F，Gの７人が400ｍ競走を行いました。とちゅう経過は次のようでした。

　Aさんと C さんの間には２人のランナーがいます

　Gさんはこの時点で４位です

　Bさんのすぐ前にEさんがいます

　DさんはBさんの後方にいて，その間には２人のランナーがいます

その後，Aさんが３人を追いぬいてゴールしました。

　ゴールしたランナーを１位から順に書きなさい。(10点)　〔早稲田中〕

（　　　　　　　　　　）

2 ０ではない５つの整数A，B，C，D，Eが次の条件(ア)～(オ)を満たしています。

(30点/1つ10点)〔サレジオ学院中〕

> (ア) AをBでわったとき，商はCであまりはDです
> (イ) EはBとCをかけた数です
> (ウ) BはDよりも大きい数です
> (エ) CはBよりも３だけ大きい数です
> (オ) Dは偶数(ぐうすう)です

(1) ５つの数A，B，C，D，Eを大きい順に並(なら)べなさい。

（　　　　　　　　　　）

(2) 条件(ア)を考えると，条件(ウ)が成り立つことはいつでも正しいと言えます。その理由を15字程度で説明しなさい。ただし，説明するときに，「わられた数」，「わった数」，「商」，「あまり」のうち必要な語を用いなさい。

（　　　　　　　　　　）

(3) Eの値(あたい)が28のとき，A，B，C，Dの値をそれぞれ求めなさい。(完答)

A（　　　）B（　　　）C（　　　）D（　　　）

3 右の図のように，白い玉と黒い玉を並べていきます。

(20 点 /1 つ 10 点)〔愛知教育大附属名古屋中〕

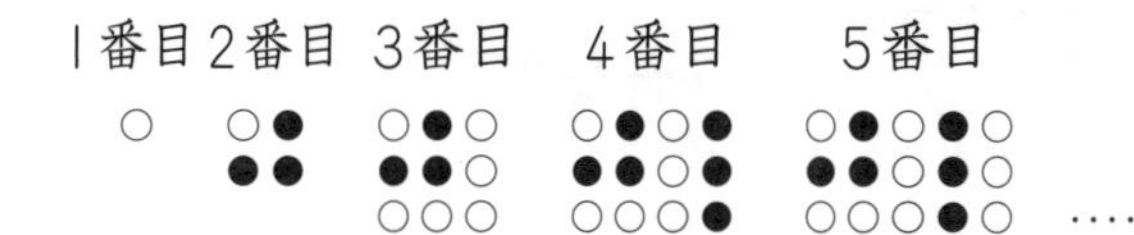

(1) 7 番目の白い玉は，全部で何個ありますか。

(　　　　)

(2) 20 番目の白い玉は，全部で何個ありますか。

(　　　　)

4 右の図のように，ある規則にしたがって，第 1 段(だん)，第 2 段，…の順に数が並んでいます。

(20 点 /1 つ 10 点)〔共立女子中〕

第1段　1
第2段　2 3
第3段　6 5 4
第4段　7 8 9 10
第5段　15 14 13 12 11
第6段　16 17 …
⋮

(1) 第 11 段の中央の数は何ですか。

(　　　　)

(2) 70 は第何段の左から何番目ですか。

(　　　　)

5 ある規則にしたがって，右のような図に色をぬることによって，数を表すことにしました。1 から 17 までは右のようになります。

(20 点 /1 つ 10 点)〔愛知淑徳中〕

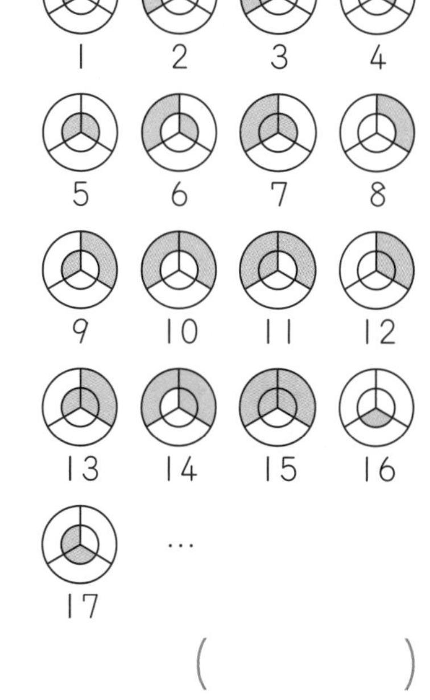

(1) 30 を表すにはどのように色をぬったらよいですか。次の図に色をぬりなさい。

(2) 〔図〕と〔図〕を表す数の和を求めなさい。

(　　　　)

答え▶別冊50ページ

27 倍数算

1 長さ5mのリボンを2つに切り，長いほうの長さが短いほうの長さの3倍よりも80cm短くなるようにします。長いほうのリボンの長さは何cmですか。

〔共立女子中〕

(　　　　)

2 けい子さんとお姉さんは，おはじきを2人あわせて60個取りました。また，お姉さんが取った個数は，けい子さんが取った個数の3倍だったそうです。けい子さんが取ったおはじきの個数を求めなさい。

〔愛知教育大附属名古屋中〕

(　　　　)

3 兄は2000円，まさとさんは1600円持っていました。二人とも同じ値段(ねだん)の本を買ったので，2人の持っているお金の比は7:5になりました。二人が買った本の1冊の値段は何円ですか。

(　　　　)

4 2つの長方形アとイがあり，縦(たて)の長さは同じで，面積の比は3：2です。それぞれ横の長さを3cm長くすると，面積の比は11：8になりました。はじめのアの長方形の横の長さは何cmでしたか。

(　　　　)

5 姉とゆうこさんが持っているリボンの長さの比は 3：2 です。姉がゆうこさんに 120 cm だけあげると，姉とゆうこさんの持っているリボンの比は 5：4 になりました。はじめ，ゆうこさんが持っていたリボンの長さは何 cm でしたか。

（　　　　）

6 長さ 1 m のテープを 3 本のテープ A，B，C に切り分けました。A と B の長さの比は 5：3 で，C の長さは B の 2 倍より 2 cm 長くなりました。テープ A の長さは何 cm ですか。

（　　　　）

7 植物園の土曜日の入園者を調べると，おとなと子どものそれぞれの人数の比が 8：5 でした。日曜日にはおとなが 60 人，子どもが 10 人それぞれ増えたので，人数の比は 2：1 になりました。土曜日のおとなと子どもの入園者はそれぞれ何人でしたか。

おとな（　　　　）　子ども（　　　　）

8 3 本のテープ A，B，C があり，長さの比は 3：7：4 です。それぞれから同じ長さずつ切りとると，A と B の残った長さの比は 1：4 で，C は 280 cm 残りました。はじめのテープ A の長さは何 cm でしたか。

（　　　　）

答え▶別冊51ページ

27 倍数算

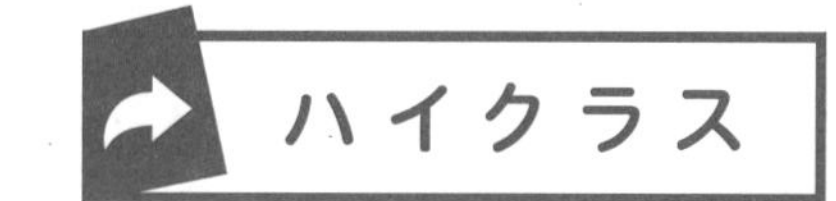

時間 35分	得点
合格 80点	点

1 容器Aと容器Bに入っている水の量の比は 5：4 です。容器Aから容器Bに 120 mL の水を移し，そのあと容器Bに入っている水の半分を容器Aに移すと，容器Aと容器Bに入っている水の量の比は 11：7 になりました。はじめ，容器Aと容器Bに入っていた水の量はそれぞれ何 mL でしたか。（10点／完答）

容器A（　　　　　）容器B（　　　　　）

2 お母さんからもらったおこづかいを，兄と弟が次のように分けました。はじめ兄が全体の $\frac{1}{4}$ を受け取り，その残りの金額を兄と弟で 3：2 の割合に分けて受け取り，さらに兄が弟に 100 円渡したところ，弟が受け取った金額の合計は 700 円になりました。はじめにお母さんからもらったおこづかいは何円でしたか。（10点）〔慶應義塾中〕

（　　　　　）

3 赤玉と白玉が 7：13 の割合（わりあい）でふくろの中に入っています。このふくろの中に赤玉 3 個，白玉 2 個を加えたところ，赤玉と白玉は 9:16 の割合になりました。最初のふくろの中に入っていた赤玉は何個ですか。（12点）〔筑波大附中〕

（　　　　　）

4 公園で遊んでいた男の子と女の子の人数の比は 2：3 でした。そのあと，男の子が 3 人来て，女の子は 9 人帰ったので，男の子と女の子の人数の比は 5：6 になりました。はじめ公園にいた女の子は何人でしたか。（12点）

（　　　　　）

5 兄は 5000 円，弟は 3500 円持っていましたが，お正月におばあさんからお年玉をもらいました。兄は弟の 2 倍の金額をもらったので，兄の所持金と弟の所持金の比が 7：4 になりました。兄はおばあさんからお年玉を何円もらいましたか。（10 点）〔関東学院中〕

（　　　　）

6 長さの比が 5：6 の 2 本の棒（ぼう）A，B があります。A からは 18 cm を切り取り，B からは全体の $\frac{1}{4}$ を切り取ったところ，A の残りと B の残りの長さは等しくなりました。はじめの棒 A の長さは何 m ですか。（10 点）〔成城学園中〕

（　　　　）

7 あゆみさん，ゆき子さん，けんじさんの 3 人で 75 本のえん筆を分けました。あゆみさんの本数はけんじさんの本数の 3 倍より 2 本少なく，ゆき子さんの本数はけんじさんの本数の 2 倍より 5 本多くなりました。あゆみさんがもらったえん筆は何本ですか。（12 点）〔甲南女子中〕

（　　　　）

8 218 個のみかんを A 君，B 君，C 君の 3 人で分けます。A 君の個数は B 君の $\frac{2}{3}$ 倍で，C 君の個数は B 君より 6 個少ないです。C 君のもらった数は何個ですか。（12 点）〔東海大付属相模高中〕

（　　　　）

9 50 本の鉛筆を A，B，C，D の 4 人で分けます。B は A より 5 本多く，C は A より 5 本少なく，D は C の 2 倍の本数になるとき，一番多くもらえる人は何本もらうことになりますか。（12 点）〔公文国際学園中〕

（　　　　）

答え▶別冊52ページ

28 仕事算，ニュートン算

1 ある仕事を 20 人が 50 日かかって仕上げました。この仕事をもう 5 人増やしてすると，それより何日早く仕上げられますか。 〔かえつ有明中〕

（　　　）

2 庭の草ぬきをします。ふみおさんが 1 人ですると 8 時間，兄が 1 人ですると 6 時間かかるそうです。2 人でいっしょに草ぬきをすると，何時間何分かかりますか。

（　　　）

3 Aさん，Bさんの 2 人ですると 8 日かかる仕事を，Aさん 1 人ですると 12 日かかります。この仕事をBさん 1 人だけですると何日かかりますか。

〔賢明女子学院中〕

（　　　）

4 母にプレゼントするマフラーを編むのに，ゆうこさん 1 人で編むと 42 日，姉が 1 人で編むと 36 日かかります。はじめにゆうこさんが 16 日間編み，そのあとは毎日，夕食の前にゆうこさんが編み，夕食のあとに姉が編むことにして，残りを仕上げました。交代で編む日も，それぞれが 1 人で編む日と同じ量を編みました。ゆうこさんと姉が夕食の前後に交代で編んでいたのは何日間ですか。

（　　　）

5 ある牧場では，20 頭の牛を放つと 100 日で牧草を食べつくし，30 頭の牛を放つと 60 日で牧草を食べつくします。この牧場で牛を放ってから 40 日以上牧草がなくならないようにするには，牛の数を何頭以下にすればよいですか。

（　　　）

6 9時に開園する遊園地があります。9時のときすでに1000人が受付(うけつけ)に並(なら)んでいて，その後も毎分16人ずつ列に並んでいきます。受付を9か所開けると，50分で受付に並ぶ人がいなくなります。ただし，どの受付でもかかる時間は同じものとします。〔開明中〕

(1) 50分間に受付をした総人数を求めなさい。

(　　　　　)

(2) 1か所で，1分間に受付のできる人数を求めなさい。

(　　　　　)

(3) 受付を14か所にすれば，何時何分に順番を待つ人がいなくなりますか。

(　　　　　)

(4) 開園してから10分以内に順番を待つ人がいなくなるようにするためには，受付を何か所以上開ければいいですか。

(　　　　　)

7 みかさんが遊園地に着いたときには入場券を買う人の列ができていました。発売開始の9時以降(いこう)，毎分同じ人数の入場券を買う人が集まってきます。入場券は1つの窓口(まどぐち)では1分間に10人分を売ることができ，1人1枚しか買えません。この日の9時にできていた列の人数だと，1つの窓口で売ると30分間で，2つの窓口で売ると10分間で待っている列がなくなることがわかっています。〔金光学園中〕

(1) この日の9時にできていた列の人数は何人ですか。

(　　　　　)

(2) みかさんが行った日は，3つの窓口で売りはじめました。待っている列がなくなるのは，発売開始から何分後ですか。

(　　　　　)

28 仕事算，ニュートン算

答え▶別冊53ページ

時間 35分	得点
合格 80点	点

1 ある牧場に生えている草をおとなの牛１頭で全部食べると20日，子牛１頭が全部食べると60日かかるそうです。この牧場の草を，おとなの牛２頭と子牛３頭で食べると，食べはじめて何日目に食べ終えますか。ただし，牛が一度食べたところから新しい草は生えてこないものとします。(12点)

(　　　　　)

2 A，B２つの管から同時に水を入れると９分間でいっぱいになる水そうがあります。この水そうにはじめA，B両方から３分間水を入れ，その後Aだけで10分間水を入れたらいっぱいになりました。はじめからBだけで水を入れたら，何分間で水そうはいっぱいになりますか。(10点)　〔明治大付属中野中－改〕

(　　　　　)

3 ある仕事を完成させるのに，信さんだけでは12日，明さんだけでは18日，健さんだけでは36日かかります。(24点/1つ12点)　〔大阪教育大附属池田中〕

(1) ３人が協力して完成させるには何日かかりますか。

(　　　　　)

(2) ３人でこの仕事を始めました。とちゅうで，明さんが１日，健さんが４日休むと，完成させるのに何日かかりますか。

(　　　　　)

4 工場でタンクに入っている牛乳を紙パックにつめています。今，タンクには牛乳がいくらか入っていて，牧場から集めてきた牛乳が一定の割合(わりあい)でタンクに入ってきます。紙パックを１時間に 750 個つくると 16 時間でタンクがからになります。また，１時間に 900 個つくると，12 時間でタンクがからになります。１時間に 1200 個つくることにすると，タンクがからになるのに何時間かかりますか。（12 点）

（　　　　）

5 水そうとＡ，Ｂ２種類の管があります。からの水そうを満水にするのに，管Ａ１本を使うと 80 分かかります。からの水そうにはじめ管Ａ２本を使って 16 分水を入れ，その後は管Ａ１本と管Ｂ２本を同時に使って水を入れると，最初に水を入れはじめてから 24 分で満水になりました。管Ｂ１本を使ってからの水そうに水を入れると，何分で満水になりますか。（12 点）

（　　　　）

6 草が生えている牧場があります。この牧場に８頭の牛を放すと 32 日で草を食べつくし，11 頭の牛を放すと 20 日で草を食べつくします。草は毎日一定の割合で生えてきます。また牛が１日に食べる草の量はどの牛も同じものとします。（30 点／1 つ 10 点）　〔横浜共立学園中〕

(1) １日に生えてくる草の量は，牛１頭が１日に食べる草の量の何倍ですか。

（　　　　）

(2) この牧場に 23 頭の牛を放すと何日で草を食べつくしますか。

（　　　　）

(3) この牧場に 16 頭の牛を 10 日放した後に，このうちの何頭かの牛を売ると，牧場に残った牛はその後５日で草を食べつくします。牧場に残った牛は何頭ですか。

（　　　　）

答え ▶ 別冊54ページ

29 速さについての文章題 ①

標準クラス

1 27 km はなれたA町とB町があります。花子さんは，A町からB町に向かって毎時 5 km で歩き，太郎(たろう)さんは，B町からA町に向かって毎時 13 km で花子さんと同時に自転車で出発しました。出発してから何時間何分後に 2 人は出会いますか。

〔大谷中(大阪)〕

(　　　　　)

2 ある池のまわりを 1 周するのに，まさおさんは 10 分，まゆみさんは 15 分かかります。2 人が同じ場所から反対向きに同時に出発すると，出発してから何分後に出会いますか。

〔甲南女子中〕

(　　　　　)

3 Aさんは毎朝決まった時刻(じこく)に家を出て，毎分 90 m の速さで歩き，8 時 25 分に学校へ着きます。ある日，Aさんが自転車に乗って毎分 300 m の速さで学校に行ったところ，8 時 11 分に着いたそうです。Aさんが毎朝家を出る時刻は何時何分ですか。

〔熊本マリスト学園中〕

(　　　　　)

4 上り道と下り道だけの山道を往復して，あわせて 3600 m 歩きました。下りは上りの 5 倍の速さで歩き，往復の平均の速さは毎分 50 m でした。上りは何分かかりましたか。

〔立教女学院中〕

(　　　　　)

5 兄と妹は時速 3 km で流れている川を，ボートで 2590 m 下ります。静水でのボートの速さは，兄が分速 24 m，妹が分速 20 m です。兄が到着(とうちゃく)してから妹が到着するまで何分かかりますか。〔聖園女学院中〕

（　　　　）

6 川に沿(そ)って 8 km はなれた 2 つの町を往復する船があります。通常，この川を上るのに 2 時間，下るのに 40 分かかります。増水で川の流れの速さが 1.5 倍になったため，通常の 2 倍の速さで川を上りました。このときかかる時間は何分ですか。〔西大和学園中〕

（　　　　）

7 ある川沿いにある 2 つの町A，B間を往復する船ア，船イがあります。船アは 9 時にA町を出発し，12 時 20 分にB町に着きました。その後 13 時 20 分にB町を出発し，15 時 20 分にA町に着きました。船イは 10 時にB町を出発し，11 時 40 分にA町に着きました。その後，12 時 40 分にA町を出発しました。船アの静水での速さを毎時 12 km，川の流れの速さを毎時 3 km，2 せきの船の静水での速さと，川の流れの速さはそれぞれ一定とします。〔明星中〕

(1) A町とB町は何 km はなれていますか。

（　　　　）

(2) 船イは何時何分にB町に着きましたか。

（　　　　）

(3) 船アと船イが 1 回目にすれちがう場所は，A町から何 km はなれていますか。

（　　　　）

29 速さについての文章題 ①

答え▶別冊55ページ

時間 35分　合格 80点　得点 点

1 Aさんは P 町から Q 町，B さんと C さんは Q 町から P 町に向かって同時に出発しました。A さん，B さん，C さんの速さはそれぞれ分速 100 m，80 m，70 m です。A さんは B さんと出会ってから 2 分後に C さんに出会いました。

（20 点 /1 つ 10 点）〔淳心学院中〕

(1) A さんが B さんと出会ったとき，A さんと C さんは何 m はなれていましたか。考え方も書きなさい。（完答）

考え方（　　　　）

答え（　　　　）

(2) P 町から Q 町までの道のりは何 m ですか。

（　　　　）

2 2400 m はなれた A 地点と B 地点があります。太郎（たろう）さんは分速 60 m，次郎（じろう）さんは分速 50 m で A 地点を同時に出発し B 地点に向かいました。太郎さんがとちゅうの C 地点に着いたとき，太郎さんと次郎さんは 320 m はなれていました。（30 点 /1 つ 10 点）

〔慶應義塾普通部ー改〕

(1) 太郎さんが C 地点に着いたのは，A 地点を出発してから何分後ですか。

（　　　　）

(2) 太郎さんはそのまま B 地点に向かいました。次郎さんが C 地点に着いたとき，太郎さんとのきょりは何 m 増えていますか。

（　　　　）

(3) C 地点で太郎さんがわすれものに気がついて同じ速さで A 地点までもどり，休まずに自転車に乗って分速 270 m で B 地点に向かいました。次郎さんも B 地点で休まずに折り返して同じ速さで A 地点に向かったとき，太郎さんと次郎さんは A 地点から何 m の所で会いますか。

（　　　　）

3 Ｉ周 200 m の流れるプールがあります。Ｊ子さんは流れにそって，G子さんは流れに逆らって同じ地点から同時に泳ぎ始めました。泳ぎ始めてから２人が最初に出会うまでに泳いだ道のりの差は 52 m です。流れのないプールではＪ子さんは毎分 80 m, G子さんは毎分 70 m の速さで泳ぎます。(20 点 /1 つ 10 点)〔女子学院中〕

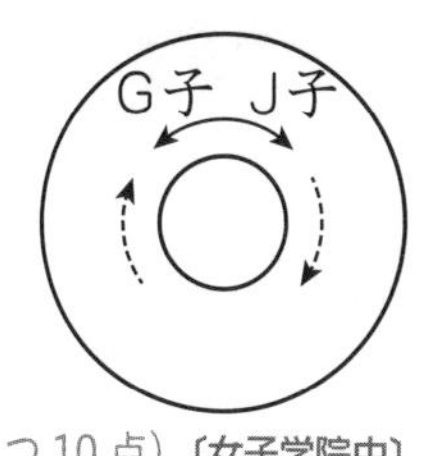

(1) ２人が最初に出会ったのは泳ぎ始めてから何分何秒後ですか。

(　　　　　　)

(2) 流れの速さは毎分何 m ですか。

(　　　　　　)

4 ある川の上流にあるＡ地点から 42 km はなれた下流のＢ地点の間を，Ｐ，Ｑ２せきの船が往復しています。ＰとＱの船は，静水では一定の同じ速さで進みます。午前９時に，Ｐの船はＡ地点からＢ地点に，Ｑの船はＢ地点からＡ地点に向かって進み，両方の船はいずれも到着(とうちゃく)した地点で 20 分間の休みをとり，ふたたび，もとの地点に向かってもどります。また，両方の船が上りと下りにかかる時間の比は４：３で，上りの速さは時速 18 km です。

(30 点 /1 つ 10 点)〔明治大付属明治中〕

(1) この川の流れの速さは，毎時何 km ですか。

(　　　　　　)

(2) ＰとＱの船が初めてすれちがうのは，Ｂ地点から何 km のところですか。

(　　　　　　)

(3) ＰとＱの船が３回目にすれちがうのは，午後何時何分ですか。

(　　　　　　)

答え▶別冊56ページ

30 速さについての文章題 ②

1 毎秒 18 m の速さで進んでいる長さ 80 m の列車が，長さ 190 m のトンネルを通りぬけるには何秒かかりますか。〔法政大第二中〕

（　　　）

2 長さ 56 m の電車が分速 840 m で走っています。この電車がトンネルの中に全部入っている時間は 10 秒でした。トンネルの長さを求めなさい。〔滋賀大附中〕

（　　　）

3 ある電車が 750 m の鉄橋をわたりはじめてから，わたり終えるまでの時間は 35 秒でした。また，同じ速さで 1050 m のトンネルを通過するとき，電車がまったく見えない時間は 40 秒でした。この電車の速さは毎秒何 m ですか。〔金城学院中〕

（　　　）

4 長さ 128 m，時速 81 km の上り特急電車と，時速 63 km の下り快速電車が出会ってから，完全にはなれるまで 7 秒かかりました。この下り快速電車の長さは何 m ですか。〔明治大付属中野中〕

（　　　）

5 一定の速さで走っている列車が，1765 m と 590 m のトンネルを通りぬけるのに，それぞれ 80 秒と 33 秒かかります。この列車の長さは何 m ですか。〔日本大藤沢中〕

（　　　）

6 8時24分の時計の長針(ちょうしん)と短針(たんしん)のつくる角で，小さい方の角度は何度ですか。

(　　　　　)

7 10時と11時の間で，時計の長針と短針がぴったり重なる時刻(じこく)は10時何分ですか。分数で求めなさい。

(　　　　　)

8 9時をすぎたあと，時計の長針と短針がつくる角がはじめて90度になるのは9時何分何秒ですか。秒の単位は帯分数で答えなさい。

(　　　　　)

9 長針が左回りに1時間で1周し，短針が右回りに12時間で1周するかわった時計があります。長針と短針でできる角の大きさは180°以下で考えるものとします。答えがわり切れない場合は分数で答えなさい。〔東邦大学付属東邦中〕

(1) (図1)の時計の長針は12，短針は1を指しています。このあと，初めて長針と短針が重なるのは何分後か求めなさい。

(　　　　　)

(2) (図2)の時計の長針は12，短針は2を指しています。このあと，初めて長針と短針でできる角の大きさが60°になるのは何分後か求めなさい。

(　　　　　)

(3) (図3)の時計の長針は12，短針は3を指しています。このあと，長針と点線でできる角の大きさと，短針と点線でできる角の大きさが初めて等しくなるのは何分後か求めなさい。

(　　　　　)

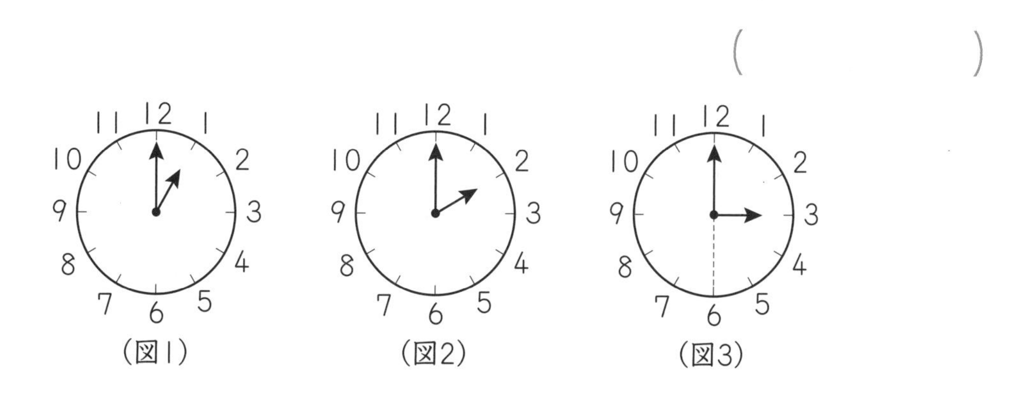

答え▶別冊57ページ

30 速さについての文章題 ②

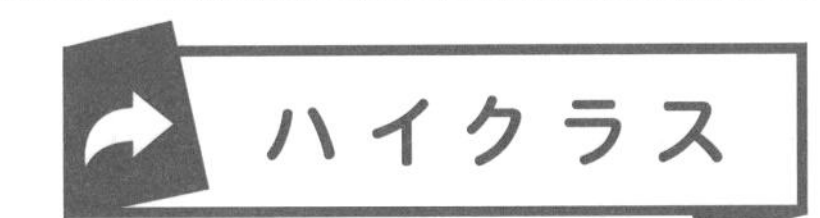

時間	35分	得点
合格	80点	点

1 あるトンネルに，列車Aが秒速32mの速さで入りました。この8秒後には反対側から列車Bが秒速40mの速さで入りました。その後，2つの列車はトンネルの真ん中で出会いました。このトンネルの長さは何mですか。

(10点)〔かえつ有明中〕

(　　　　)

2 平行にならんでいる2つの線路に，普通列車と快速列車が同じ方向に向かって走っています。普通列車の長さは160m，快速列車の長さは200mです。時速60kmで走っている普通列車を後ろから走ってきた快速列車が追いついてから追い越すまでに54秒かかりました。このとき，快速列車の時速は何kmですか。(12点)

〔渋谷教育学園渋谷中〕

(　　　　)

3 ある路線で走っている列車はすべて車両の長さが1両20mで，車両間の連結部分の長さは一定です。この路線には貨物列車と11両編成の普通(ふつう)列車が走っており，どちらも車両の数にかかわらずそれぞれ一定の速さで走っています。

普通列車が反対の向きに走っている16両編成の貨物列車とすれちがい始めてからすれちがい終わるまで14秒かかりました。また，普通列車が同じ向きに走っている16両編成の貨物列車に追いついてから追いぬくまで70秒かかりました。(24点/1つ8点)

〔早稲田中〕

(1) 普通列車と貨物列車の速さの比をもっとも簡単な整数の比で答えなさい。

(　　　　)

(2) 普通列車が同じ向きに走っている11両編成の貨物列車に追いついてから追いぬくまで57秒かかりました。車両間の連結部分の長さは何cmですか。

(　　　　)

(3) ある日，同じ向きに走っている普通列車と貨物列車が1500mの橋を同時にわたり始めました。普通列車がわたり終わってから，貨物列車がわたり終わるまで62秒かかりました。この貨物列車は何両編成でしたか。

(　　　　)

4 時計の長針(ちょうしん)と短針(たんしん)と秒針(びょうしん)の位置関係について，次の問いに答えなさい。ただし，答えがわり切れないときは分数で答えなさい。(30点/1つ10点) 〔巣鴨中〕

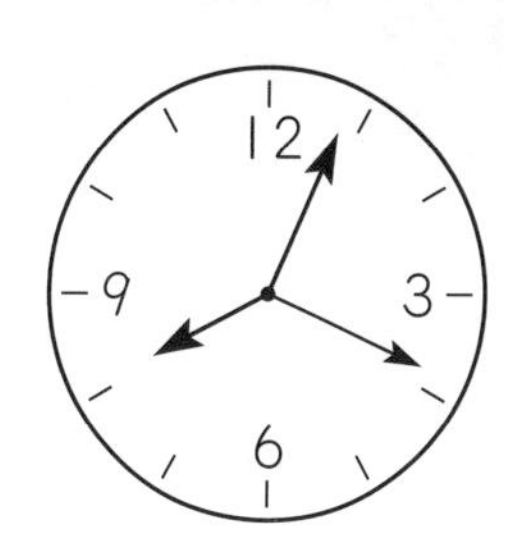

(1) ちょうど8時からスタートして，長針と短針がはじめて直角となるのは，8時何分何秒ですか。

(　　　　　　)

(2) ちょうど8時からスタートして，長針と秒針が10回目に直角となるのは，8時何分何秒ですか。

(　　　　　　)

(3) ちょうど8時からスタートして，長針と短針がはじめて重なるとき，長針と秒針の作る角のうち小さい方の角度を求めなさい。

(　　　　　　)

5 ある時計は3時20分から，長針も短針も進む速さは変わらずに，長針だけが反対向きに進むようになってしまいました。(24点/1つ12点) 〔雙葉中一改〕

(1) 3時20分以降で，初めて長針と短針が重なるとき，正しい時刻(じこく)は何時何分ですか。

(　　　　　　)

(2) 3時20分以降で，短針が7と8の間にあって，長針と短針のつくる角が90度になるとき，正しい時刻は7時何分ですか。すべて答えなさい。

(　　　　　　)

答え▶別冊58ページ

時間 35分	得点
合格 80点	点

チャレンジテスト⑨

1 1から10までの番号が1つずつ書かれた10枚の札を使って，ともひろ君とじゅんぺい君がゲームをします。札を番号が小さい順に1枚ずつ取り出し，2人でじゃんけんをして，勝った方がその札をもらいます。ただし，じゃんけんがあいこのときは，その札は無効となり，どちらももらえません。じゃんけんを10回くり返し，もらった札に書かれた番号の和を得点として，得点の多い方を勝者とします。結果は次のようになりました。

・得点はともひろ君が20点，じゅんぺい君が17点で，ともひろ君が勝ちました。
・じゃんけんでは，じゅんぺい君がともひろ君よりも1回だけ多く勝ちました。
・もらった札の中でもっとも大きい番号は，ともひろ君が9番，じゅんぺい君が7番でした。(16点/1つ8点)　〔実践女子学園中〕

(1) 無効となった札に書かれた番号の和はいくつですか。

(　　　)

(2) じゅんぺい君がもらった札に書かれた番号はいくつですか。小さい順に書きなさい。

(　　　)

2 同じ重さのコップA，Bに水が入っています。水をふくめた2つのコップA，Bの重さの比は4：3です。Bから24gの水をAにうつすと，水をふくめた2つのコップA，Bの重さの比は5：3に変わり，入っている水の重さの比は2：1になりました。(16点/1つ8点)　〔同志社中〕

(1) 水をふくめたコップAの最初の重さは何gですか。

(　　　)

(2) コップ1つの重さは何gですか。

(　　　)

3 ある列車は，162mの橋を14.4秒でわたり切り，同じ速さで同じ長さの対向列車とすれちがうのに3.6秒かかりました。この列車の長さは何mですか。

(8点)〔明治大付属中野八王子中〕

(　　　)

4 ある仕事を終えるのに，Aさん１人では12日かかり，Bさん１人では60日かかります。(16点/1つ8点)　〔桜美林中〕

(1) この仕事を終えるのに，AさんとBさんの２人では何日かかりますか。

(　　　　　)

(2) 最初にBさん１人で何日かこの仕事をしました。次にAさんとBさんの２人で，Bさん１人で仕事をした日数よりも３日多くこの仕事をしたところ，ちょうど終えることができました。Bさんが仕事をした日数は全部で何日間ですか。

(　　　　　)

5 静水時の速さが時速12kmの船が，下流のA地点から上流のB地点まで進むのに３時間かかりました。B地点からA地点に戻るとき，船が故障したため，静水時の速さが$\frac{1}{3}$に落ちたので，５時間かかりました。(24点/1つ8点)〔浦和実業学園中〕

(1) 川の流れる速さは，時速何kmですか。

(　　　　　)

(2) A地点からB地点までのきょりは何kmですか。

(　　　　　)

(3) もし故障しなかったら，この船がAB間を往復するときの平均の速さは時速何kmですか。

(　　　　　)

6 次の問いに答えなさい。(20点/1つ10点)　〔浅野中〕

(1) ３時から４時の間で，長針と短針のつくる角が180度になるのは３時何分ですか。

(　　　　　)

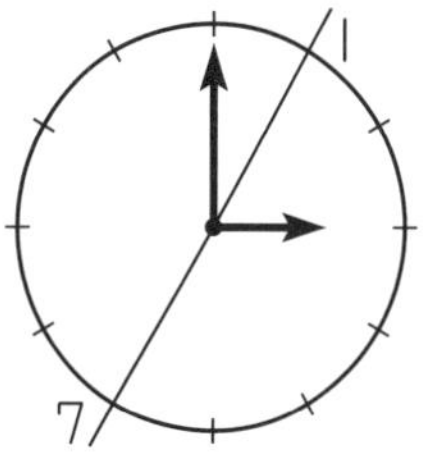

(2) ３時から４時の間で，右の図のような時計の文字盤の１と７を結ぶ直線に関して長針と短針が対称な位置になるのは３時何分ですか。

(　　　　　)

答え▶別冊60ページ

時間 35分	得点
合格 80点	点

チャレンジテスト⑩

1 1辺1cmの正方形を下の図のようにならべていきます。

(30点/1つ10点)〔福山暁の星女子中〕

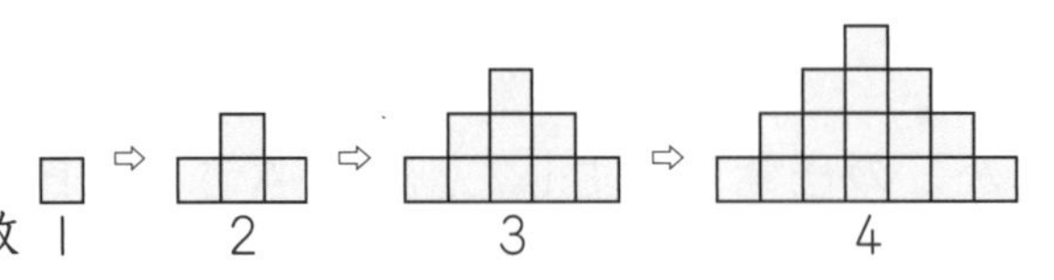

(1) 段(だん)の数とそのまわりの長さを調べてみました。その結果を右の表に完成させなさい。

段の数(段)	1	2	3	4	5
まわりの長さ(cm)	4	10			

(2) 10段ならべたときのまわりの長さを求めなさい。

(　　　)

(3) まわりの長さが2008cmになるのは，何段ならべたときかを求めなさい。

(　　　)

2 A，B，Cの3人が，同じ場所から同時に出発して池のまわりをそれぞれ一定の速さで走ります。A，Bは右まわり，Cは左まわりで，AとBの走る速さの比は4：3です。出発してから5分後にAとCが初めて出会い，その1分後にBとCが初めて出会いました。

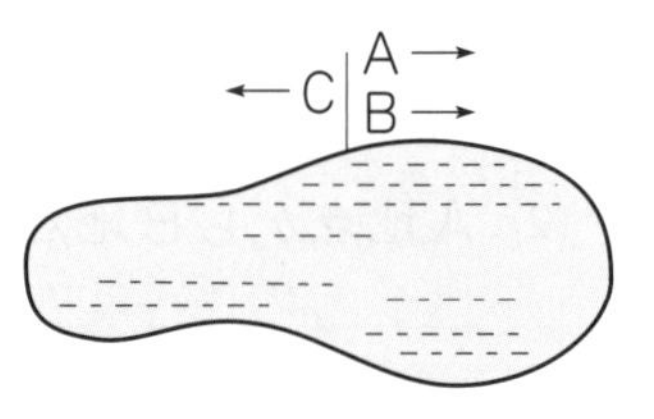

Aは，この池を1周するのに何分何秒かかりますか。(10点)　〔神戸女学院中〕

(　　　)

3 満水の状態から水そうを空にするのに，ポンプAで8分，ポンプBで12分，ポンプCで24分かかります。(20点/1つ10点)　〔公文国際学園中〕

(1) 満水の状態から水そうを空にするのに，ポンプA，Cの2台を使うと何分かかりますか。

(　　　)

(2) このポンプA，B，Cの3台で，満水の状態から水をくみ出しました。くみ出しはじめてからしばらくしてポンプAがこわれて，そこからポンプB，Cの2台で3分間くみ出したところ，水そうは空になりました。ポンプAがこわれたのは，はじめに水をくみ出しはじめてから何分後ですか。

(　　　)

4 あるお店でさとしさんとまもるさんがホットドッグを売っています。お店には70人の行列ができています。さとしさんだけで売るとき，お客さんが毎分5人の割合（わりあい）で行列に加わっても，ある時間で行列はなくなります。まもるさんだけで売るとき，お客さんが毎分8人の割合で行列に加わっても同じ時間で行列はなくなります。さとしさんとまもるさんの2人で売るとき，お客さんが毎分20人の割合で行列に加わっても，同じ時間で行列はなくなります。

（20点/1つ10点）〔立教池袋中〕

(1) 最初の行列が70人で，お客さんが毎分5人の割合で行列に加わるとき，まもるさんだけで売ると行列は何分でなくなりますか。

（　　　）

(2) ある日，10時の開店の前に150人の行列ができていました。10時以降（いこう），お客さんが毎分20人の割合で行列に加わりました。開店からまもるさんだけで売りましたが，行列がどんどん増えていくので，さとしさんと2人で売ることにしました。そして，10時30分にお客さんが加わらなくなったので，さとしさんだけで売ったら，その8分後に行列はなくなりました。2人で売っていた時間は何分間でしたか。

（　　　）

5 容積が378Lの水そうがあり，毎分一定量の水をはい水できる5つの同じ大きさの管が水そうについています。この水そうには，たえず一定の割合で水が流れこんでいます。水そうが満水になったときに2つの管を開けると126分で水そうは空（から）になり，水そうが満水になったときに5つの管を開けると18分で水そうは空になります。（20点/1つ10点）〔愛光中〕

(1) 水そうに1分間に流れこむ水の量と，1つの管から1分間に出る水の量は何Lですか。（完答）

流れこむ水の量（　　　）　出る水の量（　　　）

(2) 水そうが満水になったとき，まず5つの管を開け，しばらくして管を1つ閉め，またしばらくして管を1つ閉め，空になるまでそのままにしました。水そうが空になるまでに，5つの管が開いていた時間と4つの管が開いていた時間と3つの管が開いていた時間の比は4：4：5でした。このとき，5つの管が開いていた時間は何分間ですか。

（　　　）

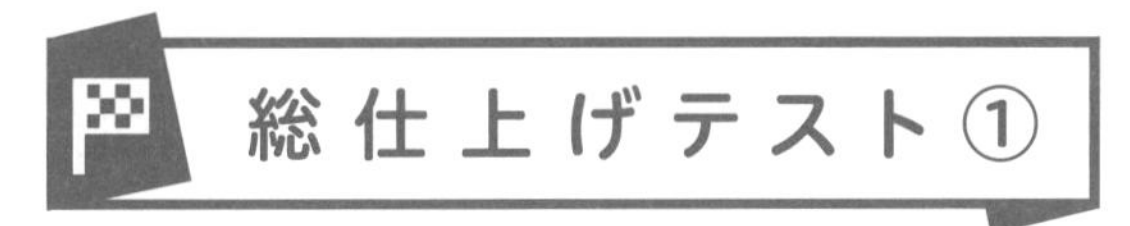

総仕上げテスト①

答え▶別冊60ページ

時間	40分	得点
合格	80点	点

（＊円周率は，3.14 を使いなさい。）

1 次の計算をしなさい。（18点 /1つ6点）

(1) $2\frac{1}{7}\times\frac{11}{10}\div\frac{11}{7}-\frac{5}{6}$ 〔同志社中〕

(2) $\left(\frac{1}{12}+\frac{1}{276}\right)\times5\frac{3}{4}+1\div\left(\frac{1}{3}+\frac{1}{15}\right)$ 〔関西学院中〕

(3) $220\times\left(\frac{1}{11}-\frac{1}{12}\right)-110\times\left(\frac{1}{13}-\frac{1}{15}\right)$ 〔東邦大付属東邦中〕

2 次の□のア～エにあてはまる数を求めなさい。

S小学校の 40 人のクラスで算数のテストをした結果，点数と人数の関係は右の表のようになりました。このテスト問題は全部で 3 題です。第 1 問が 2 点，第 2 問が 3 点，第 3 問が 5 点で，それ以外の点数をつけないことにしました。（24点 /1つ6点） 〔成城中〕

点	人数
2	3
3	2
5	13
7	9
8	7
10	6
	40

(1) 7 点以上得点した人は，クラスの［ア］％です。

(2) このテストの平均点は［イ］点です。

(3) 第 3 問のできた人は 24 人でした。第 3 問だけできた人は［ウ］人で，3 題のうち 2 題できた人は［エ］人です。

ア（　　　）イ（　　　）ウ（　　　）エ（　　　）

3 1，2，3，4，5 の 5 つの数字を使って 3 けたの数をつくります。350 より小さい数は何個ありますか。（10点） 〔広島女学院中〕

（　　　）

4 1辺3cmの正三角形の厚紙を，辺と辺がつくように並(なら)べて正三角形を1個つくります。右の図1は，1回目から3回目まで並べて正三角形をつくったようすを表しています。3回目には正三角形の厚紙は全部で9枚(まい)使って，1辺が9cmの正三角形を1個つくりました。(36点/1つ12点)

（図1）

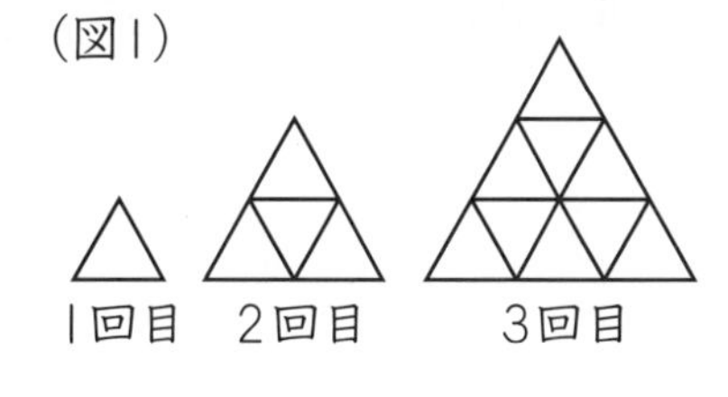

〔東京学芸大附属世田谷中〕

(1) 7回目にできる正三角形のまわりの長さは何cmですか。

(　　　　)

(2) 11回目にできる正三角形では，1辺が3cmの正三角形の厚紙は何枚使いますか。

(　　　　)

(3) 3回目にできる正三角形では，3cmの正三角形の厚紙がくっついている辺は図2で印をつけたところの9か所です。

15回目にできる正三角形では，3cmの正三角形の厚紙がくっついている辺は全部で何か所ありますか。

（図2）

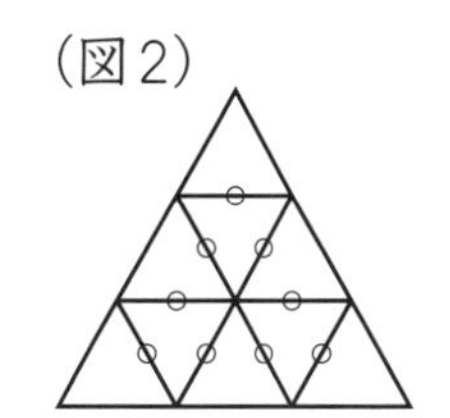

(　　　　)

5 1辺の長さが12cmの正方形ABCDの内側に，1辺の長さが6cmの正三角形PQRが右の図のように置いてあります。正三角形PQRがこの位置から正方形ABCDの内側の周にそってすべることなく転がって，正三角形の頂点(ちょうてん)のいずれかが点Aに重なるまで内側を1周します。このとき，点Pの動いてできる曲線の長さは何cmですか。(12点)

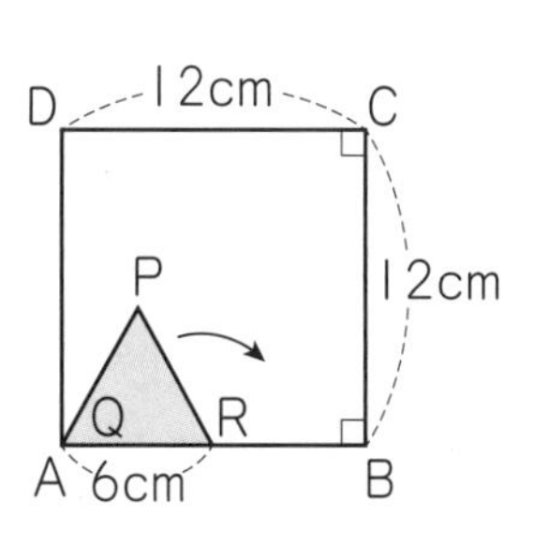

〔渋谷教育学園渋谷中〕

(　　　　)

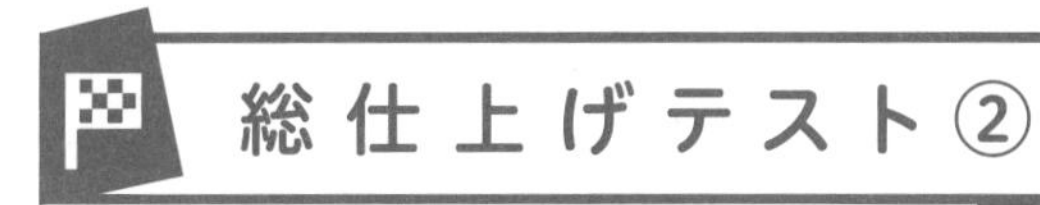

総仕上げテスト②

答え▶別冊61ページ

時間 40分	得点
合格 80点	点

（＊円周率は，3.14 を使いなさい。）

1 次の計算をしなさい。（12点／1つ6点）

(1) $4 \times 4 \times 5.14 - 51.4 \times 0.75 + 0.257 \times 30$ 〔ラ・サール中〕

(2) $\left(\frac{4}{5} - 0.6\right) \div \frac{1}{3} + 1.8 \times \frac{5}{9} - 0.3 \times 4$ 〔立教池袋中〕

2 右の図で，色のついた部分のまわりの長さの和は何 cm ですか。（8点） 〔帝塚山学院中〕

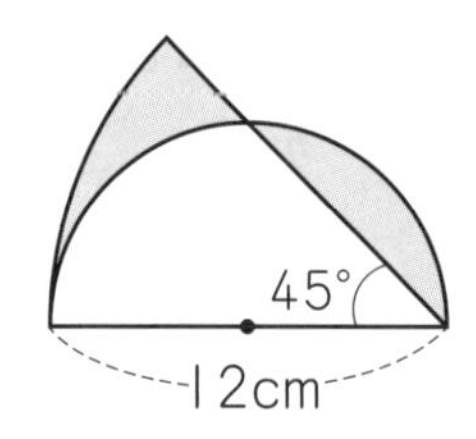

（　　　　）

3 製品Aと製品Bがあり，個数の比は 8：7 です。また，それぞれの不良品の個数の比は 5：4 で，不良品でないものの個数の比は 9：8 です。

（20点／1つ10点）〔暁星中〕

(1) 製品Aについて，不良品と不良品でないものの個数の比を求めなさい。

（　　　　）

(2) 製品Aの個数が 100 個以上 150 個以下であるとき，製品Bの不良品の個数を求めなさい。

（　　　　）

4 2つのじゃ口A，Bと1つのはい水口がついた水そうがあります。はい水口を閉じた状態で，この水そうにAだけで水を入れると3時間でいっぱいになり，Bだけで入れると4時間でいっぱいになります。また，水をいっぱいにした状態でA，Bを閉じ，はい水口からはい水して空（から）にするには6時間かかります。

A，Bとはい水口を3つとも同時に開いたとき，空の水そうがいっぱいになるまでに何時間何分かかりますか。（10点） 〔同志社中〕

（　　　　）

5 全生徒670名から３名の代表委員を選ぶのにＡ～Ｆの６人が立候補（りっこうほ）しました。全生徒１人１票を投票する選挙をします。次の表は，610票まで開票した時の６人の得票数です。(16点/1つ8点)

〔頌栄女子学院中〕

A	B	C	D	E	F	計
125	135	53	30	165	102	610

(1) 当選または落選が決まっている人の合計人数を求めなさい。

(　　　　)

(2) Ａさんが確実に当選するためには，最低あと何票必要か求めなさい。

(　　　　)

6 １本の棒（ぼう）を使って，池のＡ地点とＢ地点の深さをはかりました。Ａ地点では棒の80％が水中に入り，Ｂ地点では棒の55％が水中に入りました。このとき，水面上に出た棒の長さの差は55 cmでした。Ａ地点の池の深さは何cmですか。

(10点)〔法政大第二中〕

(　　　　)

7 右の図のような１周400 mのトラックに150 mはなれた２つの地点Ｐ，Ｑがあります。Ａ君は秒速３mで時計と反対回りにＰから，Ｂ君は時計回りにＱから同時に走りはじめました。Ａ君はトラックを15周，Ｂ君は20周まわって，それぞれ出発地点のＰ，Ｑに同時に着きました。(24点/1つ8点)

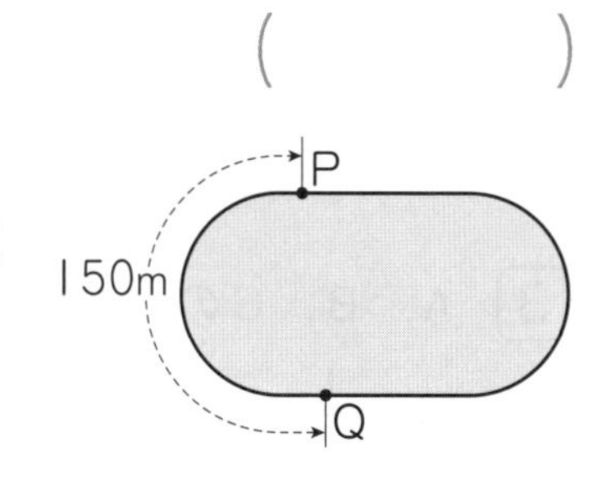

〔海城中〕

(1) Ｂ君は秒速何mで走っていましたか。

(　　　　)

(2) Ａ君とＢ君が５回目にすれちがうのは，スタートしてから何秒後ですか。

(　　　　)

(3) 走っている間に，Ａ君とＢ君は何回すれちがいましたか。

(　　　　)

総仕上げテスト③

答え▶別冊63ページ

時間	45分	得点
合格	80点	点

（＊すい体の体積＝底面積×高さ×$\frac{1}{3}$）

1 次の□にあてはまる数を求めなさい。（10点/1つ5点）

(1) $\left\{4\frac{2}{5}-5\frac{5}{7}\div\left(1\frac{5}{7}-\square\right)\right\}\div0.4=1$ 〔同志社香里中〕

（　　　）

(2) $\left(1\frac{5}{14}-\frac{3}{28}\right)\div\left(1.75-1\frac{\square}{8}\right)=3\frac{1}{3}$ 〔近畿大附中〕

（　　　）

2 兄は1500円，弟は1200円を持ってノートとえん筆を買いにいきました。兄はノートを5冊（さつ），えん筆を6本買い，弟はノートを3冊，えん筆を8本買いました。2人の残金を合計したら240円ありました。ノートとえん筆の値段（ねだん）の比は5：3です。弟の残金はいくらですか。（7点）

（　　　）

3 A，B，Cの3つの容器があります。Bの容積はAの容積の$\frac{3}{4}$です。Aの容器の$\frac{1}{5}$の量の水とBの容器の$\frac{1}{3}$の量の水をCの容器に入れるとちょうど容器の半分入りました。A，B，Cの容積の比をできるだけ簡単（かんたん）な整数の比で答えなさい。（8点） 〔明治大付属中野中〕

（　　　）

4 ある中学校の文化祭で1つの入場口に60人のお客様の行列ができています。お客様は毎分10人の割合で増えています。入場口が1つのときは15分で行列がなくなりました。入場口を2つにしたときは，何分何秒で行列はなくなりますか。（8点） 〔立教女学院中〕

（　　　）

5 のぶおさんとしげるさんは，この順に学校を出発し，のぶおさんが出発してから 39 分後に，しげるさんは，のぶおさんに追いつきました。しげるさんは，とちゅう一度だけ休けいしています。右のグラフは，のぶおさんが学校を出発してからの時間と，2 人のきょりの差を表したものです。（15 点 /1 つ 5 点）〔近畿大附中〕

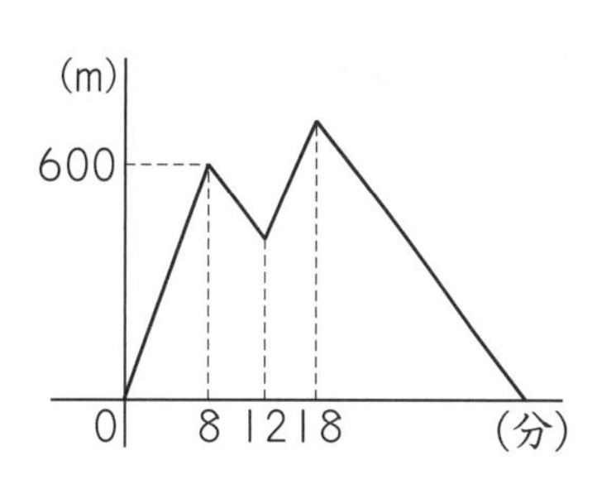

(1) のぶおさんの速さは分速何 m ですか。

(2) しげるさんは何分間休けいしましたか。

(3) しげるさんの速さは分速何 m ですか。

（　　　　　）

6 右の図 1 のような直方体を組み合わせた形の水そうがあり，A 管と B 管がついています。まず，A 管を開いて水を入れ，水面の高さが 30 cm になったところで B 管も開き，高さが 20 cm になったところで A 管を閉じました。

図 2 はそのときの時間と水面の高さの関係をグラフにしたものです。（20 点 /1 つ 5 点）〔香蘭女学校中〕

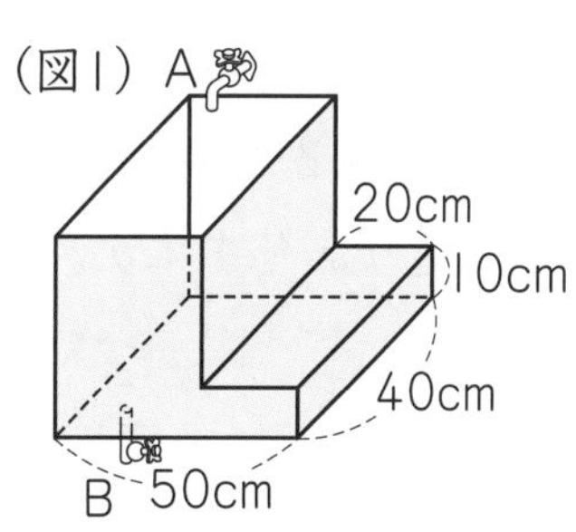

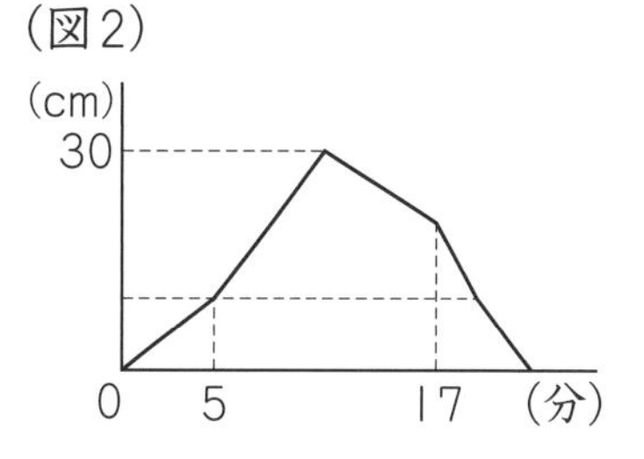

(1) 水面の高さが 30 cm のときの水の体積は何 cm^3 ですか。

（　　　　　）

(2) A 管からは毎分何 L の水が水そうに入りますか。

（　　　　　）

(3) 水を入れ始めて 14 分後の水面の高さは何 cm ですか。

（　　　　　）

(4) 水が水そうからなくなるのは，水を入れ始めてから何分何秒後ですか。

（　　　　　）

7 AとBを整数とします。1からAまでの整数にふくまれるBの倍数の個数をA△Bと表すことにします。(12点/1つ4点)

(1) 50△8はいくつですか。

(　　　　)

(2) Cを整数とします。99△Cが14となるような整数Cはいくつですか。

(　　　　)

(3) Dを整数とします。D△25が84となるようなDのうち，もっとも大きい整数はいくつですか。

(　　　　)

8 右の図のような，立方体ABCDEFGHがあります。点L，M，Nは，それぞれ辺BC，辺AB，辺ADの真ん中の点です。〔フェリス女学院中〕

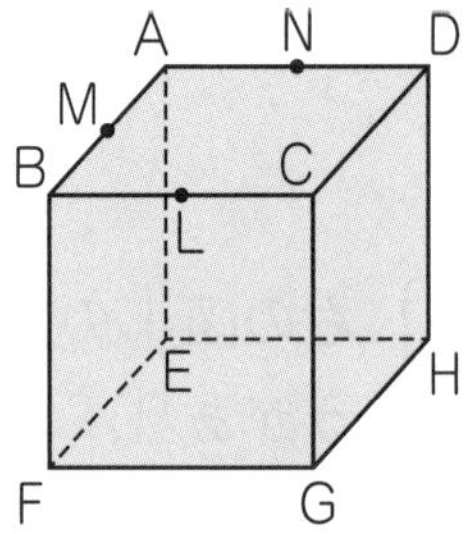

(1) この立方体の辺の上や頂点に点Pをとります。三角形ABPが二等辺三角形になるような，点Pのとり方は何通りありますか。(4点)

(　　　　)

(2) この立方体を，3つの点L，N，Gを通る平面で切ります。(8点/1つ4点)

① 2つに分かれた立体の表面積の差は，もとの立方体の表面積の何倍ですか。

(　　　　)

② 2つに分かれた立体の体積の差は，もとの立方体の体積の何倍ですか。

(　　　　)

(3) この立方体の1辺の長さを6cmとします。この立方体を，3つの点M，N，Gを通る平面で切ります。(8点/1つ4点)

① 切り口の図形の名まえを書きなさい。

(　　　　)

② 2つに分かれた立体のうち頂点Aをふくむ方の立体の体積は何cm^3ですか。

(　　　　)

答え

1 計算のきまり

標準クラス p.2〜3

1 (1)7.45 (2)$3\frac{2}{3}$ (3)1.7 (4)73
(5)4 (6)245 (7)351

2 (1)31.4 (2)3.7 (3)86
(4)1.3 (5)852 (6)1232000

3 (1)0 (2)2460 (3)4 (4)2009

4 (1)18 (2)5 (3)25 (4)24

解き方

交換法則・分配法則

交換法則 ●＋▲＝▲＋● ●×▲＝▲×●
分配法則 ●×■＋▲×■＝(●＋▲)×■
●×■−▲×■＝(●−▲)×■
たし算とかけ算では，いつも交換法則や分配法則が成り立ちます。
わり算も逆数を使ってかけ算に直せるので，
●÷■＋▲÷■＝(●＋▲)÷■
が成り立ちます。

1 交換(こうかん)法則を使って計算します。
(1)$2.09+1.45+3.91=2.09+3.91+1.45$
$=6+1.45=7.45$
(2)$3\frac{5}{7}+1\frac{2}{3}-1\frac{5}{7}=3\frac{5}{7}-1\frac{5}{7}+1\frac{2}{3}$
$=2+1\frac{2}{3}=3\frac{2}{3}$
(3)$0.4\times1.7\times2.5=0.4\times2.5\times1.7$
$=1\times1.7=1.7$
(4)$8\times7.3\times1.25=8\times1.25\times7.3$
$=10\times7.3=73$
(5)$5051-4949+4951-5049$
$=(5051-5049)+(4951-4949)$
$=2+2=4$
(6)$2+13+24+35+46+57+68$
$=(2+68)+(13+57)+(24+46)+35$
$=70+70+70+35=245$
(7)$21+(20+19-18+17-16)\times15$
$=21+(20+1+1)\times15=21+22\times15$
$=21+330=351$

2 分配法則を使って計算します。
(1)$4.8\times3.14+5.2\times3.14$
$=(4.8+5.2)\times3.14=10\times3.14=31.4$
(2)$3.7\times2.7-1.7\times3.7=(2.7-1.7)\times3.7$
$=1\times3.7=3.7$
(3)$4.3+19\times4.3=(1+19)\times4.3$
$=20\times4.3=86$
(4)$13.4\div7-4.3\div7$
$=(13.4-4.3)\div7=9.1\div7$
$=1.3$
(5)$8.52\times25+8.52\times75$
$=8.52\times(25+75)=8.52\times100$
$=852$
(6)$1232\times998+2464$
$=1232\times998+1232\times2$
$=1232\times(998+2)$
$=1232\times1000=1232000$

3 (1)$3.1\times(27-25-2)=3.1\times0=0$
(2)$123\times(36+11-30+3)$
$=123\times20=2460$
(3)$\{17\times(63-31)\}\div\{(11+6)\times8\}$
$=(17\times32)\div(17\times8)=32\div8=4$
(4)$20.09\times24+20.09\times76$
$=20.09\times(24+76)$
$=20.09\times100=2009$

4 四則計算の順序に注意して，□の数をふくむかたまりを考えるようにします。
(1)$18-\square\div9=16$
$\square\div9=18-16$
$\square\div9=2$
$\square=2\times9$
$\square=18$
(2)$36\div4+\square\times3=24$
$9+\square\times3=24$
$\square\times3=24-9$
$\square\times3=15$
$\square=15\div3$
$\square=5$
(3)$(\square+7)\div4-3=5$
$(\square+7)\div4=5+3$
$(\square+7)\div4=8$
$\square+7=8\times4$
$\square+7=32$

□＝32−7

□＝25

(4) (□×5−29)÷7＝13

□×5−29＝13×7

□×5−29＝91

□×5＝91＋29

□×5＝120

□＝120÷5

□＝24

答えが出たら，もとの式の□にあてはめて計算し，正しいかどうか確かめるようにしましょう。

ハイクラス

p.4〜5

1 (1)3　(2)1550　(3)10　(4)3.14

2 (1)6　(2)4.6　(3)19800　(4)48　(5)2009

3 (1)183　(2)26　(3)17　(4)2

4 (1)1　(2)156　(3)4　(4)2.5　(5)8

解き方

1 (1)分母が同じ数どうしをまとめます。

$$\frac{40}{7}+\frac{9}{7}-\frac{25}{8}+\frac{9}{8}-\frac{7}{9}-\frac{11}{9}$$

$$=\frac{49}{7}-\left(\frac{25}{8}-\frac{9}{8}\right)-\left(\frac{7}{9}+\frac{11}{9}\right)$$

$$=7-2-2=3$$

> **ポイント　計算のくふう**
>
> たし算とひき算が混じった計算では，(　)を使ってまとめることで計算が簡単になることがあります。
>
> A−B＋C＝A−(B−C)　A−B−C＝A−(B＋C)

(2)式を整理してから，分配法則を使います。

10×24＋21×24＋6×31＋20×31

＝(10＋21)×24＋(6＋20)×31

＝31×24＋26×31＝(24＋26)×31

＝50×31＝1550

(3)(0.64＋0.36)×16.4−(0.36＋0.64)×6.4

＝1×16.4−1×6.4＝10

(4)2.4×3.14＝1.2×6.28 だから，分配法則を使います。

(1.4−1.2＋0.3)×6.28＝0.5×6.28＝3.14

2 (1) $25\times0.4\times0.7-\frac{1}{12}\times12$

＝10×0.7−1＝7−1＝6

(2)2.3×1.28＋0.72×2.3

＝2.3×(1.28＋0.72)＝2.3×2＝4.6

(3)173×11×9＋297×9

＝1903×9＋297×9＝(1903＋297)×9

＝2200×9＝19800

(4)19.2×3＋13×9.6−4.8×28

＝9.6×2×3＋13×9.6−4.8×2×14

＝9.6×6＋13×9.6−9.6×14

＝(6＋13−14)×9.6＝5×9.6＝48

(5)41 と 49 に目をつけて，

41×7×7×19−41×7×11×7−205÷5×343

＝41×49×19−41×49×11−41×49×7

＝41×49×(19−11−7)

＝41×49×1＝2009

3 (1)(□＋6)÷3＝80−17＝63

□＋6＝63×3＝189

□＝189−6＝183

(2){11−(□−14)÷3}＝35×0.2＝7

(□−14)÷3＝11−7＝4

□−14＝4×3＝12

□＝12＋14＝26

(3)200−6×□＋2＝100

202−6×□＝100

6×□＝202−100＝102

□＝102÷6＝17

(4)(14＋□×5.1)÷11＝31.2−29＝2.2

14＋□×5.1＝2.2×11＝24.2

□×5.1＝24.2−14＝10.2

□＝10.2÷5.1＝2

4 (1)75＝25×3 であることを利用します。

25×□＋75×33

＝25×□＋25×3×33

＝25×□＋25×99＝25×(□＋99)

これより，25×(□＋99)＝2500 なので，

□＋99＝100　□＝1

(2)310＝155×2 であることを利用します。

155×□＋154×155−310×154＝155×2

155×□＋154×155−155×2×154＝155×2

155×□＋154×155−155×308＝155×2

155×(□＋154−308)＝155×2

これより，□＋154−308＝2 が成り立ちます。

よって，□＝2＋308−154＝156

(3)7.2，0.72，72 の小数点をそろえてまとめる

ことを考えます。

$6\times7.2\times\square+24\times0.72\times5+9\times72\times0.6$
$=7.2\times90$
$7.2\times6\times\square+0.72\times120+72\times5.4$
$=7.2\times90$
$7.2\times6\times\square+7.2\times12+7.2\times54=7.2\times90$
$7.2\times(6\times\square+12+54)=7.2\times90$
これより，$6\times\square+12+54=90$
$6\times\square=90-12-54=24$
$\square=24\div6=4$

(4) 0.234, 2.34, 23.4 の 10 倍, 100 倍の関係と，$4.68=2.34\times2=0.234\times20$ に気がつくことが重要です。

$0.234\times43+2.34\times11-4.68\times\square$
$-0.234\times3=23.4$
$0.234\times43+0.234\times110-0.234\times20$
$\times\square-0.234\times3=23.4$
$0.234\times(43+110-20\times\square-3)=23.4$
より，$43+110-20\times\square-3=100$
$150-20\times\square=100$
$20\times\square=50$ より $\square=2.5$

(5) 32 と 64 はどちらも 16 の倍数です。

$16\div\square+32\div\square+64\div\square$
$=16\div\square+2\times16\div\square+4\times16\div\square$
$16\div\square$ をひとつの数と考えて，
$16\div\square\times(1+2+4)=14$
$16\div\square\times7=14$
$16\div\square=14\div7=2$
$\square=16\div2=8$

2 分数のかけ算とわり算

標準クラス

p.6〜7

1 (1) $\frac{12}{35}$ (2) $\frac{9}{14}$ (3) $4\frac{2}{7}$ (4) $5\frac{1}{4}$
(5) $8\frac{2}{3}$ (6) 21 (7) 4 (8) $\frac{5}{56}$
(9) $1\frac{2}{3}$ (10) $17\frac{1}{2}$

2 (1) $1\frac{1}{20}$ (2) $\frac{5}{12}$ (3) $\frac{2}{3}$ (4) $\frac{2}{5}$
(5) $2\frac{11}{12}$ (6) $10\frac{1}{2}$

3 (1) $\frac{4}{7}$ (2) 2 (3) $4\frac{1}{5}$ (4) $2\frac{1}{4}$
(5) $\frac{17}{36}$ (6) $\frac{1}{15}$ (7) $\frac{4}{9}$ (8) $3\frac{1}{5}$
(9) $\frac{8}{15}$ (10) $\frac{1}{15}$

4 (1) 25 (2) ウの数…12　理由…(例) わる数のウをもっとも小さな数にすると答えがもっとも大きくなるから。

解き方

1 約分に注意して計算します。

> **ポイント** 約分のしかた
>
> ㋐計算のとちゅうで約分する。
>
> $\frac{3}{4}\times\frac{2}{9}=\frac{\overset{1}{\cancel{3}}\times\overset{1}{\cancel{2}}}{\underset{2}{\cancel{4}}\times\underset{3}{\cancel{9}}}=\frac{1}{6}$
>
> ㋑答えを約分する。
>
> $\frac{3}{4}\times\frac{2}{9}=\frac{\overset{1}{\cancel{6}}}{\underset{6}{\cancel{36}}}=\frac{1}{6}$
>
> 計算のとちゅうで約分するほうが，数字が小さくなり，まちがいが少なくなります。

(3) 分数に整数をかけるときや，整数に分数をかけるときは，分子の数と整数をかけます。

$\frac{6}{7}\times5=\frac{6\times5}{7}=\frac{30}{7}=4\frac{2}{7}$

(4) 帯分数は仮分数に直して計算します。

$3\times1\frac{3}{4}=3\times\frac{7}{4}=\frac{3\times7}{4}=\frac{21}{4}=5\frac{1}{4}$

(5) 帯分数は仮分数に直し，とちゅうで約分します。

$4\times2\frac{1}{6}=4\times\frac{13}{6}=\frac{\overset{2}{\cancel{4}}\times13}{\underset{3}{\cancel{6}}}=\frac{26}{3}=8\frac{2}{3}$

(8) $\frac{3}{8}\times\frac{5}{6}\times\frac{2}{7}=\frac{\overset{1}{\cancel{3}}\times5\times\overset{1}{\cancel{2}}}{8\times\underset{\underset{1}{\cancel{2}}}{\cancel{6}}\times7}=\frac{5}{56}$

(9) $1\frac{1}{4}\times1\frac{5}{9}\times\frac{6}{7}=\frac{5\times\overset{\overset{1}{\cancel{2}}}{\cancel{14}}\times\overset{\overset{1}{\cancel{3}}}{\cancel{6}}}{\underset{\underset{1}{\cancel{2}}}{\cancel{4}}\times\underset{3}{\cancel{9}}\times\underset{1}{\cancel{7}}}=\frac{5}{3}=1\frac{2}{3}$

2 分数÷分数は，わる数の逆数をかけます。

(1) $\frac{3}{5}\div\frac{4}{7}=\frac{3}{5}\times\frac{7}{4}=\frac{21}{20}=1\frac{1}{20}$

(2) $\frac{3}{8}\div\frac{9}{10}=\frac{3}{8}\times\frac{10}{9}=\frac{5}{12}$

(3) $\frac{5}{6}\div\frac{5}{4}=\frac{5}{6}\times\frac{4}{5}=\frac{2}{3}$

(4) $\frac{22}{15}\div\frac{11}{3}=\frac{22}{15}\times\frac{3}{11}=\frac{2}{5}$

3 (3) $15\div\frac{25}{7}=15\times\frac{7}{25}=\frac{\overset{3}{\cancel{15}}\times7}{\underset{5}{\cancel{25}}}=\frac{21}{5}=4\frac{1}{5}$

(5) 分数を整数でわるときは，分母の数と整数をかけます。

$\frac{17}{9} \div 4 = \frac{17}{9 \times 4} = \frac{17}{36}$

(6) $\frac{16}{5} \div 48 = \frac{\overset{1}{\cancel{16}}}{5 \times \underset{3}{\cancel{48}}} = \frac{1}{15}$

(8) $\frac{\overset{2}{\cancel{4}}}{5} \times \frac{\overset{1}{\cancel{3}}}{\underset{1}{\cancel{2}}} \times \frac{8}{\underset{1}{\cancel{3}}} = \frac{16}{5} = 3\frac{1}{5}$

4 (1) $25 \times (12+9) \div 15 = 25 \times 21 \div 15 = 35$

または $25 \times (15+9) \div 12 = 25 \times 24 \div 12 = 50$

ハイクラス

p.8〜9

1 (1) $\frac{4}{15}$ (2) $1\frac{1}{2}$ (3) $2\frac{1}{4}$ (4) 21

(5) $13\frac{1}{2}$ (6) $8\frac{3}{4}$

2 (1) $1\frac{1}{6}$ (2) $2\frac{1}{7}$ (3) $3\frac{1}{3}$ (4) $\frac{1}{15}$

(5) $\frac{1}{7}$ (6) 1

3 (1) $\frac{1}{3}$ (2) 3 (3) $\frac{17}{48}$ (4) 2

4 $10\ \text{cm}^2$

5 48 L

6 $\frac{3}{7}$ m

7 $58\frac{4}{7}$ kg

8 $31\frac{1}{2}$ kg

解き方

1 3つの分数のかけ算は，一度に計算します。

(6) $2\frac{1}{3} \times 1\frac{2}{13} \times 3\frac{1}{4} = \frac{7 \times \overset{5}{\cancel{15}} \times \overset{1}{\cancel{13}}}{\underset{1}{\cancel{3}} \times \underset{1}{\cancel{13}} \times 4} = \frac{35}{4} = 8\frac{3}{4}$

2 3つの分数のわり算は，一度に計算します。

(1) $\frac{5}{16} \div \frac{5}{8} \div \frac{3}{7} = \frac{5}{16} \times \frac{8}{5} \times \frac{7}{3} = \frac{7}{6} = 1\frac{1}{6}$

(3) $14 \div 3\frac{1}{2} \div 1\frac{1}{5} = \frac{14}{1} \times \frac{2}{7} \times \frac{5}{6} = \frac{10}{3} = 3\frac{1}{3}$

3 かけ算とわり算の混じった計算は，逆数を使ってかけ算だけの式に直して，一度に計算します。

(1) $\frac{4}{9} \times \frac{7}{4} \times \frac{3}{7} = \frac{1}{3}$

(2) $\frac{21}{10} \times \frac{8}{7} \times \frac{5}{4} = 3$

(4) $\frac{12}{5} \times \frac{5}{22} \times \frac{11}{3} = 2$

4 $4\frac{1}{6} \times 2\frac{2}{5} = \frac{25}{6} \times \frac{12}{5} = 10(\text{cm}^2)$

5 $12\frac{4}{5} \times 3\frac{3}{4} = \frac{64}{5} \times \frac{15}{4} = 48(\text{L})$

6 $1 \div 2\frac{1}{3} = 1 \div \frac{7}{3} = \frac{3}{7}(\text{m})$

7 $32\frac{4}{5} \times 1\frac{1}{4} \times 1\frac{3}{7} = \frac{164}{5} \times \frac{5}{4} \times \frac{10}{7} = 58\frac{4}{7}(\text{kg})$

8 鉄管 1 m の重さは，

$16\frac{4}{5} \div \frac{6}{7} = \frac{84}{5} \times \frac{7}{6} = \frac{98}{5}(\text{kg})$

この鉄管 $1\frac{17}{28}$ m の重さは，

$\frac{98}{5} \times 1\frac{17}{28} = \frac{98}{5} \times \frac{45}{28} = 31\frac{1}{2}(\text{kg})$

1つの式にまとめて計算すると，

$16\frac{4}{5} \div \frac{6}{7} \times 1\frac{17}{28} = \frac{84}{5} \times \frac{7}{6} \times \frac{45}{28} = \frac{63}{2}$

$= 31\frac{1}{2}(\text{kg})$

3 分数と小数の混じった計算

標準クラス

p.10〜11

1 (1) $\frac{1}{18}$ (2) $\frac{2}{3}$ (3) $1\frac{1}{19}$ (4) $\frac{1}{2}$

(5) $1\frac{1}{6}$ (6) 18

2 (1) $\frac{1}{9}$ (2) $3\frac{11}{20}$ (3) $\frac{1}{3}$

3 (1) $\frac{3}{4}(0.75)$ (2) $\frac{9}{10}(0.9)$

(3) $2\frac{7}{40}(2.175)$ (4) $2\frac{1}{4}(2.25)$

4 (1) $\frac{27}{40}(0.675)$ (2) $\frac{6}{25}(0.24)$

(3) $\frac{3}{4}(0.75)$ (4) $1\frac{2}{3}$

(5) $4\frac{1}{14}$ (6) $1\frac{1}{3}$

5 (1) 2 (2) $2\frac{1}{2}$ (3) 3

(4) $\frac{1}{12}$ (5) $\frac{2}{5}$

解き方

1 かっこの中を先に計算します。かけ算わり算をたし算ひき算より先に計算するなど，きまりにしたがって計算します。

(1) $\frac{2}{3} \times \left(\frac{5}{6} - \frac{3}{4}\right) = \frac{2}{3} \times \left(\frac{10}{12} - \frac{9}{12}\right)$

$= \frac{2}{3} \times \frac{1}{12} = \frac{1}{18}$

(3) $\frac{5}{6}\div\left(\frac{5}{12}+\frac{3}{8}\right)=\frac{5}{6}\div\left(\frac{10}{24}+\frac{9}{24}\right)$

$=\frac{5}{6}\div\frac{19}{24}=\frac{5}{6}\times\frac{24}{19}=\frac{20}{19}=1\frac{1}{19}$

(4) $\frac{1}{6}\times\frac{5}{1}+\frac{1}{4}\times\frac{2}{3}-\frac{1}{2}=\frac{5}{6}+\frac{1}{6}-\frac{1}{2}=1-\frac{1}{2}=\frac{1}{2}$

(5) $\frac{5}{9}\times\frac{6}{5}\times\frac{3}{4}+\frac{7}{12}\times\frac{8}{7}=\frac{1}{2}+\frac{2}{3}=\frac{7}{6}=1\frac{1}{6}$

(6) $\left(\frac{7}{8}+\frac{1}{3}-\frac{5}{6}\right)\times48$

$=\frac{7}{8}\times48+\frac{1}{3}\times48-\frac{5}{6}\times48$

$=42+16-40=18$

2 (1) $\left(\frac{2}{3}-\frac{1}{4}\times\frac{2}{9}\right)\div5\frac{1}{2}=\left(\frac{12}{18}-\frac{1}{18}\right)\times\frac{2}{11}$

$=\frac{11}{18}\times\frac{2}{11}=\frac{1}{9}$

(2) $\frac{5}{3}\times\frac{9}{4}-\frac{3}{5}\times\frac{7}{9}\times\frac{3}{7}=\frac{15}{4}-\frac{1}{5}=\frac{75}{20}-\frac{4}{20}$

$=\frac{71}{20}=3\frac{11}{20}$

(3) $\frac{9}{4}\div\left(\frac{49}{28}-\frac{4}{28}\right)\times\left(\frac{14}{21}-\frac{9}{21}\right)=\frac{9}{4}\times\frac{28}{45}\times\frac{5}{21}$

$=\frac{1}{3}$

3 まず，小数を分数に直して解きます。

(1) $\frac{5}{8}+0.125=\frac{5}{8}+\frac{1}{8}=\frac{3}{4}$

(2)分数を小数に直して計算することもできます。

$2\frac{1}{5}-1.3=2.2-1.3=0.9$

ポイント 小数か？ 分数か？

㋐小数は，すべて分数に直すことができます。0.7のように小数第一位までの小数であれば，分母を10にして，$\frac{7}{10}$とします。
また，0.48のように小数第二位までの小数は，分母を100にして$\frac{48}{100}$とし，約分できる場合は約分します。

㋑分数を小数に直すには，分子 ÷ 分母で計算しますが，わり切れない場合が出てきます。その分数の分母が2か5だけの積でできている場合は小数で表せます。
たとえば，$\frac{1}{8}=0.125$，$\frac{7}{20}=0.35$

(3) $\frac{5}{4}+\frac{3}{10}+\frac{5}{8}=\frac{50}{40}+\frac{12}{40}+\frac{25}{40}=2\frac{7}{40}$

4 (2) $\frac{4}{25}\times\frac{15}{4}\times\frac{2}{5}=\frac{6}{25}$

(3) $1.6=\frac{8}{5}$，$0.625=\frac{5}{8}$ なので，

$\frac{8}{5}\times\frac{3}{4}\times\frac{5}{8}=\frac{3}{4}$

$0.125=\frac{1}{8}$，$0.375=\frac{3}{8}$，$0.875=\frac{7}{8}$ などは覚えておきましょう。

(5) $2\frac{3}{8}\div\frac{7}{10}\div\frac{5}{6}=\frac{19\times10\times6}{8\times7\times5}=\frac{57}{14}=4\frac{1}{14}$

(6) $1.6\div1\frac{1}{3}\div0.9=\frac{8}{5}\div\frac{4}{3}\div\frac{9}{10}=\frac{4}{3}=1\frac{1}{3}$

5 (1)(　)のある式は，(　)の中を先に計算します。

$\left(\frac{1}{2}+\frac{1}{3}\right)\times2.4=\left(\frac{3}{6}+\frac{2}{6}\right)\times\frac{12}{5}=\frac{5}{6}\times\frac{12}{5}=2$

(2) $1\frac{1}{14}\div\frac{3}{5}\times1.4=\frac{15}{14}\times\frac{5}{3}\times\frac{7}{5}=\frac{5}{2}=2\frac{1}{2}$

(3) $\frac{21}{5}\div0.75\div\frac{28}{15}=\frac{21}{5}\div\frac{3}{4}\div\frac{28}{15}$

$=\frac{21}{5}\times\frac{4}{3}\times\frac{15}{28}=3$

(4) $0.625\times\frac{2}{3}-\frac{4}{9}\times0.75=\frac{5}{8}\times\frac{2}{3}-\frac{4}{9}\times\frac{3}{4}$

$=\frac{5}{12}-\frac{1}{3}=\frac{1}{12}$

ハイクラス

p.12〜13

1 (1) $\frac{1}{4}$　(2) $1\frac{1}{2}$　(3) 2　(4) $\frac{2}{27}$

(5) $4\frac{5}{6}$　(6) 3

2 $11\frac{1}{5}$ m

3 (1) $\frac{9}{35}$　(2) $2\frac{1}{3}$　(3) $1\frac{2}{3}$　(4) $1\frac{2}{3}$

(5) $\frac{4}{15}$　(6) 3　(7) $3\frac{2}{3}$

4 (1) $1\frac{2}{3}$　(2) $\frac{19}{28}$

解き方

1 (　)の中を先に計算します。

(2) $\left(4-2\frac{3}{5}\right)\times\frac{2}{7}\times\frac{15}{4}=\frac{7}{5}\times\frac{2}{7}\times\frac{15}{4}=\frac{3}{2}=1\frac{1}{2}$

(3) $\left(\frac{19}{6}+\frac{7}{4}\times2\right)\div\frac{40}{9}+\frac{1}{2}=\left(\frac{19}{6}+\frac{7}{2}\right)\times\frac{9}{40}+\frac{1}{2}$

$=\frac{40}{6}\times\frac{9}{40}+\frac{1}{2}=\frac{3}{2}+\frac{1}{2}=2$

(4) $\left\{\left(\frac{4}{5}-\frac{1}{4}\right)\times\frac{5}{3}-\frac{5}{6}\right\}\div1\frac{1}{8}$

$=\left\{\left(\frac{16}{20}-\frac{5}{20}\right)\times\frac{5}{3}-\frac{5}{6}\right\}\div\frac{9}{8}$

$=\left(\frac{11}{20}\times\frac{5}{3}-\frac{5}{6}\right)\times\frac{8}{9}=\left(\frac{11}{12}-\frac{10}{12}\right)\times\frac{8}{9}$

$=\frac{1}{12}\times\frac{8}{9}=\frac{2}{27}$

(5) $\left(3\frac{1}{4}-2\frac{2}{3}\right)\times\left(5\frac{5}{6}\div\frac{5}{9}-\frac{3}{2}\right)-\frac{5}{12}$

$=\left(\frac{39}{12}-\frac{32}{12}\right)\times\left(\frac{35}{6}\times\frac{9}{5}-\frac{3}{2}\right)-\frac{5}{12}$

$=\frac{7}{12}\times\left(\frac{21}{2}-\frac{3}{2}\right)-\frac{5}{12}=\frac{7}{12}\times 9-\frac{5}{12}$

$=\frac{63}{12}-\frac{5}{12}=\frac{58}{12}=\frac{29}{6}=4\frac{5}{6}$

(6) $\left\{12\times\left(\frac{5}{6}-\frac{3}{8}\right)+1\frac{1}{2}\right\}\div 2\frac{1}{3}$

$=\left\{12\times\left(\frac{20}{24}-\frac{9}{24}\right)+\frac{3}{2}\right\}\times\frac{3}{7}$

$=\left(12\times\frac{11}{24}+\frac{3}{2}\right)\times\frac{3}{7}=\left(\frac{11}{2}+\frac{3}{2}\right)\times\frac{3}{7}$

$=7\times\frac{3}{7}=3$

2 姉が使ったリボンの残りの長さは,

$5\div\left(1-\frac{3}{8}\right)=8$(m)

はじめのリボンの長さは,

$8\div\left(1-\frac{2}{7}\right)=11\frac{1}{5}$(m)

3 (　)のある式は,(　)の中を先に計算します。また,＋,－,×,÷では,×,÷を先に計算します。

(1) $\frac{3}{5}-0.3=0.6-0.3=0.3=\frac{3}{10}$ より,

$\frac{3}{10}\div\left(\frac{3}{2}-\frac{1}{3}\right)=\frac{3}{10}\div\frac{7}{6}=\frac{9}{35}$

(2) $1+\left(\frac{8}{3}-\frac{8}{5}\right)\div\frac{4}{5}=1+\frac{16}{15}\times\frac{5}{4}$

$=1+\frac{4}{3}=2\frac{1}{3}$

(3) $\frac{7}{4}\times\frac{5}{6}+\frac{1}{4}\times\frac{5}{6}=\frac{35}{24}+\frac{5}{24}=\frac{40}{24}=1\frac{2}{3}$

(4) $\frac{3}{2}\times\frac{4}{3}-\left(\frac{8}{6}-\frac{1}{6}\right)\div\frac{7}{2}=2-\frac{7}{6}\times\frac{2}{7}=2-\frac{1}{3}$

$=1\frac{2}{3}$

(5) $\left(3-\frac{3}{8}\right)\div\frac{7}{8}\times\frac{5}{9}-1\frac{2}{5}$

$=\frac{21\times8\times5}{8\times7\times9}-\frac{7}{5}=\frac{5}{3}-\frac{7}{5}=\frac{4}{15}$

(6) $\frac{1}{5}\div\left(\frac{21}{5}-\frac{7}{3}\right)\times 70-\frac{27}{10}\times\frac{5}{3}$

$=\frac{1}{5}\div\frac{28}{15}\times 70-\frac{9}{2}=\frac{1}{5}\times\frac{15}{28}\times 70-\frac{9}{2}$

$=\frac{15}{2}-\frac{9}{2}=3$

(7) $\frac{23}{5}\div\frac{6}{5}-\left\{8\times\left(\frac{1}{3}-\frac{3}{10}\right)-\frac{1}{10}\right\}$

$=\frac{23}{5}\times\frac{5}{6}-\left(8\times\frac{1}{30}-\frac{1}{10}\right)=\frac{23}{6}-\left(\frac{8}{30}-\frac{1}{10}\right)$

$=\frac{23}{6}-\frac{1}{6}=3\frac{2}{3}$

4 小数を分数に直して計算します。

(1) $\left(\frac{1}{4}\div\frac{1}{8}\right)\div\left(\frac{3}{4}\div\frac{5}{8}\right)$

$=\left(\frac{1}{4}\times\frac{8}{1}\right)\div\left(\frac{3}{4}\times\frac{8}{5}\right)$

$=2\div\frac{6}{5}=2\times\frac{5}{6}=\frac{5}{3}=1\frac{2}{3}$

(2) $\left(\frac{1}{8}\times\frac{9}{4}+\frac{3}{8}\times\frac{5}{4}-\frac{5}{8}\times\frac{1}{4}\right)\div\frac{7}{8}$

$=\left(\frac{9}{32}+\frac{15}{32}-\frac{5}{32}\right)\times\frac{8}{7}$

$=\frac{19}{32}\times\frac{8}{7}=\frac{19}{28}$

4 □の数を求める計算

標準クラス

p.14〜15

1 (1) $\frac{11}{12}$ (2) $\frac{5}{6}$ (3) $\frac{2}{5}$ (4) $2\frac{2}{3}$ (5) $\frac{2}{3}$
(6) 3

2 (1) $4\frac{1}{5}$ (2) 10

3 (1)ア4　イ7 (2)ア8　イ3　ウ2
(3)ア7　イ1　ウ3 (4)ア9　イ4　ウ4
(5)ア5　イ9　ウ6　エ1
(6)ア8　イ4　ウ3
(7)ア7　イ6　ウ7　エ4　オ6　カ7
キ5　ク7
(8)ア3　イ4　ウ1　エ6　オ6　カ7
キ9　ク2
(9)ア0　イ7　ウ3　エ7　オ7　カ3
キ5

4 ア4　イ8　ウ6

解き方

1 (1) $2\frac{1}{5}\times\frac{5}{12}\div\square=1$

$\frac{11}{5}\times\frac{5}{12}\div\square=1$

$\frac{11}{12}\div\square=1$

$\square=\frac{11}{12}\div 1$

$\square=\frac{11}{12}$

□にあてはまる数を求める計算(逆算)

このような問題は，最後に□＝？という形になるようにします。
□に数があるものとして計算の順序を考えて，その順序と逆に計算して簡単な式になるようにしていき，答えを求めます。このとき，計算できる部分は先に計算して，式を簡単にしてから逆算します。

(2) $\frac{3}{5}\times\frac{10}{7}\times(2-\square)=1$

$\frac{6}{7}\times(2-\square)=1$

$2-\square=1\div\frac{6}{7}$

$2-\square=1\times\frac{7}{6}$

$2-\square=1\frac{1}{6}$

$\square=2-1\frac{1}{6}$

$\square=\frac{5}{6}$

(3) $1\times\frac{6}{5}\div\left(\square-\frac{1}{4}\right)=8$

$\frac{6}{5}\div\left(\square-\frac{1}{4}\right)=8$

$\square-\frac{1}{4}=\frac{6}{5}\div8$

$\square-\frac{1}{4}=\frac{3}{20}$

$\square=\frac{3}{20}+\frac{1}{4}$

$\square=\frac{8}{20}$

$\square=\frac{2}{5}$

(4) $\left(\frac{20}{9}\times\frac{3}{4}-\frac{4}{3}\right)\div\square=\frac{1}{8}$

$\left(\frac{5}{3}-\frac{4}{3}\right)\div\square=\frac{1}{8}$

$\frac{1}{3}\div\square=\frac{1}{8}$

$\square=\frac{1}{3}\div\frac{1}{8}$

$\square=\frac{8}{3}$

$\square=2\frac{2}{3}$

(5) $1\frac{1}{6}+\square=\frac{22}{15}\div\frac{4}{5}$

$\frac{7}{6}+\square=\frac{11}{6}$

$\square=\frac{11}{6}-\frac{7}{6}$

$\square=\frac{4}{6}$

$\square=\frac{2}{3}$

(6) $\left(3\times\square+4\frac{1}{3}\right)\div\frac{20}{21}=12+2$

$\left(3\times\square+\frac{13}{3}\right)\div\frac{20}{21}=14$

$3\times\square+\frac{13}{3}=14\times\frac{20}{21}$

$3\times\square=\frac{40}{3}-\frac{13}{3}$

$3\times\square=\frac{27}{3}$

$\square=9\div3$

$\square=3$

2 小数は分数に直して求めます。

(1) $\frac{1}{12}\times\left(12\frac{4}{5}+\square\right)-\frac{3}{4}=\frac{2}{3}$

$\frac{1}{12}\times\left(12\frac{4}{5}+\square\right)=\frac{2}{3}+\frac{3}{4}$

$\frac{1}{12}\times\left(12\frac{4}{5}+\square\right)=\frac{17}{12}$

$12\frac{4}{5}+\square=\frac{17}{12}\div\frac{1}{12}$

$12\frac{4}{5}+\square=17$

$\square=17-12\frac{4}{5}$

$\square=4\frac{1}{5}$

(2) $\left(3\frac{1}{4}+\square\times\frac{7}{8}\right)\div7.2=\frac{5}{3}$

$\left(3\frac{1}{4}+\square\times\frac{7}{8}\right)\div\frac{36}{5}=\frac{5}{3}$

$3\frac{1}{4}+\square\times\frac{7}{8}=\frac{5}{3}\times\frac{36}{5}$

$3\frac{1}{4}+\square\times\frac{7}{8}=12$

$\square\times\frac{7}{8}=12-3\frac{1}{4}$

$\square\times\frac{7}{8}=8\frac{3}{4}$

$\square=8\frac{3}{4}\div\frac{7}{8}$

$\square=\frac{35}{4}\times\frac{8}{7}$

$\square=10$

3 □の数が決まるところから考えていきます。

(1)
```
  2 8
+ □ 9
-----
  7 [7]
```
↑ 8+9=1<u>7</u>

(2)
```
  1 □ 8
+   6 [3]
-------
  □ 5 1
```
← 8+<u>3</u>=11 くり上がりに注意

(3)
```
  3 6 [7]
-   □ 9
-------
  □ 4 8
```
← 1<u>7</u>−9=8

(7)
```
      6 [ア]
  ×   7 1
  --------
      □ □
  □ □ 9
  --------
  4 □ □ □
```
7×[ア]の一の位の数が9だから，7×<u>7</u>=49 よりアの数は7

(9)
```
        1 [0] 5
  7 ) [7] [3] □
        7
      -----
          3 □
          [3][5]
          -----
            2
```
十の位に商がたたないので0

3□ → 35をひいて2あまるので，3<u>7</u>

7×5=<u>35</u> → [3][5]

4 十の位からのくり上がりを考えると，百の位にあるイの数は8か9のどちらかです。一の位から十の位に1くり上がるので，1+ア+7+ア=16 よりアの数は4，イは8となります。

ハイクラス

p.16〜17

1 (1) $\frac{17}{30}$　(2) 3　(3) 17　(4) $\frac{1}{3}$

(5) $\frac{5}{12}$

2 (1) $\frac{3}{10}$　(2) 1　(3) $40\frac{1}{5}$

3 (1) ア7　イ6　ウ1　(2) ア5　イ3　ウ6

(3) ア5　イ6　ウ6

(4) ア6　イ9　ウ8　エ4

(5) ア6　イ8　ウ6　エ4

(6) ア8　イ6　ウ7　エ6

(7) ア1　イ9　ウ9　エ1　オ0　カ1

キ1　ク2　ケ2　コ2　サ4

(8) ア8　イ7　ウ5　エ8　オ1　カ9

キ4　ク6　ケ3　コ7　サ3

(9) ア7　イ4　ウ5　エ1　オ4　カ2

キ3　ク0　ケ0

4 ㋐9　㋑7　㋒6　㋓3

㋔0　㋕5　㋖1

解き方

1 (1) $\frac{1}{2}\times\frac{4}{3}+\left(\frac{5}{6}-\square\right)\times\frac{7}{8}=\frac{9}{10}$

$\frac{2}{3}+\left(\frac{5}{6}-\square\right)\times\frac{7}{8}=\frac{9}{10}$

$\left(\frac{5}{6}-\square\right)\times\frac{7}{8}=\frac{9}{10}-\frac{2}{3}$

$\left(\frac{5}{6}-\square\right)\times\frac{7}{8}=\frac{7}{30}$

$\frac{5}{6}-\square=\frac{7}{30}\div\frac{7}{8}$

$\frac{5}{6}-\square=\frac{4}{15}$

$\square=\frac{5}{6}-\frac{4}{15}$

$\square=\frac{17}{30}$

(2) $\left(\square+\frac{35}{6}\right)\div\left(5\frac{8}{12}-1\frac{3}{12}\right)=2$

$\left(\square+\frac{35}{6}\right)\div4\frac{5}{12}=2$

$\square+\frac{35}{6}=2\times\frac{53}{12}$

$\square+\frac{35}{6}=\frac{53}{6}$

$\square=\frac{53}{6}-\frac{35}{6}$

$\square=\frac{18}{6}=3$

(3) $\left(3-\frac{7}{\square}\right)\times\frac{1}{4}+\frac{6}{17}=1$

$\left(3-\frac{7}{\square}\right)\times\frac{1}{4}=1-\frac{6}{17}$

$\left(3-\frac{7}{\square}\right)\times\frac{1}{4}=\frac{11}{17}$

$3-\frac{7}{\square}=\frac{11}{17}\div\frac{1}{4}$

$3-\frac{7}{\square}=\frac{44}{17}$

$\frac{7}{\square}=3-\frac{44}{17}$

$\frac{7}{\square}=\frac{7}{17}$

$\square=17$

(4) $\left(2\frac{4}{8}-\frac{3}{8}\right)\times\square-\frac{5}{8}=1\frac{11}{12}-1\frac{5}{6}$

$2\frac{1}{8}\times\square-\frac{5}{8}=\frac{1}{12}$

$\frac{17}{8}\times\square=\frac{1}{12}+\frac{5}{8}$

$\frac{17}{8}\times\square=\frac{17}{24}$

$\square=\frac{17}{24}\div\frac{17}{8}$

$\square=\frac{1}{3}$

(5) $2\frac{7}{9}-\left(1\frac{3}{4}-\square\right)\times\frac{4}{3}=27\times7\frac{7}{9}\div210$

$2\frac{7}{9}-\left(1\frac{3}{4}-\square\right)\times\frac{4}{3}=1$

$\left(1\frac{3}{4}-\square\right)\times\frac{4}{3}=2\frac{7}{9}-1$

$1\frac{3}{4}-\square=1\frac{7}{9}\div\frac{4}{3}$

$1\frac{3}{4}-\square=1\frac{1}{3}$

$\square=1\frac{3}{4}-1\frac{1}{3}$

$\square=\frac{5}{12}$

2 (1) $3\div\left(\frac{1}{2}\times\square+0.3\right)=3+3\frac{2}{3}$

$3\div\left(\frac{1}{2}\times\square+0.3\right)=6\frac{2}{3}$

$\frac{1}{2}\times\square+0.3=3\div6\frac{2}{3}$

$\frac{1}{2}\times\square+\frac{3}{10}=\frac{9}{20}$

$\frac{1}{2}\times\square=\frac{3}{20}$

$\square=\frac{3}{20}\div\frac{1}{2}$

$\square=\frac{3}{10}$

(2) $\frac{5}{6}-(\square-0.3)\div2=\frac{3}{20}+\frac{1}{3}$

$\frac{5}{6}-(\square-0.3)\div2=\frac{29}{60}$

$(\square-0.3)\div2=\frac{5}{6}-\frac{29}{60}$

$(\square-0.3)\div2=\frac{21}{60}$

$\square-0.3=\frac{21}{60}\times2$

$\square-\frac{3}{10}=\frac{7}{10}$

$\square=1$

(3) $\left\{\left(\square-3\frac{1}{5}\right)\times\frac{2}{5}-7\frac{1}{5}\div\frac{2}{3}\right\}\times\frac{1}{4}=1$

$\left\{\left(\square-\frac{16}{5}\right)\times\frac{2}{5}-\frac{36}{5}\times\frac{3}{2}\right\}\times\frac{1}{4}=1$

$\left(\frac{2\times\square}{5}-\frac{32}{25}-\frac{54}{5}\right)\times\frac{1}{4}=1$

$\frac{2\times\square}{5}\times\frac{1}{4}-\frac{32}{25}\times\frac{1}{4}-\frac{54}{5}\times\frac{1}{4}=1$

$\frac{\square}{10}-\frac{8}{25}-\frac{27}{10}=1$

$\frac{\square}{10}=1+\frac{8}{25}+\frac{27}{10}$

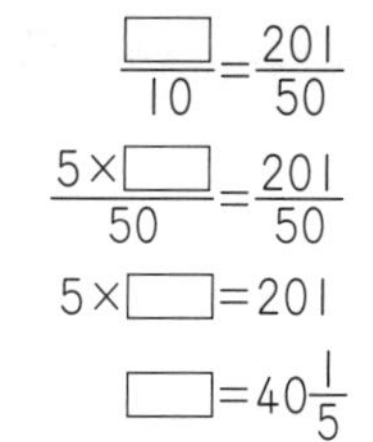

$\frac{\square}{10}=\frac{201}{50}$

$\frac{5\times\square}{50}=\frac{201}{50}$

$5\times\square=201$

$\square=40\frac{1}{5}$

3 (7)

```
    □6イ
 ×  ウ6
 □□□4
□5□1 → イ×ウ
16□□□
```

イ×ウの数の一の位が 1 なので，イとウはどちらも奇数となります。イ×6 の数の一の位が 4 だから，イは 9，ウも 9 となります。

(8)

```
   5ア7 → 7×9=63
 ×  79
    6
  52□3 → 5×9=45
          くり上がりを考えて, 45+7=52
 4□09
□□□□□
```

7 くり上がるのは 8×9＝72 だけなので

アには 8 が入ります。

(9)

```
        17
 □3)7□1
    オ3  ←イとオは同じ数で, 3か4が入る
    3□1
    □□1 ←3×7=21
      20
```

オが 4 のときだけ数があうことがわかります。

4

```
  2㋐8㋑
+    ㋒4
 ㋓㋔㋕㋖
```

ア～キに入る数は 0，1，3，5，6，7，9 のいずれかなので，エは 3，アは 9，オは 0 となります。残りの 1，5，6，7 からイとキに入る数の組を考えます。

イ＝1，キ＝5 とすると，ウとカに 6 と 7 が入りません。たし算の関係からイとキに入る数はイが 7，キが 1 となります。

5 数の性質

標準クラス

p.18～19

1 (1)20　(2)9

2 191

3 6 個

4 6 個

5 8 個

6 1，2，4，7，14，28

7 15, 20, 24, 30, 40, 60, 120

8 $\frac{20}{56}$

9 3個

10 (1)25と40の公倍数にする

(2)$\frac{200}{3}\left(66\frac{2}{3}\right)$

解き方

1 (1)6◎4＝(6＋4)×(6－4)＝10×2＝20

(2)□◎(2◎4)＝□◎{(2＋4)×(4－2)}

＝□◎(6×2)＝□◎12

□◎12＝(□＋12)×(12－□)＝63

積が63になるのは，(1，63)，(3，21)，(7，9)の3組あります。(□＋12)が63の約数だから，12より大きい約数をもつ組で，あてはまる数を考えます。

□＋12＝21，12－□＝3より，□＝9

2 (15－1)＊(51－1)＝14＊50

＝(14＋50)×3－1＝191

3 100以下の16の倍数の個数を求めます。

100÷16＝6あまり4より，6個。

4 1から100までの整数のうち，9の倍数は，100÷9＝11あまり1より11個あります。1から49までの整数のうち，9の倍数は，49÷9＝5あまり4より，5個あります。よって，11－5＝6より，6個。

5 6と8の最小公倍数は24だから，200以下の24の倍数の個数を求めます。

200÷24＝8あまり8より，8個。

6 140と196の最大公約数は28だから，28の約数を全部書き出します。

7 134－14＝120より，120の約数で14より大きい数を答えます。

8 分母14と分子5の差は9だから，36÷9＝4より，分母と分子をそれぞれ4倍した分数。

9 $\frac{1}{2}=\frac{27}{54}$，$\frac{2}{3}=\frac{36}{54}$だから，分子の数は28から35までの整数である。約分できない分数は$\frac{29}{54}$，$\frac{31}{54}$，$\frac{35}{54}$の3個。

10 (1)分子イはかける数の分母の25と40をどちらも約分して1にする数なので，25と40の公倍数。

(2)分子イはできるだけ小さく，分母アはできるだけ大きい整数にします。分子は25と40の最小公倍数，分母は12と21の最大公約数にします。

ハイクラス p.20〜21

1 (1)12 (2)9

2 (1)64 (2)3 (3)9

3 450

4 12，24

5 26個

6 7個

7 $\frac{105}{4}\left(26\frac{1}{4}\right)$

8 $\frac{12}{47}$

解き方

1 〈12，2〉＝{(12＋2)×2－2}÷2＝13より，

(12＋2)×2－2＝13×2

(12＋1)×2＝13×2

a，bで考えると，〈a，b〉＝(a＋b－1)×b÷bより，a＋b－1になります。

(1)□＋4－1＝15

□＋3＝15

□＝15－3

□＝12

(2)20＋□－1＝28

19＋□＝28

□＝28－19

□＝9

2 「A∧B」は「AをB回かけあわせる」という計算を表しています。

(1)4×4×4＝64

(2)(2∧□)＝8，8＝2×2×2より，□＝3

(3)1つ目…3，2つ目…3×3＝9，

3つ目…9×3＝27，4つ目…7×3＝21，

5つ目…1×3＝3

4回くり返すと，もとにもどるので，

10÷4＝2あまり2より，2つ目の9

4 130－10＝120，178－10＝168なので，120と168の公約数で10より大きい数を答えます。120と168の最大公約数は24だから，12と24

5 3の倍数でも4の倍数でもない数の個数を求めます。1から50までの整数のうち，3の倍数は50÷3＝16あまり2より16個，4の倍数は50÷4＝12あまり2より，12個あります。3と4の公倍数(12の倍数)はどちらにも入っているので，50÷12＝4あまり2より，1から50までの整数のうち3または4の倍数の個数は16＋12－4＝24より24個あることになるので，

3でも4でもわり切れない数は $50-24=26$(個)

6 $\frac{1}{10}=0.1$, $\frac{1}{11}=0.0909\cdots$, $\frac{1}{12}=0.0833\cdots$,
$\frac{1}{5}=0.2$, $\frac{1}{4}=0.25$ だから, $\frac{1}{5}$, $\frac{1}{6}$, $\frac{1}{7}$, $\frac{1}{8}$, $\frac{1}{9}$, $\frac{1}{10}$, $\frac{1}{11}$ の7個。

7 $2\frac{11}{12}$ の逆数は $\frac{12}{35}$ だから, $\frac{8}{15}$ をかけても $\frac{12}{35}$ をかけても整数になる分数を考えます。分子はかける数の分母の15と35の最小公倍数105, 分母はかける数の分子の8と12の最大公約数4です。

8 分母と分子の数をたすと59となる分数の分母と分子にそれぞれ9をたすと, その分数の分母と分子をたした数は $59+9+9=77$

その分数を約分すると $\frac{3}{8}$ になることから,

$77\div(8+3)=7$, $3\times7=21$, $8\times7=56$ となるので, はじめの分数の分母と分子の数にそれぞれ9をたした分数は $\frac{21}{56}$, これよりもとの分数は

$\frac{21-9}{56-9}=\frac{12}{47}$

6 規則的にならぶ数

標準クラス

p.22~23

1 (1)48 (2)35番目 (3)220
2 (1)29 (2)3×□−1
3 (1)81 (2)25番目
4 (1)38 (2)198
5 18
6 (1)56
(2)(例)右の数から左の数をひいた数が, 1, 2, 3, …と1ずつ大きくなるようにならんでいる。

解き方

1 4の倍数が小さい順にならんでいます。
(1)$4\times12=48$
(2)$140\div4=35$ より, 35番目となります。
(3)$4+8+12+16+20+24+28+32+36+40$ をくふうして計算します。たとえば $4+36=40$, $8+32=40$ のように2つの数の和が40になるように組み合わせてみます。

2 右の数と左の数との差がどこも3なので, 3ずつ増えてならんでいます。3の倍数から1ひいた数とみると分かりやすいです。
(1)$3\times10=30$, $30-1=29$
(2)(1)の式をもとに, ひとつの式にまとめて表します。

3 $1\times1=1$, $2\times2=4$, $3\times3=9$, ……のように同じ数を2回かけた数が順にならんでいます。
(1)$9\times9=81$
(2)625の一の位の数が5だから, かける数の一の位の数も5。5×5, 15×15, 25×25, ……のように2回かけた数が625になる式をさがします。

4 右の数と左の数との差が4で, 4の倍数から2をひいた数がならんでいます。
(1)$4\times10-2=38$
(2)$4\times50-2=198$

5 12, 13, 15, □, 22, 27, 33, …
(差) 1 2 3 4 5 6
右の数と左の数の差が1, 2, 3, 4, 5, 6, ……のように1ずつ増えています。

6 **5**と同様に右の数と左の数の差が1, 2, 3, 4, ……のように1ずつ増えています。

ハイクラス

p.24~25

1 (1)183 (2)60番目
2 (1)128 (2)10番目, 1024
3 (1)48 (2)500 (3)89番目
4 (1)22番目 (2)36番目 (3)50
5 (1)720 (2)10番目
6 (1)$\frac{1}{7}$ (2)$9\frac{9}{14}$

解き方

1 となりあう数の差が8なので, 8の倍数をもとにならびかたを考えます。
(1)1番目の数が31だから, $31-8=23$ より, 8の倍数に23をたした数がならんでいます。
$8\times20+23=183$
(2)$500-23=477$, $477\div8=59.6\cdots$ と計算して, だいたい何番目かの見当をつけます。
$8\times60+23=503$ だから, 60番目です。

2 2, 4, 8, 16, 32, …
×2 ×2 ×2 ×2
右の数は左の数に2をかけた数です。
(1)6番目は $32\times2=64$,
7番目は $64\times2=128$
(2)(1)に続けて順に求めます。

8 番目は 128×2=256,

9 番目は 256×2=512

10 番目は 512×2=1024

3 4 個ずつ区切ってならびかたを考えます。

2, 4, 6, 8,| 12, 14, 16, 18,| 22, 24, 26, 28,

(1)4 番目が 8, 8 番目が 18, 12 番目が 28, 16 番目は 38, 20 番目は 48

(2)4 個ずつ区切った和を求めてみます。

2, 4, 6, 8,| 12, 14, 16, 18,| 22, 24, 26, 28,

20　　60　　100

これより, 20 番目までは 5 つに区切られているので,

20+60+100+140+180=500

(3)1 番目が 2, 5 番目が 12, 9 番目が 22 で, それより 200 大きい数が 222 だから,

200÷10×4=80, 9+80=89 より, 89 番目となります。

4 たてにならべて書きなおすとわかりやすいです。

1,

1, 2

1, 2, 3

1, 2, 3, 4

1, 2, 3, 4, 5

1, 2, …

(1)上のならびかたの右はしの数に目をつけて,

1+2+3+4+5+6+1=22

(2)1+2+3+4+5+6+7+8=36

5 1, 1, 2, 6, 24, 120, …

×1 ×2 ×3 ×4 ×5

左の数にかける数が 1 ずつ増えていきます。

(1)120×6=720

(2)(1)に続けて順に求めます。

8 番目は 720×7=5040

9 番目は 5040×8=40320

10 番目の数は明らかに 10 万より大きくなります。

6 分子の数のならびかたは**4**と同様です。

(2)1 番目… $\frac{1}{2}$

2〜3 番目… $\frac{1}{3}+\frac{2}{3}=1$

4〜6 番目… $\frac{1}{4}+\frac{2}{4}+\frac{3}{4}=\frac{6}{4}=\frac{3}{2}$

7〜10 番目… $\frac{1}{5}+\frac{2}{5}+\frac{3}{5}+\frac{4}{5}=\frac{10}{5}=2$

11〜15 番目… $\frac{1}{6}+\frac{2}{6}+\frac{3}{6}+\frac{4}{6}+\frac{5}{6}=\frac{5}{2}$

16〜20 番目… $\frac{1}{7}+\frac{2}{7}+\frac{3}{7}+\frac{4}{7}+\frac{5}{7}=\frac{15}{7}$

$\frac{1}{2}+1+\frac{3}{2}+2+\frac{5}{2}+\frac{15}{7}=5+\frac{5}{2}+\frac{15}{7}$

$=5+2+2+\frac{1}{2}+\frac{1}{7}=9\frac{9}{14}$

チャレンジテスト①

p.26〜27

1 (1)4 (2) $\frac{3}{35}$ (3) $\frac{11}{12}$ (4) $\frac{1}{6}$

2 (1)3 (2) $\frac{1}{2}$

3 (1)3 (2)37

4 (1)ア 0 イ 9 ウ 2 エ 8

(2)ア 2 イ 4 ウ 6 エ 2 オ 4 カ 1 キ 4 ク 2 ケ 2 コ 8

(3)ア 5 イ 4 ウ 6 エ 9 オ 9 カ 2 キ 9 ク 3 ケ 7 コ 5

5 12

6 182 個

7 (1)11 (2)130

(3)196 番目と 199 番目

解き方

1 (1) $\left(\frac{2}{3}-\frac{1}{3}\times\frac{6}{5}\right)\div\left(\frac{1}{3}\times\frac{11}{6}-\frac{5}{6}\times\frac{1}{3}\right)\times5$

$=\left(\frac{2}{3}-\frac{2}{5}\right)\div\left(\frac{11}{18}-\frac{5}{18}\right)\times5=\frac{4}{15}\times\frac{18}{6}\times5$

$=4$

(2) $\frac{13}{3}\times\left(\frac{21}{35}-\frac{10}{35}\right)\times\frac{9}{2}\times\left(\frac{13}{11\times13}-\frac{11}{11\times13}\right)$

$=\frac{13}{3}\times\frac{11}{35}\times\frac{9}{2}\times\frac{2}{11\times13}=\frac{3}{35}$

(3) $\frac{35}{12}\times\frac{1}{15}\times\frac{27}{5}-\frac{4}{5}\times\frac{11}{9}\times\frac{3}{22}=\frac{21}{20}-\frac{2}{15}$

$=\frac{63}{60}-\frac{8}{60}=\frac{55}{60}=\frac{11}{12}$

(4) $\frac{7}{27}-\frac{15}{132}\times\left\{\frac{2}{9}-\left(\frac{5}{10}-\frac{4}{10}\right)\right\}\div\left(\frac{3}{4}-\frac{2}{7}\right.$

$\left.\times\frac{21}{10}\right)$

$=\frac{7}{27}-\frac{15}{132}\times\frac{11}{90}\times\frac{20}{3}=\frac{7}{27}-\frac{5}{54}=\frac{9}{54}=\frac{1}{6}$

2 (1) $2.15+\left(\square-\frac{7}{8}\right)\div\frac{5}{2}=111\div37$

$2\frac{3}{20}+\left(\square-\frac{7}{8}\right)\div\frac{5}{2}=3$

$\left(\square-\frac{7}{8}\right)\div\frac{5}{2}=\frac{17}{20}$

$\square-\frac{7}{8}=\frac{17}{20}\times\frac{5}{2}$

$$\square=\frac{17}{8}+\frac{7}{8}$$

$$\square=3$$

(2) $2.25+1\frac{1}{6}\times\left(\square+\frac{3}{7}\right)=2\times1\frac{2}{3}$

$$2\frac{1}{4}+\frac{7}{6}\times\left(\square+\frac{3}{7}\right)=\frac{10}{3}$$

$$\frac{7}{6}\times\left(\square+\frac{3}{7}\right)=\frac{10}{3}-2\frac{1}{4}$$

$$\frac{7}{6}\times\left(\square+\frac{3}{7}\right)=\frac{13}{12}$$

$$\square+\frac{3}{7}=\frac{13}{12}\div\frac{7}{6}$$

$$\square+\frac{3}{7}=\frac{13}{14}$$

$$\square=\frac{13}{14}-\frac{3}{7}$$

$$\square=\frac{1}{2}$$

③ (1)⑦に数をあてはめるときは，(　)をつけます。

4×4－(7×2－1)＝16－13＝3

(2)Ⓐ－8×8＝5×2－1

Ⓐ－64＝9

Ⓐ＝73

A×2－1＝73

A×2＝74

A＝74÷2

A＝37

④ (3)

```
          8 □ ───────┐
   7[4])□ 3 4[9]     │
      ↑ 5 □ 2        │
      │   4 □[9]     ↓
      │   □ □ 0 → 74×□＝□□0
      │     □ 9      ↑
      │            4×5＝20
7□×8＝5□2
 ↑
 4×8＝32
 9×8＝72 では，
79×8＝632 となり
百の位の数が合わない
```

⑥ 3 の倍数は 300÷3＝100 より 100 個，11 の倍数は 300÷11＝27 あまり 3 より 27 個，3 と 11 の公倍数は 300÷33＝9 あまり 3 より 9 個，100＋27－9＝118，3 でも 11 でもわり切れない数は 300－118＝182(個)

⑦ 1，3，2，4，3，5，4，6，5，7，6，
　　+2 −1 +2 −1

奇数番目の数と偶数番目に分けてみると，

奇数番目の数は 1，2，3，4，5，6，…

偶数番目の数は 3，4，5，6，7，…

(1)全体で 21 番目の数は，奇数の 11 番目にあたるので 11。

(2)奇数番目の数と偶数番目の数に分けて求めます。または，はじめから 2 個ずつ区切ってそれぞれの和を求めてたし合わせてもよいです。

4＋6＋8＋10＋12＋14＋16＋18＋20＋22＝130

(3)奇数番目の 100 番目の数が 100 だから，100×2－1＝199 より，全体で 199 番目が 100 となります。また，偶数番目の 98 番目の数も 100 だから，98×2＝196 より，全体で 196 番目の数も 100。

チャレンジテスト②

p.28～29

① (1)4.68　(2)617　(3)$1\frac{7}{12}$

(4)$0.5\left(\frac{1}{2}\right)$　(5)$\frac{1}{30}$

② (1)$\frac{1}{3}$　(2)3

③ C…4　E…2

④ (1)24　(2)5　(3)3

⑤ 48

⑥ 53

⑦ (1)48 番目　(2)504

解き方

① (2)1.234×567＋12.34×89－123.4×9.57

＝1.234×567＋1.234×890－1.234×957

＝1.234×(567＋890－957)

＝1.234×500＝617

(4)小数に直します。

(1.72－1.595)÷(3.75－2－1.5)

＝0.125÷0.25＝0.5

② 小数は分数に直して，□以外の部分を先に計算します。

(1) $\frac{1}{5}\div\square+1-\frac{6}{5}=\frac{2}{5}$

$$\frac{1}{5}\div\square=\frac{2}{5}+\frac{6}{5}-1$$

$$\frac{1}{5}\div\square=\frac{8}{5}-1$$

$$\frac{1}{5}\div\square=\frac{3}{5}$$

$$\square=\frac{1}{5}\div\frac{3}{5}$$

$$\square=\frac{1}{3}$$

(2) $\frac{7}{2}\div\left(4\frac{7}{8}+\square\right)-\frac{1}{9}=\frac{5}{6}-\frac{1}{2}$

$$\frac{7}{2}\div\left(4\frac{7}{8}+\square\right)-\frac{1}{9}=\frac{1}{3}$$

$$\frac{7}{2}\div\left(4\frac{7}{8}+\square\right)=\frac{1}{3}+\frac{1}{9}$$

$$\frac{7}{2}\div\left(4\frac{7}{8}+\square\right)=\frac{4}{9}$$

$$4\frac{7}{8}+\square=\frac{7}{2}\div\frac{4}{9}$$

$$4\frac{7}{8}+\square=\frac{63}{8}$$

$$\square=7\frac{7}{8}-4\frac{7}{8}$$

$$\square=3$$

③ 3つの3けたの整数の和は3000より明らかに小さいので，千の位の数は1か2となり，Eは2。AとDは6と8の組になり，十の位の数は0か4なので百の位にくり上がらないことから，Aが8でDが6と分かる。残りのBとCに0と4を計算の答えの数に合うようにあてはめると，Bは0，Cは4となります。

④ (1)1から15までの整数の和は120なので，
120÷5=24
(2)8△4=36÷4=9，9△9=45÷9=5
(3)7×4=28，1+2+3+4+5+6+7=28 だから，6△n=7となる。1+2+3+4+5+6=21 より，21÷7=3，これよりnは3。

⑤ 最大公約数と最小公倍数を求める手順を考えて，

12) A　60
　　 □　5

12×□×5が最小公倍数を表すので，
12×□×5=240，□=240÷12÷5=4
整数Aは，12×4=48

⑥ 分母と分子に同じ整数Aを加えても，分母の数と分子の数の差は変わらないので，46−19=27
$\frac{8}{11}$は整数Aを加えたあと約分した分数で，分母と分子の差は 11−8=3だから，27÷3=9 より，約分する前の分数は $\frac{8\times9}{11\times9}=\frac{72}{99}$
よって，整数Aは 99−46=53

⑦ 3個ずつ区切ってならびかたを考えます。
1，3，5，| 2，4，6，| 3，5，7，| 4，6，8，| 5，
和9　　12　　15　　18
(1)3番目の5，6番目の6，9番目の7，…のように3の倍数の番目の数に目をつけます。20は3番目の5より15大きい数だから，3+3×15=48 より，20がはじめて出てくるのは48番目。
(2)48÷3=16，3個ずつ区切って16個に分けてそれぞれの和を求めると，9，12，15，18，21，24，27，30，33，36，39，42，45，48，51，54 となります。
この16個の数の和をくふうして求めます。
9+54=63，12+51=63，15+48=63，…のように前後で組み合わせた2つの数の和が63になるので，
63×(16÷2)=63×8=504

7 比

標準クラス

p.30〜31

1 (1)2：3　(2)4：5　(3)8：3　(4)3：7

2 (1)$\frac{1}{3}$　(2)$\frac{4}{3}$　(3)$\frac{6}{7}$　(4)$\frac{7}{5}$

3 (1)5：3：2　(2)15：10：16
(3)5：9：10　(4)5：10：9

4 64 cm

5 1134人

6 8：3

7 $\frac{2}{9}$

8 (1)11 L　(2)3：1

解き方

1 「比の両方の数に同じ数をかけたり，両方の数を同じ数でわったりしてできる比は，もとの比に等しくなる」という性質を使って，比を簡単(かんたん)にします。
(1)10：15=(10÷5)：(15÷5)=2：3
(3)整数の比にしてから簡単にします。
3.2：1.2=(3.2×10)：(1.2×10)
=32：12
32：12=(32÷4)：(12÷4)=8：3

2 比の記号「：」の前の数を後の数でわったときの商を，**比の値**(あたい)といいます。
(1)1.5÷4.5=$\frac{1}{3}$
(3)$\frac{3}{4}\div\frac{7}{8}=\frac{6}{7}$

ポイント　比の性質と，比の値
比の両方の数に同じ数をかけたり，両方の数を同じ数でわったりしてできる比は，もとの比に等しくなります。比の記号「：」の前の数を後の数でわったときの商を，比の値といいます。

3 (1)A：B　　=5：3
　　B：C=　3：2
A：B：C=5：3：2

(2) A : B = 1.2 : 0.8 = 3 : 2 より,

A : B　　= 3 : 2
　B : C = 　2 : 3.2
A : B : C = 3 : 2 : 3.2
　　　　= 15 : 10 : 16

(3) A : B = $\frac{1}{3}$: $\frac{3}{5}$ = 5 : 9

A : C = $\frac{1}{4}$: $\frac{1}{2}$ = 1 : 2 = 5 : 10 より,

A : B　　= 5 : 9
A　　: C = 5　 : 10
A : B : C = 5 : 9 : 10

4 縦(たて)と横の長さの比が 5 : 8 より,

$40 \times \frac{8}{5} = 64$(cm)

5 $\frac{1}{3} : \frac{3}{8} = 8 : 9$ より, $2142 \times \frac{9}{8+9} = 1134$(人)

6 A×3=B×8 より, A : B = 8 : 3

> **ポイント** 逆比(ぎゃくひ)
>
> A×3=B×8=1 とすると,
>
> A×3=1 より, A=$\frac{1}{3}$
>
> B×8=1 より, B=$\frac{1}{8}$
>
> となるので, A : B=$\frac{1}{3}$: $\frac{1}{8}$=8 : 3 となり, A と B にかける数の逆数の比になります。
>
> $A \times m = B \times n$ ならば,
>
> $A : B = \frac{1}{m} : \frac{1}{n} = n : m$

7 全体にかかった時間は,

60×2+15=135(分)

そのほかにかかった時間は,

135−(32+60+13)=30(分)

30 : 135 より, $30 \div 135 = \frac{2}{9}$

8 (1) B から流れてくる水の量は $16 \times \frac{3}{4} \times \frac{2}{3} = 8$(L)

C から流れてくる水の量は $16 \times \frac{1}{4} \times \frac{3}{4} = 3$(L)

よって, 8+3=11(L)

(2) D から G に流れていく水の量は,

$16 \times \frac{3}{4} \times \frac{1}{3} \times \frac{3}{4} = 3$(L)

E から G に流れていく水の量は,

(1)より, $11 \times \frac{3}{4} = 8\frac{1}{4}$(L)

よって, G に流れてくる水の量は,

$3 + 8\frac{1}{4} = 11\frac{1}{4}$(L)

同じように, H に流れてくる水の量は,

$16 \times \frac{1}{4} \times \frac{1}{4} + 11 \times \frac{1}{4} = 3\frac{3}{4}$(L)

したがって, $11\frac{1}{4} : 3\frac{3}{4} = 3 : 1$

ハイクラス

p.32〜33

1 (1)4　(2)2

2 15 : 16

3 15 : 8

4 645 cm^3

5 7 : 6

6 20 枚(まい)

7 (1)168 軒(けん)　(2)10 軒

8 (1)午前 4 時 48 分 24 秒

(2)午後 5 時 8 分 $34\frac{2}{7}$ 秒

解き方

1 (1) $\frac{2}{9} : \frac{1}{6}$ = □ : 3

$3 \div \frac{1}{6} = 18$(倍)より, □=$\frac{2}{9} \times 18 = 4$

または, A : B=C : D のとき A×D=B×C となるので,

$\frac{1}{6}$×□=$\frac{2}{9}$×3, □=$\frac{2}{9} \times 3 \div \frac{1}{6} = 4$

2 $A \times \frac{2}{3} = B \times \frac{5}{8}$ より, A : B=$\frac{5}{8} : \frac{2}{3}$=15 : 16

3 姉 : 妹　　= 5 : 4
　　妹 : 弟 = 　3 : 2
姉 : 妹 : 弟 = 15 : 12 : 8

4 B : C=3 : 4 より, B は $240 \times \frac{3}{4} = 180$($cm^3$)

A : B=5 : 4 より, A は $180 \times \frac{5}{4} = 225$($cm^3$)

したがって, 水の量の合計は,

225+180+240=645(cm^3)

別解　A : B=5 : 4=15 : 12,

B : C=3 : 4=12 : 16 より,

A : B　　= 15 : 12
　B : C = 　12 : 16
A : B : C = 15 : 12 : 16

C の水の量が 240 cm^3 だから, 合計は,

$240 \times \frac{15+12+16}{16} = 645$($cm^3$)

5 AB の長さを 1 とすると, AP : PB=1 : 2 より,

AP=$\frac{1}{3}$

AQ : QB=5 : 2 より, QB=$\frac{2}{7}$

よって，AP : QB $=\frac{1}{3}:\frac{2}{7}=7:6$

6 合計金額の比が 7 : 5 : 3 より，
枚数の比は $\frac{7}{100}:\frac{5}{50}:\frac{3}{10}=7:10:30$
94÷(7＋10＋30)＝2 より，2 組できます。
したがって，50 円玉は，10×2＝20(枚)

7 (1)120÷5×7＝168(軒)
(2)新聞M，Nの両方をとっている家の数は，
168÷(1＋5)＝28(軒)
したがって，270－(120＋168－28)＝10(軒)

8 (1)24 時間で 2 分進むから，
$24:2=4\frac{4}{5}:\square$
$\square=2\times4\frac{4}{5}\div24=0.4$　60×0.4＝24(秒)
したがって，午前 4 時 48 分 24 秒
(2)正確な時計 : 進む時計 $=24:24\frac{1}{30}$ より，
$24:24\frac{1}{30}=\square:17\frac{1}{6}$
$\square=24\times17\frac{1}{6}\div24\frac{1}{30}=17\frac{1}{7}$
$60\times\frac{1}{7}=8\frac{4}{7}$(分)　$60\times\frac{4}{7}=34\frac{2}{7}$(秒)
したがって，午後 5 時 8 分 $34\frac{2}{7}$ 秒

8 速さと比

標準クラス

p.34〜35

1 分速 54m
2 2 : 5
3 (1)750m
(2)考え方と式…(例)さとしさんと兄が歩く速さの比が 4 : 5 だから，かかる時間の比は 5 : 4 になる。兄が□分かかるとすると，
$20:\square=5:4$，$\square=20\times\frac{4}{5}=16$
答え…16 分
4 144 歩
5 1 : 2
6 100 km
7 $9\frac{7}{9}$ km

解き方

1 兄が家から駅まで歩いていくときかかる時間は，
1080÷72＝15(分)
兄と弟のかかる時間の比は 3 : 4 だから，弟がかかる時間は $15\times\frac{4}{3}=20$(分)
1080÷20＝54 より，弟が歩く速さは分速 54 m となります。
別解 速さの比と時間の比の関係を利用すると，兄と弟のかかる時間の比は 3 : 4 だから，兄と弟の歩く速さの比はかかる時間の逆比で 4 : 3 となります。
弟が歩く速さを分速□ m とすると，
72 : □＝4 : 3 となり，$\square=72\times\frac{3}{4}=54$

ポイント 速さの比と時間の比
同じ道のりを進むとき，
速さの比 $a:b$ ⇔ かかる時間の比 $b:a$

2 歩いて行くときと自転車で行くときにかかる時間の比は 15 : 6＝5 : 2
速さの比は時間の比の逆比となるから，2 : 5

3 (1)同じ時間だけ進むとき，速さの比と道のりの比は等しいので，兄が歩く道のりを□ m とすると，
600 : □＝4 : 5，$\square=600\times\frac{5}{4}=750$
(2)速さの比と時間の比が逆比になることを利用します。

4 同じ道のりを歩くとき，歩幅と歩数の比は逆比の関係になることを利用します。

兄と弟の歩幅の比は 6 : 5 だから，歩数の比は 5 : 6
弟が□歩で歩くとすると，
120 : □＝5 : 6，$\square=120\times\frac{6}{5}=144$

5 たとえば歩幅 60 cm で 7 歩進むときの道のりは 60×7＝420(cm)となるように，道のりは(歩幅)×(歩数)で求められます。
ゆうとさんと父の歩幅の比は 2 : 3 で，1 分間にゆうとさんが 30 歩，父が 40 歩進むので，2 人が同じ時間だけ歩いたときの進む道のりの比は，
(2×30) : (3×40)＝60 : 120＝1 : 2

6 時間の比と速さの比は逆比となるから，時速 75 km で走るときと時速 50 km で走るときのかかる時間の比は 50 : 75＝2 : 3

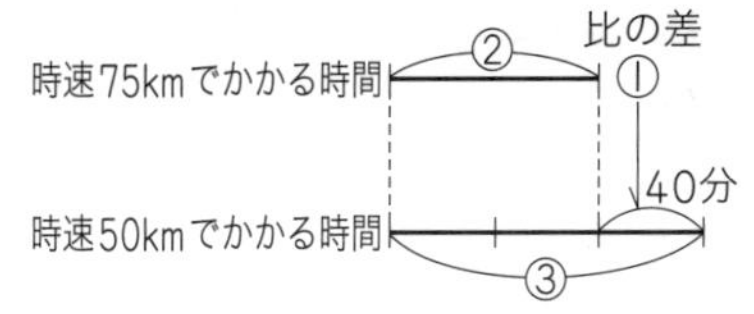

比の差の１が 40 分だから，時速 50 km で走るときにかかった時間は $40\times\frac{3}{1}=120$(分)＝2 時間

Ａ地点からＢ地点まで時速 50 km で走って 2 時間かかるので，道のりは $50\times2=100$(km)

7 行きと帰りにかかった時間の比は
1 時間 20 分：1 時間 50 分 ＝80 分：110 分 ＝8：11
速さの比は逆比で 11：8 で，比の差は $11-8=3$，比の差の 3 が速さの差の毎時 2 km にあたるので，
行きの時速は，$2\times\frac{11}{3}=\frac{22}{3}$
行きは毎時 $\frac{22}{3}$ km で 1 時間 20 分かかったことから道のりを求めると，
$\frac{22}{3}\times1\frac{20}{60}=\frac{22}{3}\times\frac{80}{60}=\frac{88}{9}=9\frac{7}{9}$(km)

ハイクラス

p.36〜37

1 20 km
2 $1\frac{1}{4}$ 倍
3 3 分
4 64 歩
5 時速 4.8 km
6 (1)午前 10 時 10 分　(2)時速 4.8 km
7 (1)8：7　(2)10：7　(3)72 cm

解き方

1 速さの比 時速 80 km：時速 30 km＝8：3
かかる時間の比は速さの逆比になるので，3：8
比の差は $8-3=5$ で，比の差の 5 が時間の差 25 分にあたるので，時速 30 km で走った時間は
$25\times\frac{8}{5}=40$(分)
時速 30 km で走った道のりは $30\times\frac{40}{60}=20$(km)

2 20 km 走るのに 2 時間 5 分 ＝125 分かかり，完走する予定時間は 2 時間 55 分だから，残りの 10 km を 50 分で走る必要があります。この速さでは 20 km を 100 分で走ることになるので，「はじめの 20 km にかかった時間」と「この先の速さで 20 km 走ったときにかかる時間」の比は
125 分：100 分 ＝5：4
速さの比は時間の逆比になるので，4：5 となり，速さを $\frac{5}{4}$ 倍にする必要があります。

3 いつもの速さと今日の速さの比は 72：96=3：4
かかる時間の比は速さの逆比で，4：3
比の差の 1 が時間の差 6 分にあたるので，いつもかかる時間は
$6\times\frac{4}{1}=24$(分)
いつもの速さと明日の速さの比は 72：64=9：8 で，かかる時間の比は 8：9 だから，
明日かかる時間は $24\times\frac{9}{8}=27$(分)，
$27-24=3$(分)より，いつもより 3 分長くなります。

4 道のりを歩幅でわると歩数が求められます。この関係を利用して，比のままで計算します。
ゆきえさんと姉の歩幅の比が 4：5，同じ時間に進んだ道のりの比が 5：8 だから，歩数の比は
$\frac{5}{4}:\frac{8}{5}=25:32$
$50\div25\times32=64$(歩)

5 家から学校までの道のりを 1 とします。
行きにかかる時間は，$1\div4=\frac{1}{4}$(時間)
帰りにかかる時間は，$1\div6=\frac{1}{6}$(時間)
したがって，平均時速は，
$2\div\left(\frac{1}{4}+\frac{1}{6}\right)=4\frac{4}{5}$(km)＝4.8(km)

6 (1)午前 8 時 30 分に出発し，山頂で 30 分休息したあと午前 11 時 30 分にもどったので，登りと下山にかかった合計時間は 2 時間 30 分 ＝150 分
登りの速さと下山の速さの比は 1：2 だから，それぞれにかかった時間は速さの逆比で 2：1 となります。よって，登りにかかった時間は，
$150\times\frac{2}{2+1}=100$(分)
山頂に着いたのは午前 8 時 30 分の 100 分後です。
(2)下山にかかった時間は 50 分だから，
$4\div\frac{50}{60}=4.8$

7 (1)2 人の歩はばの比は，
$A:B=\frac{1}{28}:\frac{1}{32}=8:7$
(2)速さの比は，1 分間に進む道のりの比に等しくなります。

$A:B=(8\times30):(7\times24)=10:7$

(3) AとBの道のりの差から，Aの歩いた道のりは，

$972\div\frac{10-7}{10}=3240$(m)

2 時間 30 分 = 150 分だから，Aの歩数は，

$30\times150=4500$(歩)より，歩はばは，

$3240\times100\div4500=72$(cm)

9 文字と式

標準クラス

p.38〜39

1 (1) $1000-a\times3$

(2) $x\div6\times y$ または $\frac{x\times y}{6}$

2 (1) $(a+b)\times2=23$

または $a\times2+b\times2=23$

(2) $45\times c=d$ (3) $x\times\frac{7}{100}=y$

3 (1) 台形の高さ

(2) 3 回目と 4 回目の得点の平均点

4 (1) 8 (2) 24 (3) 5 (4) 8

(5) 6 (6) 9

5 (1) $x\div28=253$ あまり 16

(2) 308 あまり 16

6 (1) $\left(\frac{4}{5}\div x\right)\times\frac{5}{6}=\frac{1}{2}$

(2) $1\frac{1}{3}$

7 7

解き方

1 数で計算するときと同様に式をつくります。わり算を分数で表してもよいです。

2 (2) 速さ×時間＝道のり

(3) 食塩水の重さ×濃度＝食塩の重さ

3 (1) (上底＋下底)×台形の高さ÷2＝台形の面積

この式を変形して，

(上底＋下底)×台形の高さ＝台形の面積×2，

台形の高さ＝台形の面積×2÷(上底＋下底)

(2) $b\times4$ は 4 回の得点の合計，$(a+8)$ は 1 回目と 2 回目の得点の合計なので，$\{b\times4-(a+8)\}$ は 3 回目と 4 回目の得点の合計を表しています。

4 (1) $x=9-5+4$

$x=8$

(2) $x\times3\div4=25-7$

$x\times3\div4=18$

$x\times3=18\times4$

$x\times3=72$

$x=72\div3$

$x=24$

(3) $12-x=98\div14$

$12-x=7$

$x=12-7$

$x=5$

(4) $6\times x\div3+4=20$

$6\times x\div3=20-4$

$6\times x\div3=16$

$2\times x=16$

$x=16\div2$

$x=8$

(5) $x\times12-8=4\times16$

$x\times12-8=64$

$x\times12=64+8$

$x\times12=72$

$x=72\div12$

$x=6$

(6) $36\div x+5=6\div\frac{2}{3}$

$36\div x+5=9$

$36\div x=9-5$

$36\div x=4$

$x=36\div4$

$x=9$

5 (2) $(253\times28+16)\div23$

$=\{23\times(11\times28)+16\}\div23$

$=308$ あまり 16

6 (2) $\frac{4}{5}\div x=\frac{1}{2}\div\frac{5}{6}$

$\frac{4}{5}\div x=\frac{1}{2}\times\frac{6}{5}$

$\frac{4}{5}\div x=\frac{3}{5}$

$x=\frac{4}{5}\div\frac{3}{5}$

$x=\frac{4}{3}=1\frac{1}{3}$

7 $4\times(9-x)=48\div(2\times3)$

$4\times(9-x)=48\div6$

$4\times(9-x)=8$

$9-x=8\div4$

$9-x=2$

$x=9-2=7$

10 比例と反比例

標準クラス

p.40〜41

1 (1)△，$y=6\div x$　(2)×

(3)○，$y=10\times x$　(4)○，$y=\frac{5}{6}\times x$

(5)×

2 (1)5 m　(2)48 g　(3)72 円

3 48 分

4 ア 1.25　イ 4　ウ 48

5 (1)36　(2)20

(3)A 5 回転，C 9 回転

解き方

1 問題文から x の値が 2 倍，3 倍……になると y の値がどのように変わるか考えます。判断がつかないときは，x か y のどちらか一方に適当な数字をあてはめて，x と y の変わりかたを調べます。

> **ポイント　比例と反比例**
>
> 〈比例〉2 つの量A，Bがあって，Aが 2 倍，3 倍，……になると，Bも 2 倍，3 倍，……になるとき，AとBは比例するといいます。
> 比例する 2 つの量A，Bの関係は，次の式で表されます。
>
> 　A＝決まった数×B
>
> 〈反比例〉2 つの量A，Bがあって，Aが 2 倍，3 倍，……になると，Bは$\frac{1}{2}$倍，$\frac{1}{3}$倍，……になるとき，AとBは反比例するといいます。
> 反比例する 2 つの量A，Bの関係は，次の式で表されます。
>
> A＝決まった数÷B　または，A×B＝決まった数

(2)x が 2 倍，3 倍になると y は小さくなるが，$\frac{1}{2}$ 倍，$\frac{1}{3}$ 倍……にならないので反比例ではありません。

(4)走る時間が 2 倍，3 倍……になると，進む道のりも 2 倍，3 倍……になります。

2 (1)図 1 のグラフより，3 m のとき 240 g だから，

1 m は 240÷3＝80(g)

したがって，400÷80＝5(m)

(2)80×0.6＝48(g)

(3)1 m で 80 g だから，45×(80÷50)＝72(円)

3 $80\div\left(1-\frac{3}{8}\right)=128$(分)　128－80＝48(分)

4 ア 8 分間で 10 cm 燃えることから，1 分間では，

10÷8＝1.25(cm)

イ，ウ 1 cm 燃えるのにかかる時間は，

8÷10×60＝48(秒)

残り 4 cm になるまでにかかる時間は，

48×(10－4)＝288(秒)より，4 分 48 秒後。

5 (1)それぞれの歯車の回転数の積は等しいから，

12×3÷1＝36

(2)12×5÷3＝20

(3)36 と 20 の最小公倍数は 180 だから，

Aは，180÷36＝5(回転)

Cは，180÷20＝9(回転)

ハイクラス

p.42〜43

1 (1)理由…使用時間が 1 時間から 2 時間，3 時間，……と 2 倍，3 倍，……になるとき，ガス代が 18÷9＝2，27÷9＝3，……と 2 倍，3 倍，……になるので比例の関係である。

答え…比例

(2)783 円　(3)111 時間　(4)148 時間

2 250 km

3 (1)$y=12\times x$，オ

(2)$y=40\div x$，エ

(3)$y=30\times x$，ウ

(4)$y=150-3\times x$，イ

4 (1)3　(2)$1\frac{1}{3}$

解き方

1 (2)1 時間の代金が 9 円より，

9×87＝783(円)

(3)1000÷9＝111.1…(時間)より，111 時間。

(4)1 時間あたりのガス代は，9×1.5＝13.5(円)

したがって，2000÷13.5＝148.1…(時間)より，148 時間。

2 ガソリン 1 L で 100 円より，2000 円では，

2000÷100＝20(L) 買えます。

1 L では，150÷12＝12.5(km) 走るから，

20 L では 12.5×20＝250(km) 走ります。

3 (1)$3\times x\times 4=y$，$y=12\times x$

(2)$x\times y=40$，$y=40\div x$

(3)(1)と同じように，y＝決まった数×x の形になっており，y は x に比例しているが，x，y は整数であるので，ウのような点がならんだグラフになります。

(4)x 分後には $3\times x$ L の水がぬかれるので，水そ

うの中の水は $150-3\times x$(L)

4 (1) $x\times y=b$
長方形 OABC の面積も $x\times y$ で表せるから,
$b=3$
(2) 長方形 ODEF の面積は長方形 OABC の面積と等しいから, 3 cm^2
OD の長さは, $3\div 6=0.5$(cm)
長方形 ODGC の面積は $3-2=1(\text{cm}^2)$だから,
OC の長さは, $1\div 0.5=2$(cm)
AB の長さも 2 cm で, 長方形 OABC の面積は 3 cm^2 だから, OA の長さは, $3\div 2=1.5$(cm)
よって, $y=a\times x$ のグラフは, $x=1.5$, $y=2$ の点を通るので,
$2=a\times 1.5$　$a=1\frac{1}{3}$

11 速さとグラフ

p.44〜45

1 (1) 時速 4 km　(2) 下の図　(3) 5 分

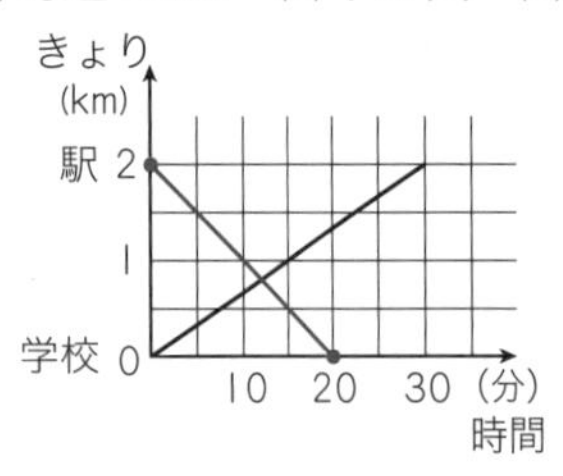

2 (1) 時速 80 km　(2) 7 分間
3 (1) 25 分後　(2) 12 分間
4 (1) 学さんが 1 周するのにかかる時間
(2) 2 分 40 秒後
5 (1) 午前 7 時 6 分　(2) 毎分 125 m

解き方

1 (1) グラフから 30 分で 2 km 歩いているので, 60 分で 4 km 進む速さで歩いています。
(2) 和子さんは駅から出発するので 0 分のとき 2 km のところからグラフが始まります。和子さんは時速 6 km で歩くので, 2 km 進むのにかかる時間は, $2\div 6=\frac{1}{3}$(時間)=20(分)となり, 横の目もり 20 分のところで 0 km となります。
(3) 学校と駅のちょうど真ん中の地点はグラフの縦の目もりの 1 km のところで, 昭子さんは出発して 15 分後に通ります。和子さんは(2)のグラフより 10 分に 1 km のところを通っているので, 5 分遅く出発する必要があります。

2 (1) 45 分$=\frac{45}{60}$時間$=\frac{3}{4}$時間
$60\div\frac{3}{4}=60\times\frac{4}{3}=80$
(2) 時速 96 km=分速 $\frac{96}{60}$ km=分速 1.6 km
$(188-60)\div 1.6=80$(分)
$132-(45+80)=7$(分)

3 (1) 特急列車の分速は $18\div(27-12)=\frac{6}{5}$(km)
より, $30\div\frac{6}{5}=25$(分後)
(2) 普通(ふつう)列車の分速は $18\div 21=\frac{6}{7}$(km)より,
30 km 進むのにかかる時間は,
$30\div\frac{6}{7}=35$(分)
特急列車は $12+25=37$(分)にQ駅に着くから, $37+10-35=12$(分間)

4 (1) Cのところが 200 m をさしているので, Dは, 学さんが 1 周 200 m のトラックを 1 周するのにかかる時間になります。
(2) E と F の差が光さんと学さんの差(学さんのおくれ)で, EF=150 m は 2 分後を示しているので, 1 分間では $150\div 2=75$(m)より, 75 m の差がつきます。
1 周(200m)では,
$200\div 75=2\frac{2}{3}$(分)
$\frac{2}{3}$分$=\frac{2}{3}\times 60$秒=40 秒 だから, 2 分 40 秒

5 (1) A さんの分速は, $300\div 4=75$(m)
450 m の位置に達するのは,
$450\div 75=6$(分後)
(2) $(15-6)$分間で 450 m 追いつくので,
$450\div(15-6)=50$(m)
2 人の速さの差は毎分 50 m より,
$75+50=125$(m)

ハイクラス

p.46〜47

1 (1) 毎分 100 m　(2) 8　(3) 毎分 300 m
(4) 9 分後
2 (1) ① 45　② 65　(2) 9：4　(3) 1800 m
3 (1) 時速 15 km　(2) 時速 30 km　(3) 7.5 km
(4) 1 時間 35 分後
4 (1) 32 km　(2) ① 8 km　②時速 12 km
(3) 10 時

解き方

1 (1) 1500 m を 15 分で進んでいます。
(2) $600 \div 75 = 8$
(3) $(1500-600) \div (11-8) = 300$
(4) みわこさんの速さは分速 100 m だから，出発して 8 分後に 800 m 進み，ひかりさんは 600 m 進んでいるので，みわこさんが 200 m 先にいます。このあとひかりさんは分速 300 m のバスで進むので，$300-100=200$ より，ひかりさんが 1 分で 200 m 追いつくことになります。よって，ひかりさんがみわこさんを追い越すのはバスに乗ってから 1 分後。

2 (2) 純子さんの，家から公園までの速さと公園から競技場までの速さの比は 3：2 です。また，家から公園まで 30 分歩き，公園から競技場まで 20 分歩いています。このことから，家から公園までの道のりと公園から競技場までの道のりの比を求めると，
$(3 \times 30) : (2 \times 20) = 9 : 4$
(3) $2600 \times \frac{9}{9+4} = 1800$ (m)

3 (1) $5 \div \frac{20}{60} = 15$ より，時速 15 km
(2) $5 \div \frac{10}{60} = 30$ より，時速 30 km
(3) 妹は時速 10 km，姉は時速 30 km で進むので，姉が二度目に家を出てから妹に追いつくまでの妹と姉の速さの比は $10 : 30 = 1 : 3$ で，進む道のりの比も 1：3 です。比の差は $3-1=2$ で，比の差の 2 が 5 km にあたるので，$5 \div 2 = 2.5$，$2.5 \times 3 = 7.5$ (km)
(4) 姉が二度目に家を出てから妹に追いつくまでにかかる時間は，
$7.5 \div 30 = 0.25$ (時間)，0.25 時間 ＝15 分
また，姉が妹に追いついてから祖父母の家に着くまでにかかる時間は，
$(20-7.5) \div 15 = \frac{5}{6}$ (時間)，$\frac{5}{6}$ 時間＝50 分
よって，$30+15+50=95$ (分)
95 分＝1 時間 35 分

4 (1) 時速 48 km のバスで 40 分かかるので，
$48 \times \frac{40}{60} = 32$ (km)
(2) ① バスは 8 時 50 分に B 町を出発し，9 時 20 分に聖子さんと出会います。この間の 30 分に走る道のりは，
$48 \times \frac{30}{60} = 24$ (km)
バスと出会うまでに聖子さんが走った道のりは，
$32-24=8$ (km)
② バスと出会うまでの 40 分で 8 km 走っているので，
$8 \div \frac{40}{60} = 12$ より，時速 12 km
(3) バスと聖子さんの速さの比は
時速 48 km：時速 12 km＝4：1
同じ道のりを進むのにかかる時間の比は 1：4 となります。
比の差は $4-1=3$ で，聖子さんが A 町を出発したのは 8 時 40 分で，バスが 2 回目に A 町を出発した時刻は 9 時 40 分だから，その差の 1 時間(60 分)が比の差の 3 にあたります。よって，$60 \div 3 = 20$ (分)より，バスが 2 回目に A 町を出発してから 20 分後に聖子さんが追いこされることになります。よって，
9 時 40 分＋20 分＝10 時

12 資料の調べ方

標準クラス

p.48～49

1 (1) 8 人　(2) 9 人　(3) 27.5%
(4) 12 番目から 23 番目のはんい
2 (1) 10 分以上 15 分未満
(2) 20%
3 (1) 35 人　(2) 6 点　(3) 19 人
4 (1) ㋐ 3，㋖ 9　(2) ㋓ 7，㋔ 4，㋕ 10
(3) ㋑ 2，㋒ 1，㋗ 9，㋘ 3

解き方

1 (1) $40-(4+5+12+6+3+2)=8$ (人)
(3) 一部の人数 ÷ 全体の人数 ×100 より，
$(6+3+2) \div 40 \times 100 = 27.5$ (%)
2 (2) $(4+2) \div 30 \times 100 = 20$ (%)
3 (2) $(0 \times 2 + 2 \times 2 + 3 \times 5 + 5 \times 7 + 7 \times 8 + 8 \times 5 + 10 \times 6) \div 35$
$= 6$ (点)
(3) 得点と正解した問題の関係は，
2 点…C だけ，3 点…B だけ，
5 点…A だけ，または B+C，7 点…A+C，
8 点…A+B，10 点…A+B+C
7 点以上の人数は $8+5+6=19$ (人) だから，
5 点のうち A だけができた人数は，
$23-19=4$ (人)
したがって，B と C ができた人数は，

7−4=3(人)

Bができた人数は，5+3+5+6=19(人)

4 (1)㋐=5−(1+1)=3，㋖=3+2+3+1=9

(2)国語の合計点は，

10×3+20×5+30×㋓+40×㋕+50×5

=33×30

30×㋓+40×㋕=610 ……①

人数は，3+5+㋓+㋕+5=30 より，

㋓+㋕=17 ……②

②の式を 30 倍して，

30×(㋓+㋕)=30×17

30×㋓+30×㋕=510 ……③

①，③の 2 つの式から，

30×㋓+40×㋕=610

30×㋓+30×㋕=510

10×㋕=100

㋕=10

17−10=7 より，㋓=7

また，10−(1+2+3)=4 より，㋔=4

(3)小数第 1 位を四捨五入して 31 になる数は，30.5 以上 31.5 未満です。算数の合計点は，30.5×30=915，31.5×30=945 より，915 点以上 945 点未満ですが，各問 10 点より，920 点，930 点，940 点のいずれかです。よって，

10×2+20×7+30×9+40×㋗+50×㋘

=920，930，940

40×㋗+50×㋘=490，500，510 ……④

人数から，2+7+9+㋗+㋘=30

㋗+㋘=12 ……⑤

⑤の式を 40 倍して，

40×(㋗+㋘)=40×12

40×㋗+40×㋘=480 ……⑥

④，⑥の 2 つの式から，

40×㋗+50×㋘=490，500，510

40×㋗+40×㋘=　　　480

10×㋘= 10， 20， 30

㋘= 1， 2， 3

50 点に 2 人いることから，㋘は 2 より大きい数だから，㋘=3

㋗=12−3=9，㋑=9−(1+4+2)=2，

㋒=3−2=1

ハイクラス

p.50〜51

1 (1)17.5%

(2)13 番目から 18 番目

2 (1)144°

(2)10 cm

3 5.9

4 (1)カ　(2)40 人　(3)13

5 (1)5　(2)16 人

(3)13 人以上 16 人以下

解き方

1 (1)7÷40×100=17.5(%)

(2)80 点以上は，8+4=12(人)

70 点以上は，6+12=18(人)

2 (1)$360° \times \frac{16}{40} = 144°$

(2)$1.75 \div \frac{7}{40} = 10$(cm)

3

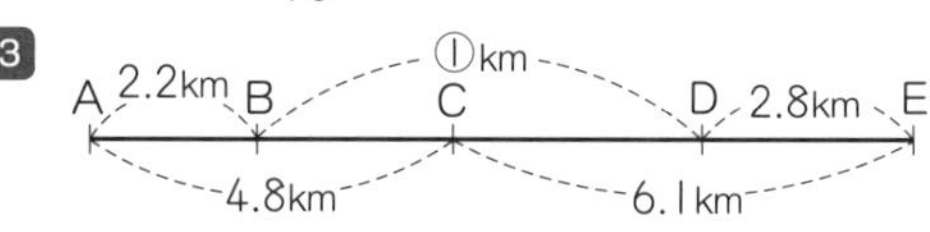

BC 間は，4.8−2.2=2.6(km)

CD 間は，6.1−2.8=3.3(km)

① =2.6+3.3=5.9

4 (2)通学時間が 40 分以上の生徒は，全体の 25% にあたるから，

(3+5+2)÷(1−0.75)=40(人)

(3)40−(2+7+8+3+5+2)=13

5 (1)(40−1×12−2×6−3×2)÷2=5

(2)右の図の色をぬった部分の人数だから，

1×2+2×3+3+5

=16(人)

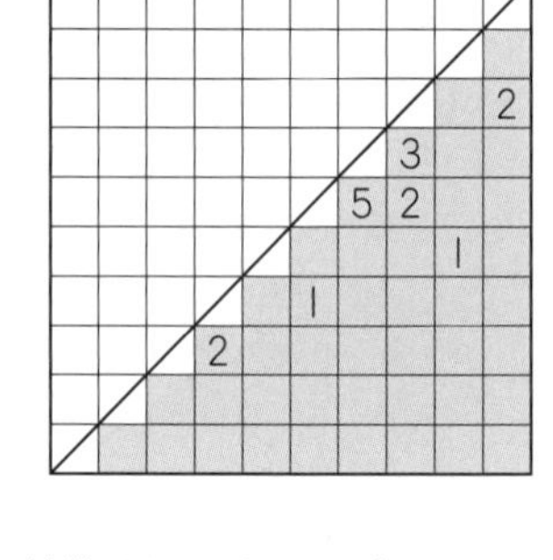

(3)㋐〜㋒の条件で整理したとき，

国語の 51〜60，算数 41〜50 の 1 人

国語の 41〜50，算数 41〜50 の 2 人

が合計 100 点以上も 100 点以下も考えられることから，

1×6+2×2+3=13，13+3=16 より，

13 人以上 16 人以下

13 場合の数

標準クラス

p.52〜53

1 (1)6 通り　(2)15 通り

2 15 通り

3 (1)3 種類　(2)10 個

4 (1)24通り (2)12通り

5 (1)3通り (2)9通り (3)15通り

6 考え方…(例)先にりんご，みかん，ももを1個ずつ買う。残りの2個の選び方は，(りんご，りんご)(りんご，みかん)(りんご，もも)(みかん，みかん)(みかん，もも)(もも，もも)の6通り

答え…6通り

7 36通り

解き方

1 (1)百の位が1のとき，十の位と一の位は23と32の2通りあります。百の位を2，3にしたときもそれぞれ2通りあるので，全部で，

$2\times3=6$(通り)

(2)1けたの数は，1，2，3の3通り。

2けたの数は十の位が1のとき，12，13の2通りで，十の位が2，3の場合もそれぞれ2通りあるので，

$2\times3=6$(通り)

3けたの場合は，(1)より6通り。

したがって，全部で，$3+6+6=15$(通り)

ポイント 場合の数の求め方

1，2，3，4の4つの数字が書かれたカードをならべて4けたの数をつくります。

①小さい(大きい)数から順にならべて書く。

②千の位をたとえば1と決めて，残り2，3，4の中から百の位を決めて何通りできるか考えて，4倍する。

③下のような図(樹形図(じゅけいず)という)をかいて考える。

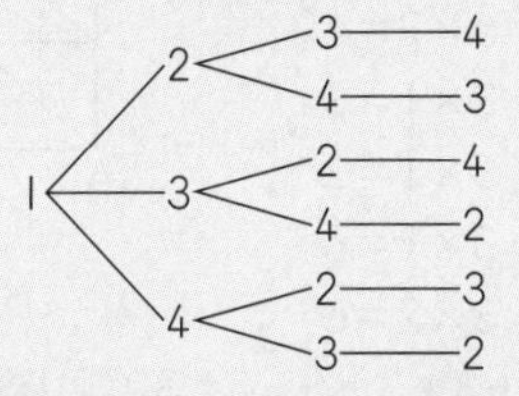

千の位が1のとき6通りで，千の位も4通りあるから，$6\times4=24$(通り)

④上の図をもとに，千の位が4通り，百の位が残りの3通り，十の位が残りの2通り，一の位が残りの1通り。

したがって，$4\times3\times2\times1=24$(通り)

2 1回目が4の場合は6通り。

1回目が1，3，5の場合は，2回目が4のみの3通り。

1回目が2，6の場合は，2回目が2，4，6のときの6通り。

したがって，$6+3+6=15$(通り)

3 (1)

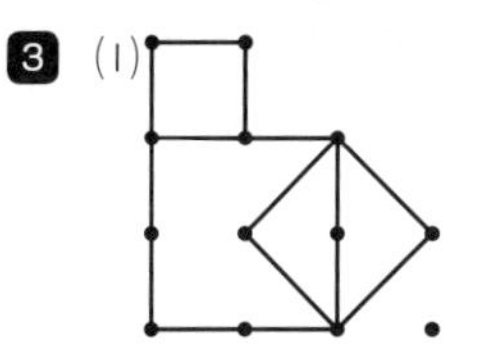

(2)小さい正方形6個，ななめ3個，大きい正方形1個で，全部で10個できます。

4 (1)第1走者がAのときは，(ABCD)(ABDC)(ACBD)(ACDB)(ADBC)(ADCB)の6通りの順番があります。第1走者がB，C，Dのときも同様に6通りずつの順番になるので，

$6\times4=24$(通り)

樹形図をかいてもよいです。

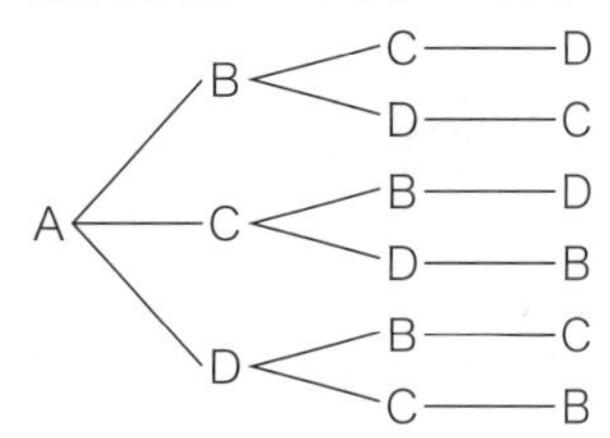

(2)第1走者をAにするときは6通りで，第4走者をAにするときも同じ考え方で6通りの順番になるので，$6+6=12$(通り)

5 (1)上か右にしか進めないことに注意します。

(2)横方向の道で，Dの上側を通るときが6通り，Dの下側を通るときが3通り。

(3)縦方向の道の通り方を考えるため，下の図のように縦の道にア～コの記号をつけます。

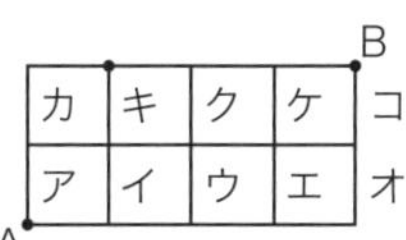

ア～オから1つ，カ～コから1つ選んで組み合わせると1通りの進み方ができます。例えば(イ，ク)のときは次のような進み方になります。

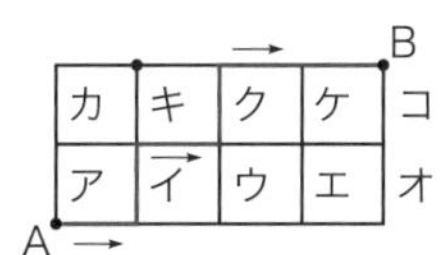

ただし，(ウ，キ)のような選び方は遠回りになるので選べないことに注意します。

縦の道の選び方を全部書き出すと，(ア，カ)(ア，キ)(ア，ク)(ア，ケ)(ア，コ)(イ，キ)(イ，ク)(イ，ケ)(イ，コ)(ウ，ク)(ウ，ケ)(ウ，コ)(エ，ケ)(エ，コ)(オ，コ)で，全部で15通りあります。

6 りんごを○，みかんを△，ももを□のように記号や図を使ってもよいです。先に1個ずつ選び，残り

の２個の選び方を考えて，数えあげるようにします。

7 ㋐のぬり方は４通り，㋑のぬり方は残りの３通り，㋒のぬり方は㋑で使った色以外の３通り。
よって，4×3×3＝36(通り)

ハイクラス

p.54〜55

1 (1)18通り　(2)10通り
2 23通り
3 (1)18通り　(2)25通り
4 213
5 35本
6 (1)6通り　(2)30通り
7 6通り

解き方

1 (1)百の位は１，２，３の３通り，十の位は残りの３通り，一の位は残りの２通り。
したがって，全部で，3×3×2＝18(通り)
(2)偶数(ぐうすう)ということから，一の位の数は０か２
０の場合は，百の位が１，２，３の３通り，十の位が残りの２通りで，3×2＝6(通り)
２の場合は，百の位に０は使えないので，１，３の２通り，十の位が残りの２通りで，
2×2＝4(通り)
したがって，全部で，6＋4＝10(通り)

2 樹形図をかいて数えあげます。

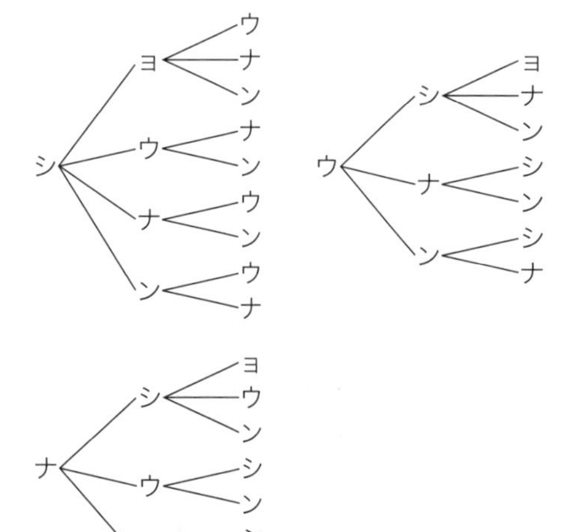

3 (1)３つのさいころの目の和が奇数になるのは，(5，奇数，奇数)と(5，偶数，偶数)の場合です。
奇数の目は１，３，５の３つあるので，残り２個のさいころがどちらも奇数になるような出方は，
3×3＝9(通り)
偶数の目は２，４，６だから，同様に９通りの出方があります。よって，9＋9＝18(通り)
(2)３つのさいころの目の和が12になるのは，
(6，5，1)(6，4，2)(6，3，3)(5，5，2)(5，4，3)(4，4，4)のときです。
このうち，(6，5，1)(6，4，2)(5，4，3)のように３つの数が異なるときは，大，中，小の目の数が３つの数のどれかになります。
それぞれについて出方は3×2×1＝6(通り)あるので，
6×3＝18(通り)
次に，(6，3，3)(5，5，2)のように２つの数が同じときには，それぞれについて出方が３通りあるので，
3×2＝6(通り)
最後に(4，4，4)の出方は１通りです。
これらの出方を合わせて，18＋6＋1＝25(通り)

4 できる３けたの整数を大きい順に書き出すと，
332，331，323，321，313，312，311，233，231，213，…となります。

5 十角形の場合，１つの頂点からひける対角線は，その頂点自身と両どなりの頂点にはひけないので，７本になります。十角形には10個の頂点があるから，7×10＝70(本)ひけますが，同じ対角線を２回数えているので，２でわって，35本。

6 (1)Ａから次の頂点へいく辺が３通り，
その頂点から次の頂点へいく辺が２通り，
そして，Ｂへは１通りより，3×2×1＝6(通り)
(2)右の図のように，Ｃから２回もどったときの頂点を，Ｂ，Ｄ，Ｅ，Ｆ，Ｇとするとき，
Ａ→Ｂ→Ｃ　6×2＝12
Ａ→Ｄ→Ｃ　3×1＝3
Ａ→Ｅ→Ｃ　3×1＝3
Ａ→Ｆ→Ｃ　3×2＝6
Ａ→Ｇ→Ｃ　3×2＝6
よって，12＋3＋3＋6＋6＝30(通り)

7 向かい合う面はそれぞれ同じ色になるので，向かい合わない２つの面のぬり方が決まれば，向かい合わない残り１つの面も決まります。
２つの面のぬり方は，(赤，青)，(赤，黄)，(青，赤)，(青，黄)，(黄，赤)，(黄，青)の６通り。

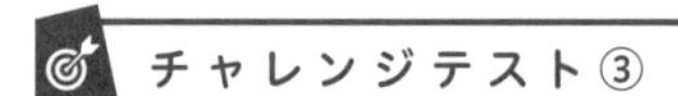

チャレンジテスト③

p.56〜57

1 (1)8000　(2)34
2 34：35

③ (1) $a\times0.7\times b=c$

(2) $80\times\dfrac{a}{60}\times1000=b$

④ (1) 25 回転　(2) 4 分 48 秒後

⑤ (1) 5：3　(2) 35 分間

(3) 自宅からＡ地点　$9\dfrac{1}{3}$ km,

Ａ地点から学校　5 km

⑥ (1)　9 時 26 分　(2) 分速 2 km　(3) 18 km

解き方

① (1) $\dfrac{1}{3}:0.75=\dfrac{1}{3}:\dfrac{3}{4}=4:9$

18 m³＝18000 L より,

$\square=18000\div9\times4=8000$

(2) $10-\dfrac{\square}{37}=14\div37\times24$

$10-\dfrac{\square}{37}=9\dfrac{3}{37}$

$\dfrac{\square}{37}=10-9\dfrac{3}{37}$

$\dfrac{\square}{37}=\dfrac{34}{37}$

$\square=34$

② AB を 1 とすると,

$PQ=PB-QB=\dfrac{5}{2+5}-\dfrac{4}{5+4}=\dfrac{5}{7}-\dfrac{4}{9}=\dfrac{17}{63}$

$QR=QB-RB=\dfrac{4}{5+4}-\dfrac{1}{5+1}=\dfrac{4}{9}-\dfrac{1}{6}=\dfrac{5}{18}$

したがって, $PQ:QR=\dfrac{17}{63}:\dfrac{5}{18}=34:35$

別解　AP：PB＝2：5,

AQ：QB＝5：4

AR：RB＝5：1 より, 比の和の 7 と 9 と 6 の最小公倍数 126 に比をそろえると,

AP：PB＝36：90,

AQ：QB＝70：56,

AR：RB＝105：21

よって, PQ＝70－36＝34, QR＝56－21＝35 より,

PQ：QR＝34：35

③ (1) 3 割引きの値段は, 定価の 7 割にあたります。

(2) 時間と長さの単位を直します。

④ (1) 6 分間でＡは 10 回転するから,

30×10÷12＝25(回転)

(2) 30 と 12 と 48 の最小公倍数は 240 だから, ふたたびいっちするのはＡが 240÷30＝8(回転)するときです。

Ａが 8 回転するのにかかる時間は,

$8\div\dfrac{5}{3}=4\dfrac{4}{5}$(分)　$4\dfrac{4}{5}$ 分＝4 分 48 秒

⑤ (1) 上り坂と下り坂での速さの比は,

時速 12 km：時速 20 km＝3：5

かかる時間の比は速さの逆比になるので, 5：3

(2) 行きと帰りにかかった時間の差は 10 分で, 上り坂と下り坂の速さの違いが 10 分の差に表れています。

かかる時間の比は 5：3 だから, 比の差は 5－3＝2 で, 比の差 2 が時間の差 10 分にあたるので, 行きの上り坂でかかった時間は

$10\times\dfrac{5}{2}=25$(分)

行きにかかった時間は全部で 1 時間だから,

60－25＝35(分)

(3) 自宅からＡ地点　$16\times\dfrac{35}{60}=\dfrac{28}{3}=9\dfrac{1}{3}$(km)

Ａ地点から学校　$12\times\dfrac{25}{60}=5$(km)

⑥ (1) グラフが折れ曲がるところでの普通列車と特急列車の動きをつかむようにします。

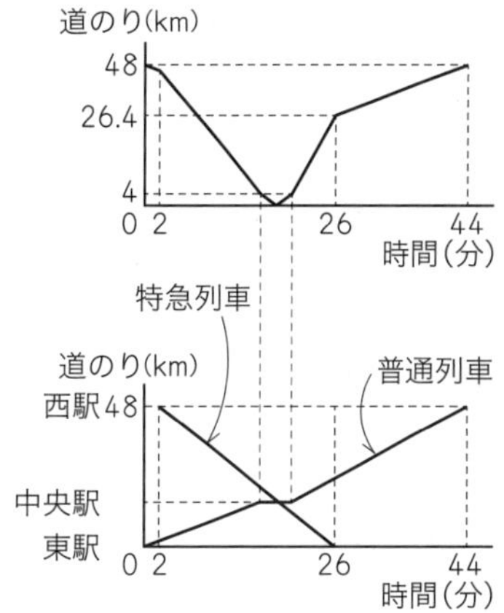

(2) 9 時 2 分に西駅を出発して 9 時 26 分に東駅に着いているので, 48÷(26－2)＝2 より, 分速 2 km

(3) 普通列車の速さは,

(48－26.4)÷(44－26)＝21.6÷18＝1.2

より, 分速 1.2 km です。

特急列車の速さは分速 2 km で, グラフの道のりが 0 になる前後に注目すると, 4÷2＝2(分) より, 2 つの列車が中央駅ですれちがうとき, 普通列車はその前後の 2 分間ずつ, 合計 4 分間停車していることがわかります。

すれ違った後の 2 分間は特急列車だけが走っており, その後は普通列車と特急列車はどちらも走っています。

$(26.4-4)\div(2+1.2)=22.4\div3.2=7$ より，9時26分の7分前に普通列車が中央駅を発車していることがわかり，その2分前には普通列車と特急列車がすれちがっています。
すれちがってから9分後に特急列車が東駅に到着しているので，その間に特急列車が走った道のりは
$2\times9=18$(km)

チャレンジテスト④

p.58～59

1 (1)0.4　(2)5.3　(3)$\frac{5}{6}$
2 18通り
3 (1)1.25倍　(2)50分
(3)時速 3.6 km
4 (1)6人
(2)右のグラフ
(3)10%
5 (1)90 cm　(2)10　(3)22.5

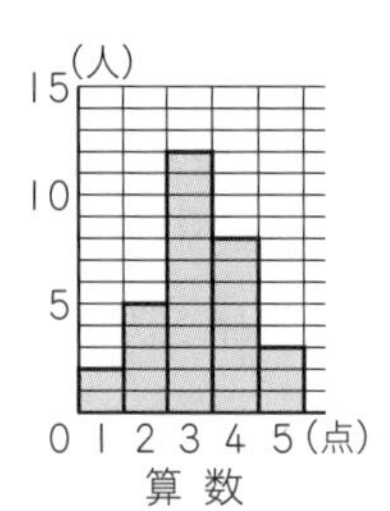

解き方

1 計算の順序にしたがって，先に計算できるところを計算して式を簡単にしてから，逆算します。

(1)$0.75\div1.2\times0.32\div x=0.5$
$0.2\div x=0.5$
$x=0.2\div0.5$
$x=0.4$

(2)$8.1+3\times x-10.6=6.7\times2$
$8.1+3\times x-10.6=13.4$
$3\times x=13.4-8.1+10.6$
$3\times x=15.9$
$x=15.9\div3$
$x=5.3$

(3)$2925-(5-x)+\frac{25}{6}-2925=0$
$5-x=\frac{25}{6}$
$x=5-\frac{25}{6}$
$x=\frac{5}{6}$

2 500円玉を2枚(まい)使う場合，1枚使う場合，1枚も使わない場合というように場合分けして考えます。500円玉を2枚使う場合が1通り。500円玉を1枚使う場合は，100円玉を0～5枚使う場合の6通り。500円玉を使わない場合は，100円玉を0～10枚使う場合の11通り。
よって，$1+6+11=18$(通り)

3 (1)速さの比は，$1:\left(1-\frac{1}{5}\right)=5:4$
時間の比は $4:5$ より，$5\div4=1.25$(倍)

(2)速さを減らさずに残り $\frac{3}{4}$ を選んだときにかかる時間は，
$10\div(1.25-1)=40$(分)
したがって，$40\times1.25=50$(分)

(3)速さを減らさなければ残りを40分でいけることから，時速は，
$3.2\times\left(1-\frac{1}{4}\right)\div40\times60=3.6$(km)

4 (1)国語が4点の人は，グラフから14人
よって，㋐$=14-(2+4+2)=6$
(2)表より，$3+6+3=12$(人)
(3)クラスの人数は，$2+8+14+6=30$(人)
$3\div30\times100=10$(%)

5 グラフが折れるところに目をつけて，点の動きを考えます。

(1)点Pと点Qの動いた道のりの和を考えます。
出発してから1回目に出会うまで点Pと点Qが動いた道のりの和はAB間の道のりに等しいので，30 cm です。
その後，1回目に出会ってから2回目に出会うまでに点Pと点Qが動いた道のりの和はAB間1往復分にあたるので，30 cm の2倍で60 cm となります。
これより，$30+60=90$(cm)

(2)アは点Pと点Qが出発してから1回目に出会う時間です。動きが速いほうの点は18秒で30 cm 進むので，その速さは $30\div18=\frac{5}{3}$
$\left(毎秒\ \frac{5}{3}\ \text{cm}\right)$
動きが速いほうの点が出発してから30秒間に進む道のりは $\frac{5}{3}\times30=50$(cm)
すると，動きが遅いほうの点が30秒で進む道のりは，$90-50=40$(cm)だから，
その速さは $40\div30=\frac{4}{3}$ $\left(毎秒\ \frac{4}{3}\ \text{cm}\right)$
これより，2つの点が1回目に出会うまでにかかる時間は，$30\div\left(\frac{5}{3}+\frac{4}{3}\right)=10$(秒)

(3)イは動きが遅いほうの点が出発してから反対側の点に着く時間です。その間に進む道のりは30 cm だから，$30\div\frac{4}{3}=\frac{45}{2}=22.5$(秒)

14 対称な図形

標準クラス

p.60〜61

1 (1)ア，イ，ウ，エ，カ，キ，ク

(2)ア，イ，オ，カ，ク

2 (1)点オ　(2)4 cm

(3)

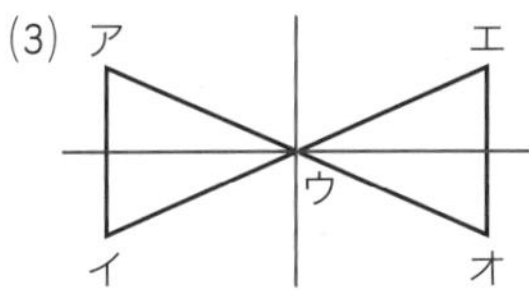

3 12 本

4 (1) (2)

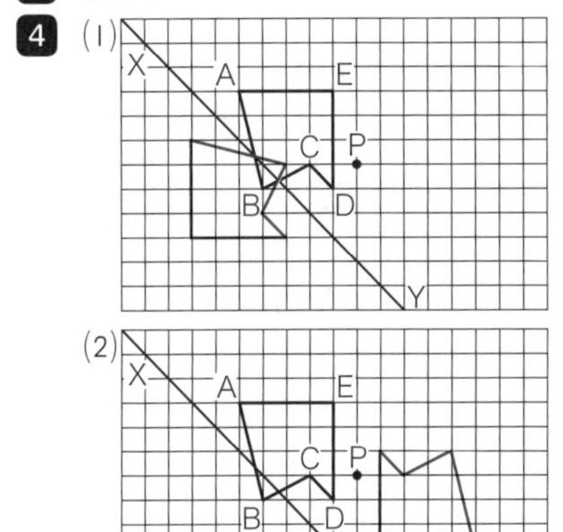

5 (1)(例)

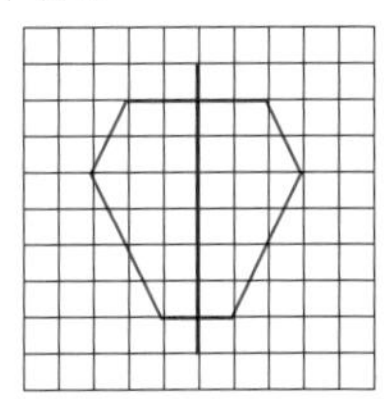

(2)(例)

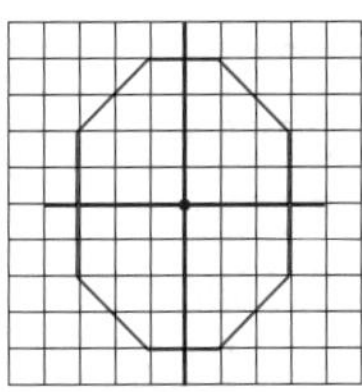

6 (1)36 cm^2　(2)24 cm^2

解き方

1 (1)線対称な図形は，対称の軸がひけることが条件になります。

対称の軸がひける図形は，下のとおりです。

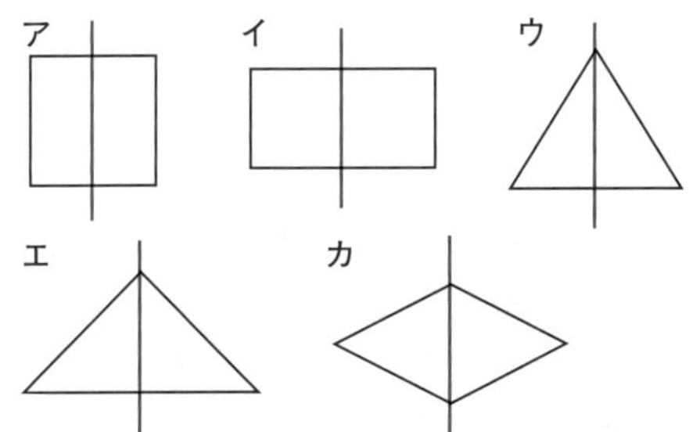

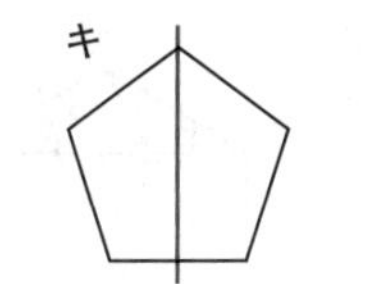

ポイント　対称の軸

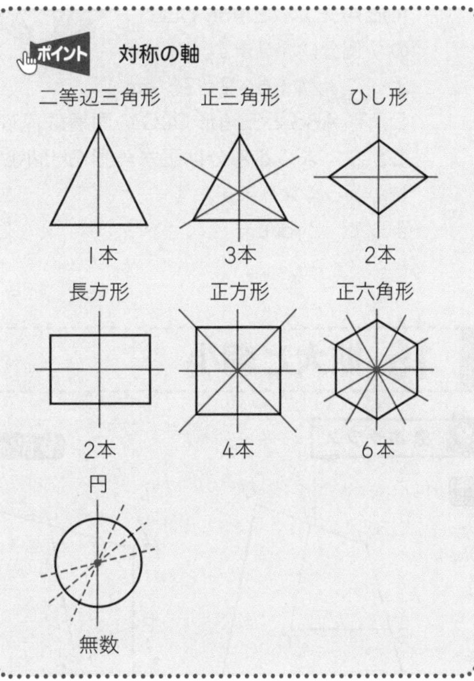

3 正多角形では，辺の数と同じ数だけ対称の軸があります。たとえば，正六角形の対称の軸は 6 本。

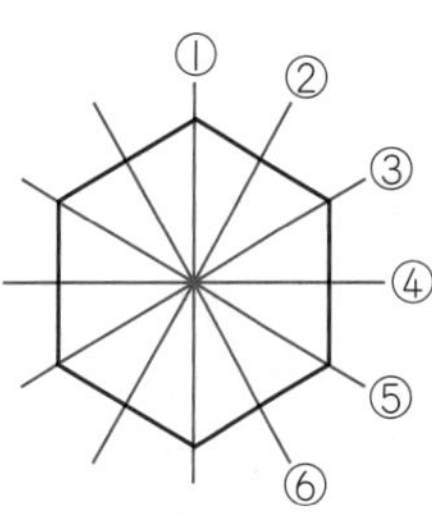

4 (1)A を通って直線 XY に垂直な直線が XY と交わる点を M とします。

XY に対して A と反対側にあり，AM と等しい長さのところにある点が，A に対応する点です。

ポイント　線対称・点対称

㋐線対称な図形では，対応する 2 つの点を結ぶ直線は，対称の軸によって垂直に 2 等分されます。

㋑点対称な図形では，対応する 2 つの点を結ぶ直線は，対称の中心を通り，対称の中心によって 2 等分されます。

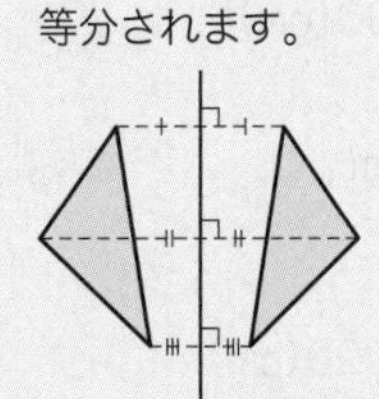

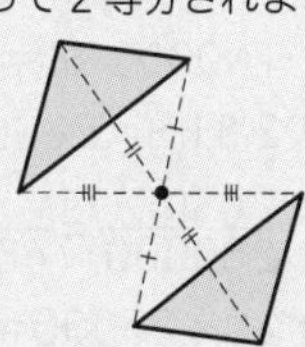

6 (1)右の図のように，正六角形の中心をOとすると，三角形 AGL と三角形 OLG の面積が等しいことから，三角形 ACE は，三角形 OLG の 9 個分になります。

よって，$24 \div 6 \times 9 = 36(cm^2)$

(2)三角形 ABG と三角形 OLG の面積は等しいことから，求める部分は正六角形 GHIJKL と面積が等しくなります。

よって，$24cm^2$

15 拡大と縮小

標準クラス

p.62〜63

1 (1)

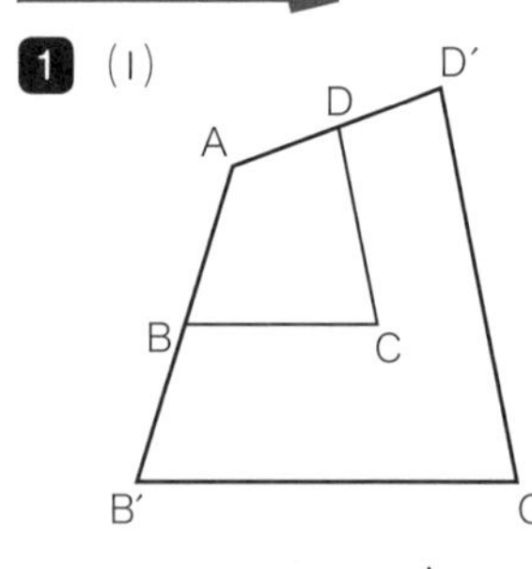

(2)

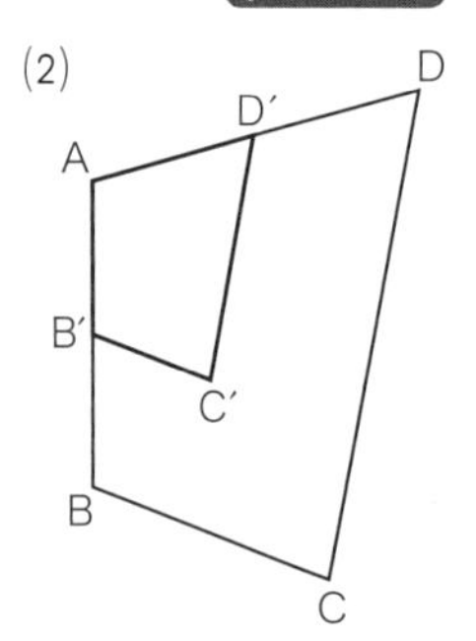

2 (1) 1km　(2) $\frac{1}{40000}$

(3) 1 時間 15 分

3 (1) 600 m　(2) 36 ha

4 $0.36\ km^2$

5 (1) $1800\ m^2$　(2) 100 cm

6 考え方…実際の土地の縦と横の長さはそれぞれ地図上の長さの 2000 倍だから，2000×2000＝4000000 より，実際の土地の面積は地図上の面積の 4000000 倍になる。

答え…4000000 倍

解き方

2 (1) $2 \times 50000 = 100000(cm)$

100000 cm＝1 km

(2) 2.8 km＝280000 cm

$\frac{7}{280000} = \frac{1}{40000}$

(3) $20 \times 25000 = 500000(cm)$

500000 cm＝5 km

$5 \div 4 = 1\frac{1}{4}$(時間)　$1\frac{1}{4}$ 時間＝1 時間 15 分

3 (1) $3 \times 20000 = 60000(cm)$

60000 cm＝600 m

(2) $600 \times 600 = 360000(m^2)$

$1\ ha = 100\ a = 10000\ m^2$ より，

$360000\ m^2 = 36\ ha$

4 地図上の正方形の面積は，$5 \times 5 = 25(cm^2)$

実際の面積は，

$25 \times 12000 \times 12000 = 3600000000(cm^2)$

$= 360000(m^2) = 0.36(km^2)$

5 (1)縮図(しゅくず)上の面積は，$(8+16) \times 6 \div 2 = 72(cm^2)$

実際の面積は，

$72 \times 500 \times 500 = 18000000(cm^2)$

$18000000cm^2 = 1800m^2$

(2) $\frac{1}{500}$ の縮図上のまわりの長さは，

$8+6+16+10 = 40(cm)$

実際のまわりの長さは，(40×500)cm だから，

$\frac{1}{200}$ にすると，$40 \times 500 \div 200 = 100(cm)$

6 多角形や円の拡大図では，辺や円の半径が 2 倍，3 倍，……になると，その面積は 2×2＝4 倍，3×3＝9 倍，……となります。

ハイクラス

p.64〜65

1 (1) 37.5 ha　(2) 15 分　(3) $6.25\ km^2$

2 $15000\ m^2$

3 $90\ km^2$

4 2355 m

5 $800\ m^2$

6 3.75 m

7 1050 cm

解き方

1 (1) $2 \times 3 \times 25000 \times 25000 = 3750000000(cm^2)$

$3750000000\ cm^2 = 375000\ m^2 = 37.5\ ha$

(2) $18 \times 50000 = 900000(cm)$

900000 cm＝9 km

$9 \div 36 = \frac{1}{4}$(時間)　$\frac{1}{4}$ 時間＝15 分

(3) $25000 \times 25000 = 625000000$

よって，

$100 \times 625000000 = 62500000000(cm^2)$

$62500000000\ cm^2 = 6.25\ km^2$

2 $6 \times 5000 \times 5000 = 150000000(cm^2)$

$150000000\ cm^2 = 15000\ m^2$

3 縮尺(しゅくしゃく)は，1800000÷12＝150000 より，

150000 分の 1

よって，実際の面積は，
$40\times150000\times150000$
$=900000000000(\text{cm}^2)$
$900000000000\ \text{cm}^2=90\ \text{km}^2$

4 地図上では，

$1.5\times2\times3.14\times2\frac{1}{2}=23.55(\text{cm})$

実際には，
$23.55\times10000=235500(\text{cm})$
$235500\ \text{cm}=2355\ \text{m}$

5 面積を $\frac{1}{300}$ の縮図にもどし，$\frac{1}{200}$ の縮図として計算します。
$1800\div300\div300\times200\times200=800(\text{m}^2)$

6 $4\ \text{m}=400\ \text{cm}$ だから，

$10\times\frac{150}{400}=3.75(\text{m})$

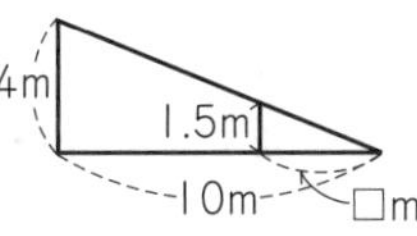

7

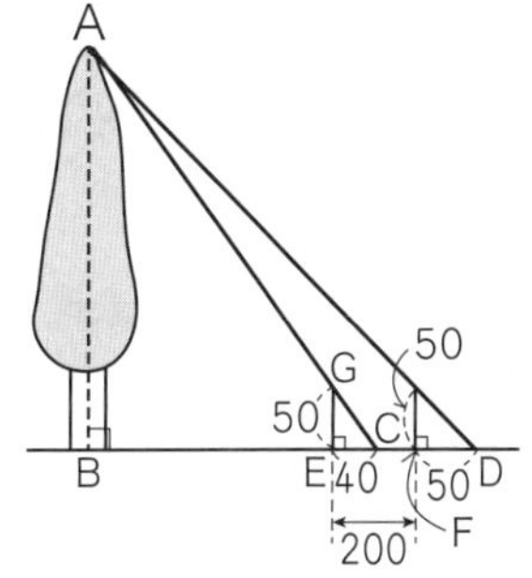

三角形 ABD は直角二等辺三角形より，
$AB=DB$
また，$AB:BC=GE:EC=5:4$ より，

$BC=\frac{4}{5}\times AB$

したがって，
$CD=DB-BC$

$=AB-\frac{4}{5}\times AB$

$=\frac{1}{5}\times AB$

$CD=EF-EC+FD$
$=200-40+50=210$
よって，$AB=5\times210=1050(\text{cm})$

16 円の面積

標準クラス　p.66～67

1 (1)$314\ \text{cm}^2$　(2)$200.96\ \text{cm}^2$
2 (1)$254.34\ \text{cm}^2$　(2)$301.44\ \text{cm}^2$
3 (1)$50.24\ \text{cm}^2$　(2)$706.5\ \text{m}^2$
4 (1)$235.5\ \text{cm}^2$　(2)$76.93\ \text{cm}^2$
5 $169.56\ \text{m}^2$
6 (1)$57.12\ \text{cm}$　(2)$41.28\ \text{cm}^2$

解き方

1 円の面積の公式は，**半径×半径×円周率** です。これにあてはめて考えます。
(1)直径が 20 cm だから，半径は 10 cm
$10\times10\times3.14=314(\text{cm}^2)$
(2)$8\times8\times3.14=200.96(\text{cm}^2)$

2 おうぎ形の面積は，中心角の大きさによって決まります。

(1)中心角が 90° なので，面積は円の $\frac{1}{4}$ になります。

$18\times18\times3.14\times\frac{1}{4}=254.34(\text{cm}^2)$

(2)中心角が 240° なので，面積は円の $\frac{2}{3}$ になります。

$12\times12\times3.14\times\frac{2}{3}=301.44(\text{cm}^2)$

3 (1)円の半径は $25.12\div3.14\div2=4(\text{cm})$ より，
$4\times4\times3.14=50.24(\text{cm}^2)$
(2)円の半径は $94.2\div3.14\div2=15(\text{m})$ より，
$15\times15\times3.14=706.5(\text{m}^2)$

4 (1)大きい円の面積から，小さい円の面積をひきます。
$10\times10\times3.14-5\times5\times3.14$
$=235.5(\text{cm}^2)$
(2)半径が 3.5 cm の半円を移動させると，色のついた部分の面積は，半径 7 cm の半円と同じになります。
$7\times7\times3.14\div2=76.93(\text{cm}^2)$

5 馬が動けるはん囲は，次の 3 つのおうぎ形の面積になります。

㋐…半径が 12 m の円の $\frac{1}{4}$

㋑…半径が 6 m の円の $\frac{1}{4}$

㋒…半径が 6 m の円の $\frac{1}{4}$

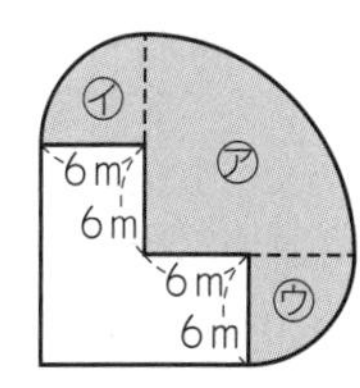

それぞれの面積の和を求めると，馬が動けるはん囲の面積がわかります。

㋐は，$12\times12\times3.14\times\frac{1}{4}=36\times3.14(\text{m}^2)$

㋑と㋒の和は，$6\times6\times3.14\times\frac{1}{4}\times2=18\times3.14(\text{m}^2)$

よって，$36\times3.14+18\times3.14=54\times3.14$
$=169.56(\text{m}^2)$

3.14の計算

図形の面積などを求めるときに3.14を使って計算するときは，分配法則を使って，まとめて計算したほうがよい。

6 (1)曲線部分を4つ合わせた長さは，半径が4 cmの円周と同じ長さになります。

$8\times4+8\times3.14=57.12$(cm)

(2)図形の中に補助線(ほじょせん)をひいてみると，㋐の形が12個あることがわかります。

㋐は1辺が8 cmの正方形の面積から，半径4 cmの円の面積をひいた面積の $\frac{1}{4}$ になっています。

よって，色のついた部分の面積は，

$(8\times8-4\times4\times3.14)\times\frac{1}{4}\times12$

$=41.28$(cm^2)

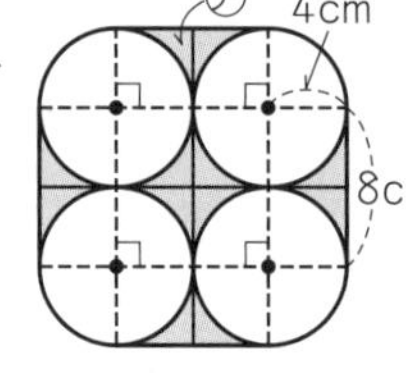

ハイクラス

p.68〜69

1 (1)78.5 cm^2　(2)4.56 cm^2

2 (1)72 cm^2　(2)49.68 cm

3 (1)67.1 cm　(2)28.5 cm^2

4 28.56 cm^2

5 18.84 cm^2

6 50.24 cm^2

7 ㋑のほうが1.065 cm^{2}だけ大きい。

解き方

1 (1)ずれている2つの半円を合わせると，1つの円になります。円の半径は $(8+2)\div2=5$(cm)より，求める面積は，

$5\times5\times3.14=78.5$(cm^2)

(2)右の図のように補助線をひくと，求める面積は，半径4 cmで中心角が90°のおうぎ形から等しい辺が4 cmの直角二等辺三角形をひいたものになります。

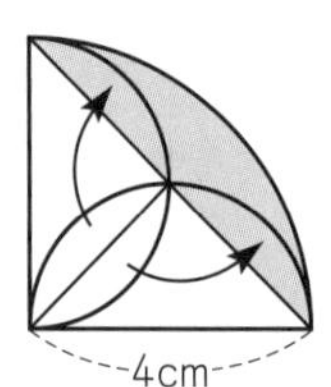

おうぎ形の面積は，

$4\times4\times3.14\div4=12.56$(cm^2)

よって，$12.56-4\times4\div2=4.56$(cm^2)

2 右の図のように，1つの円と縦(たて)12 cm，横6 cmの長方形でできています。

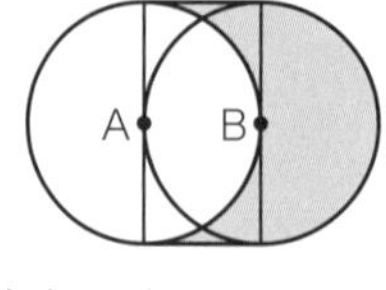

(1)右の半円を移動させると，色のついた部分は長方形になります。

$12\times6=72$(cm^2)

(2)$12\times3.14+6\times2=49.68$(cm)

3 (1)まわりの長さは，半径5 cmの円周と，半径10 cmで中心角が90°のおうぎ形のまわりの長さを合わせたものになります。

半径5 cmの円周は，$10\times3.14=31.4$(cm)

半径10 cmで中心角が90°のおうぎ形の曲線部分は，

$10\times2\times3.14\div4=15.7$(cm)

よって，$31.4+15.7+20=67.1$(cm)

(2)面積は，右の図のように色のついた部分を移動させると，半径10 cmで中心角が90°のおうぎ形から，対角線の長さが10 cmの正方形をひいたものになります。

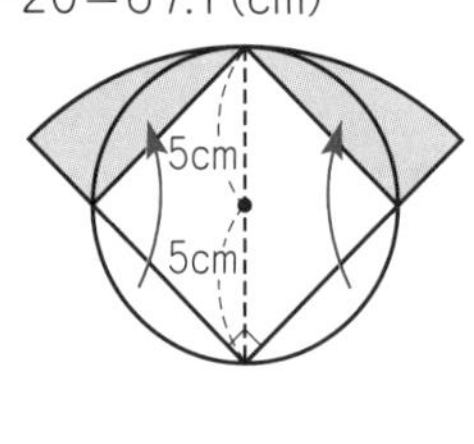

$10\times10\times3.14\div4-10\times10\div2=28.5$(cm^2)

4 右の図のように補助線をひき，一部を移動させると，色のついた部分の面積は，直角三角形CDNと中心角が90°のおうぎ形の面積の和に等しくなります。

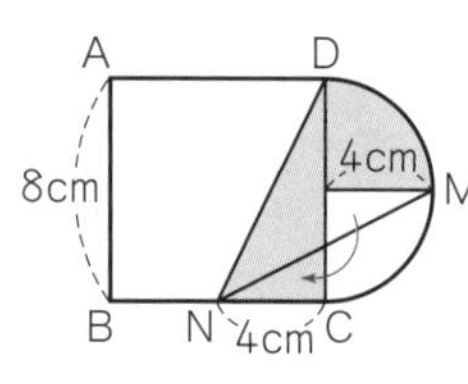

よって，

$4\times8\div2+4\times4\times3.14\div4=28.56$(cm^2)

5 右の図のように，色のついた部分を移動させると，

$6\times6\times3.14\times\frac{60}{360}$

$=18.84$(cm^2)

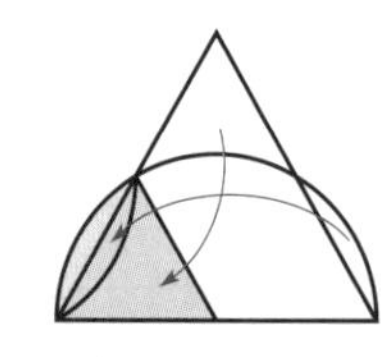

6 円がいくつあるかを考えます。四角形の内角の和は360°だから，頂点に中心のある4つのおうぎ形の中心角の和は360°となり，円1つ分になります。これと半円が6つあります。

$2\times2\times3.14+2\times2\times3.14\div2\times6$

$=50.24$(cm^2)

7 ㋐は直角三角形から白い部分を除(のぞ)いたもので，㋑はおうぎ形から白い部分を除いたものだから，㋐と㋑の差は，直角三角形とおうぎ形の面積の差に等しくなります。

直角三角形の面積は，$3\times4\div2=6$(cm^2)

次に，おうぎ形の面積は，
$3\times3\times3.14\div4=7.065(\text{cm}^2)$
2 つの差を求めると，
$7.065-6=1.065(\text{cm}^2)$

17 複雑な図形の面積

標準クラス

p.70〜71

1 47 cm^2
2 (1)66 cm^2　(2)19 cm^2　(3)10 cm^2
(4)20 cm^2
3 (1)14.25 cm^2　(2)200 cm^2
(3)32 cm^2　(4)145.125 cm^2
4 36.96 cm^2
5 68 cm^2

解き方

1 図形の一部がかかっているます目は 0.5 cm^2 として求めます。

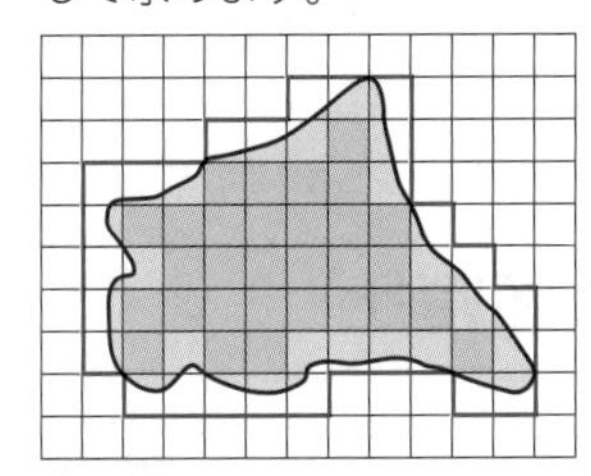

2 (1)$12\times6\div2+12\times5\div2=66(\text{cm}^2)$
(2)対角線で 2 つの三角形に分けて計算します。
$6\times4\div2+2\times7\div2=19(\text{cm}^2)$
(3)右の図より，対角線が垂直に交わっている四角形の面積は，ひし形の面積と同じように，**対角線×対角線÷2** で求めることができます。

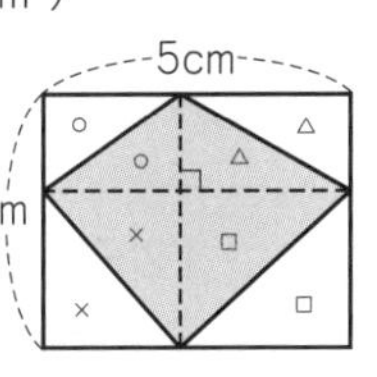

よって，$5\times4\div2=10(\text{cm}^2)$
(4)色のついた三角形を，右の図のように変形させると，底辺が 8 cm，高さが 5 cm の三角形になります。よって，$8\times5\div2=20(\text{cm}^2)$

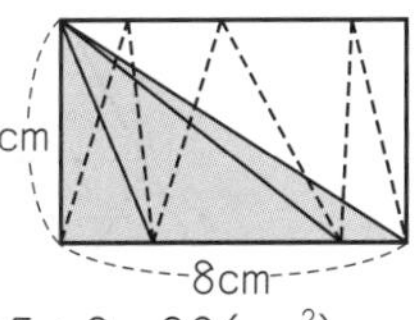

3 (1)半円の面積から，底辺が 10 cm，高さが 5 cm の三角形の面積をひきます。
$5\times5\times3.14\div2-10\times5\div2=14.25(\text{cm}^2)$
(2)色のついた部分の面積は，正方形の半分の大きさになります。
$20\times10=200(\text{cm}^2)$

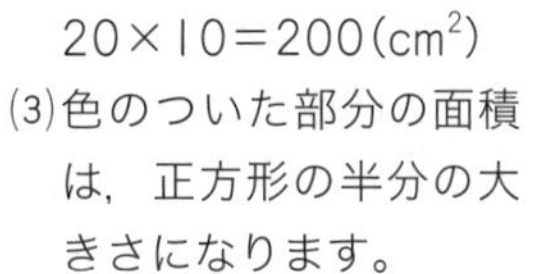

(3)色のついた部分の面積は，正方形の半分の大きさになります。
$8\times8\div2=32(\text{cm}^2)$
(4)右の図の㋐の面積は，
$15\times15-15\times15\times3.14\div4=48.375(\text{cm}^2)$

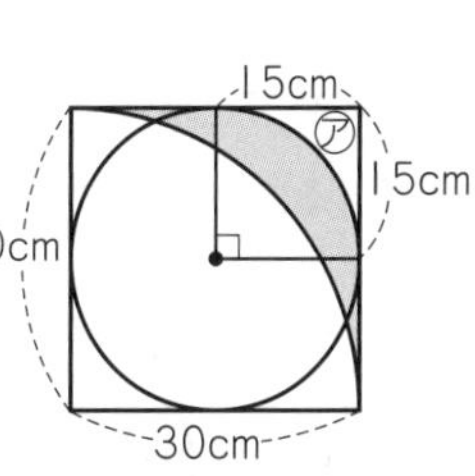

色のついた部分の面積は，1 辺 30 cm の正方形から，半径が 30 cm の円の $\frac{1}{4}$ のおうぎ形と㋐の部分をひいたものだから，
$30\times30-30\times30\times3.14\div4-48.375$
$=145.125(\text{cm}^2)$

4 三角形の面積は，$20\times15\div2=150(\text{cm}^2)$
また，この三角形の底辺を 25 cm とすると，高さは，$150\div25\times2=12(\text{cm})$
これがおうぎ形の半径だから，求める面積は，
$150-12\times12\times3.14\div4=36.96(\text{cm}^2)$

5 三角形 ADB と三角形 CEA で，
AB＝CA……①　角 DAB＋角 DBA＝90°……②
角 DAB＋角 EAC＝90°……③
②，③より，角 DBA＝角 EAC……④
三角形の内角の和から，角 DAB＝角 ECA……⑤
①，④，⑤より，1 つの辺とその両はしの角が等しいから，三角形 ADB と三角形 CEA は合同です。
よって，DA＝EC＝10 cm，AE＝BD＝6 cm
三角形 ABC は台形 DBCE から三角形 DAB を 2 つ分除いたものだから，
$(6+10)\times(10+6)\div2-10\times6\div2\times2$
$=68(\text{cm}^2)$

ハイクラス

p.72〜73

1 38.7 cm^2
2 188.78 cm^2
3 142.5 cm^2
4 17.5 cm^2
5 (1)25.821 cm^2　(2)18.42 cm
6 18.84 cm^2
7 ①9 cm^2　②8 cm^2

解き方

1 右の図より,
15×12
$-9\times9\times3.14\div4$
$-6\times6\times3.14\div4\times2$
$-3\times3\times3.14\div2$
$-3\times3\times3.14\div4$
$=180-45\times3.14$
$=38.7(cm^2)$

2 面積を求めやすい形に分けて考えます。

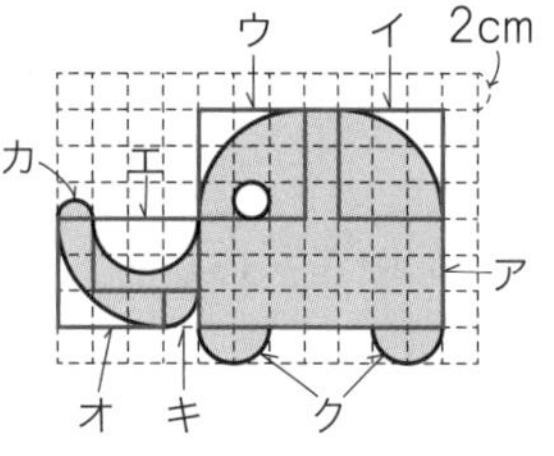

ア…方眼の1マスは4 cm^2。4×24
イ…$6\times6\times3.14\div4$
ウ…$6\times6\times3.14\div4-1\times1\times3.14$
エ…$4\times6-(3\times3\times3.14\div2)$
オ…$6\times6\times3.14\div4-4\times4$
カ…$1\times1\times3.14\div2$
キ…$2\times2\times3.14\div4$
ク…$2\times2\times3.14$
合計を求める計算では分配法則を使って3.14をかける計算を簡単にするとよいです。

3 半径10 cmの大きい円の内側にぴったり入っている正方形の面積は1辺20 cmの正方形の半分,小さい円の半径は5 cmで,その内側に入っている正方形の面積は1辺10 cmの正方形の半分になります。
$10\times10\times3.14+5\times5\times3.14-20\times20\div2$
$-10\times10\div2=(100+25)\times3.14-200-50$
$=392.5-250=142.5(cm^2)$

4 折り返した部分の面積は,
$5\times5\times3.14-8\times6=30.5(cm^2)$
よって,$8\times6-30.5=17.5(cm^2)$

5 (1)円の中心を通るように対角線をひくと,中心角が60°のおうぎ形3つ分と,正三角形3つ分の面積を合わせたものになります。
おうぎ形1つの面積は,
$3\times3\times3.14\div6=4.71(cm^2)$
正三角形1つの面積は,
$0.433\times3\times3=3.897(cm^2)$
よって,
$(4.71+3.897)\times3=25.821(cm^2)$

ポイント 辺の長さと面積

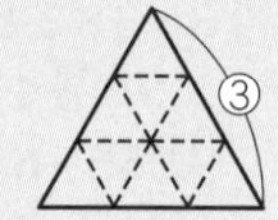

形が同じで大きさのちがう2つの図形があるとき,辺の長さが2倍になると,面積は$2\times2=4$(倍)になり,辺の長さが3倍になると,面積は$3\times3=9$(倍)になります。

(2)$3\times3+3\times2\times3.14\div2=18.42(cm)$

6 右の図のように,色のついた部分を移動させると,6分の1円の面積になります。
$6\times6\times3.14\div6$
$=18.84(cm^2)$

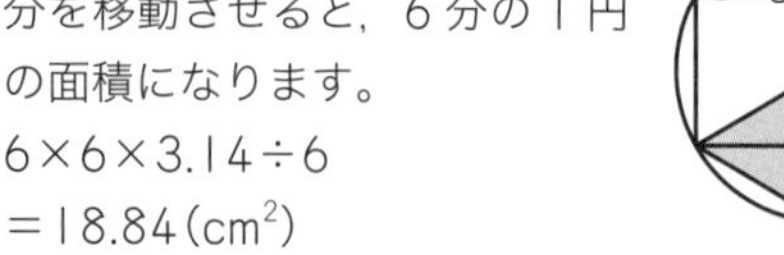

7 右の図のように線をひくと,小さい三角形の面積が1 cm^2となります。①②の図に,同じ三角形をつくるように線をひいて考えます。

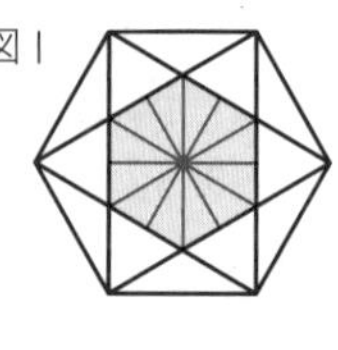

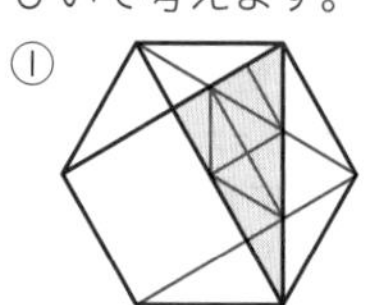

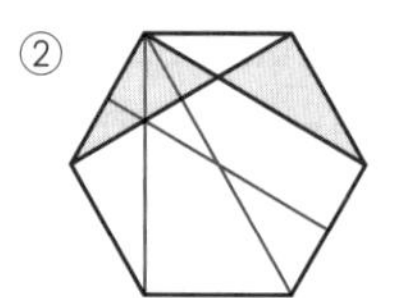

18 図形の面積比

標準クラス

p.74～75

1 (1)3：2 (2)3：2
2 (1)6 cm^2 (2)4 cm^2 (3)1：2
3 (1)3 cm
(2)考え方…(例)図のように補助線をひくと平行四辺形DBEFの面積は三角形IEGの12倍,三角形FECの面積は三角形IEGの4倍になるので,12：4=3：1
答え…3：1

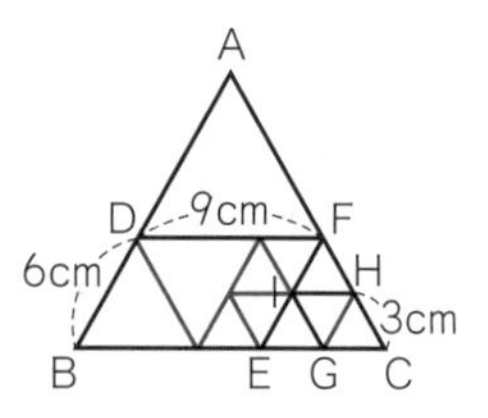

(3)$\frac{25}{3}$倍
4 9 cm
5 10 cm

解き方

1 (1)㋐，㋑を台形とみると，高さは CD で等しいので，面積の比は(上底＋下底)になります。

㋐：㋑＝(3＋3)：(3＋1)＝6：4＝3：2

(2)㋐，㋑，㋒のそれぞれの(上底＋下底)は，

㋐…BF

㋑…AE＋FG＝FG×2

㋒…GC＋DE

これらの比は面積の比に等しいので，

BF：(FG×2)：(GC＋DE)＝2：3：4 より，

BF：FG：(GC＋DE)＝2：1.5：4＝4：3：8 になります。

BF＝4，FG＝AE＝3，GC＋DE＝8 になり，

BC＋AD＝4＋3＋3＋8＝18

BC＝AD だから，18÷2＝9 より，

BC＝AD＝9

GC＝9－4－3＝2 より，FG：GC＝3：2

2 (1)$3\times4\div2=6(\mathrm{cm}^2)$

(2)三角形 ABE と三角形 ADE は，BE，DE を底辺とみると高さが等しいので，面積の比は底辺の長さの比に等しくなります。

よって，$6\times\frac{2}{2+1}=4(\mathrm{cm}^2)$

(3)三角形 ABD と三角形 ACD は，底辺と高さが等しいので，面積も等しくなります。また，三角形 ADE は共通なので，三角形 ABE と三角形 CED は面積が等しくなります。したがって，(2)より，三角形 AED と三角形 CED の面積の比は，1：2

3 (1)HG を結ぶと，三角形 IEG と三角形 HGC はどちらも 1 辺 3 cm の正三角形です。

(2)同じ形の正三角形を並べたイメージをつかめるように補助線をひいてみます。

または，高さが等しいことに着目して底辺の長さを比べてもよいです。

(考え方の別の例)

平行四辺形 DBEF と三角形 FEC の高さが等しいと考えると，面積の比は辺 BE の長さの 2 倍と辺 EC の長さの比に等しくなります。

9×2：6＝3：1

(3) 1 辺 3 cm の正三角のいくつ分になるかを考えます。

4 BC＝45×2÷(3＋4)＝$\frac{90}{7}$(cm)

三角形 ABE と三角形 ADC の面積が等しいから，

3×BD＝7×DC より，BD：DC＝7：3

BD＝$\frac{90}{7}\times\frac{7}{10}$＝9(cm)

ポイント 逆比(ぎゃくひ)

3×BD＝7×DC＝1 とすると，

3×BD＝1 より，BD＝$\frac{1}{3}$

7×DC＝1 より，DC＝$\frac{1}{7}$

となるので，BD：DC＝$\frac{1}{3}$：$\frac{1}{7}$ となり，BD，DC にかける数の逆数の比になります。

$A\times m=B\times n$ ならば，

$A:B=\frac{1}{m}:\frac{1}{n}=n:m$

5 次の図で，面積の比 エ：ウ＝1：2 より，

CD：DE＝1：2

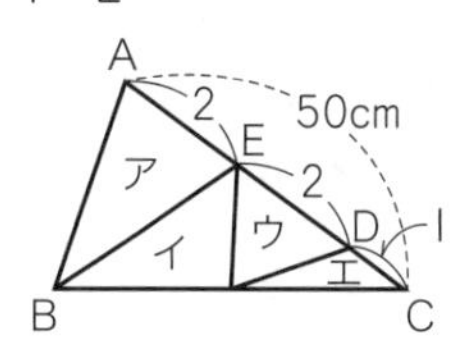

三角形 EBC：三角形 ABE

＝(イ＋ウ＋エ)：ア＝6：4＝3：2，

よって CE：EA＝3：2

これより，CD：DE：EA＝1：2：2 だから，

CD＝$50\times\frac{1}{5}$＝10(cm)

ハイクラス

p.76〜77

1 12 cm^2

2 (1)16：11：9 (2)48：11

3 (1)72 cm^2 (2)78 cm^2 (3)46 cm^2

4 2：3：3

5 (1)2.5 cm (2)0.5625 cm^2

6 (1)15：5：3 (2)24：15：14

解き方

1 三角形 DEF と三角形 CEB は相似(そうじ)であり，辺の比は，DE：CE＝1：2

したがって，三角形 DEF の面積：三角形 CEB の面積 ＝(1×1)：(2×2)＝1：4

よって，三角形 CEB の面積は，4 cm^2

CE，CD をそれぞれ底辺とみると，三角形 CEB と三角形 CDB は高さが等しいので，CE：CD＝2：3 より，三角形 CDB の面積は，

$4\times\frac{3}{2}=6(\mathrm{cm}^2)$

よって，長方形 ABCD の面積は，

$6\times2=12(\mathrm{cm}^2)$

2 (1) BC の長さを 1 とすると，

BF : FC = AG : GC = 4 : 5 より，

$BF=\frac{4}{4+5}=\frac{4}{9}$，$FC=\frac{5}{4+5}=\frac{5}{9}$

EC : EB = AD : DB = 1 : 3 より，

$EC=\frac{1}{3+1}=\frac{1}{4}$，$FE=FC-EC=\frac{5}{9}-\frac{1}{4}=\frac{11}{36}$

よって，

$BF:FE:EC=\frac{4}{9}:\frac{11}{36}:\frac{1}{4}=16:11:9$

(2) 三角形 DBF と三角形 EGH の底辺をそれぞれ DB，GH とすると，その比は，

DB : GH = DB : AD = 3 : 1

高さの比は，

HD : EH = FB : EF = 16 : 11

したがって，面積の比は，

$(3\times16):(1\times11)=48:11$

3 (1) 三角形 AFC は，三角形 ABC の $\frac{4}{3+4}$

また，三角形 HFC は三角形 AFC の $\frac{3}{3+4}$

$294\times\frac{4}{3+4}\times\frac{3}{3+4}=72(cm^2)$

(2) $294-72\times3=78(cm^2)$

(3) 六角形 DEFGHI の面積は，三角形 DFH の面積の 2 倍だから，$(294-78\times2)\div3=46(cm^2)$

4 AD : DB = 1 : 3，DE : EB = 1 : 1

辺 DB の比をそろえると，

AD : DE : EB = 1 : 1.5 : 1.5 = 2 : 3 : 3

5 (1) 図 1 の三角形 ABC と図 2 の三角形 DBC は相似（そうじ）であり，

（図 1 の BC）:（図 2 の BC）

= 4 : 2 = 2 : 1

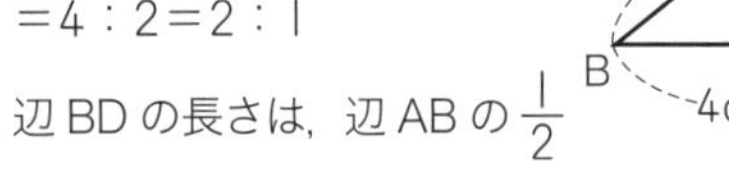

辺 BD の長さは，辺 AB の $\frac{1}{2}$

だから，

$5\times\frac{1}{2}=2.5(cm)$

(2) 図 1 の BC は 4 cm，

(1)より，BD は 2.5 cm だから，右の図の CD の長さは，

$4-2.5=1.5(cm)$

CD = FD より，

$BF=2.5-1.5=1(cm)$

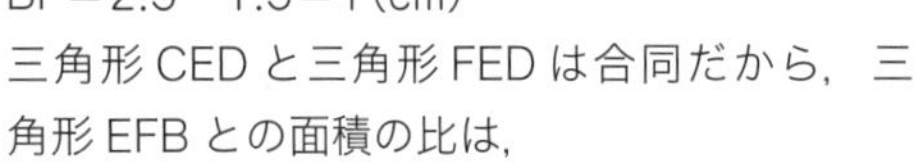

三角形 CED と三角形 FED は合同だから，三角形 EFB との面積の比は，

三角形 EFB : 三角形 CED : 三角形 FED

= 1 : 1.5 : 1.5

前の図より，三角形 CED は三角形 BCD の $\frac{1.5}{1+1.5+1.5}$ だから，

$2\times1.5\div2\times\frac{1.5}{4}=1.5\times\frac{3}{8}=0.5625(cm^2)$

6 (1) ①，②，③の面積をア，イ，ウを使って表すと，

$1\times1\times3.14\times\frac{ア}{360}$

$=(2\times2-1\times1)\times3.14\times\frac{イ}{360}$

$=(3\times3-2\times2)\times3.14\times\frac{ウ}{360}$

1 × ア = 3 × イ = 5 × ウ

したがって，

$ア:イ:ウ=\frac{1}{1}:\frac{1}{3}:\frac{1}{5}=15:5:3$

(2) ア，イ，ウの角をたすと半円の中心角になるので，円全体では $(6+3+2)\times2=22$ より，

$\left(2\times2\times3.14\times\frac{6}{22}\right):\left\{(3\times3-2\times2)\times3.14\times\frac{3}{22}\right\}:\left\{(4\times4-3\times3)\times3.14\times\frac{2}{22}\right\}$

$=(2\times2\times6):(5\times3):(7\times2)$

$=24:15:14$

19 図形の移動

標準クラス

p.78〜79

1 (1) 分速 2 cm (2) 52 cm² (3) 2 分 48 秒後

2 (1) 78.5 cm² (2) 43.7 cm

3 56.56 cm²

4 (1) 18 秒 (2) ① ウ ② 1 (3) ③ カ ④ 17 (4) ウ→イ→カ→ア

解き方

1 (1) 三角形 APD の面積が 6 cm² のとき，AP = 2 cm

(2) 4 分後の AP = 8 cm，PB = 4 cm，台形 ABCD から三角形 APD と三角形 PBC の面積をひいて求めます。

$(6+10)\times12\div2-6\times8\div2-10\times4\div2$

$=96-24-20=52(cm^2)$

(3) 台形 ABCD の面積は 96 cm² だから，三角形 BPC の面積が $96\times\frac{1}{3}=32(cm^2)$ のときの P の位置を求めます。

$PB=32\times2\div10=6.4(cm)$，$AP=12-6.4=5.6(cm)$，点 P の動く速さは分速 2 cm だから，$5.6\div2=2.8$(分)

$0.8\times60=48$(秒)より，2分48秒後

2 ⑴おうぎ形ACA′の面積に等しいので，
$10\times10\times3.14\div4=78.5$(cm^2)

⑵4本の直線の長さは$(8+6)\times2=28$(cm)，
弧AA′の長さは$10\times2\times3.14\div4=15.7$(cm)，
$28+15.7=43.7$(cm)

3 色のついた部分の面積は，台形の頂点(ちょうてん)を中心とする4つのおうぎ形を合わせた半径2cmの円1つ分と，台形のまわりの長さに2cmをかけた長方形の面積の和になります。

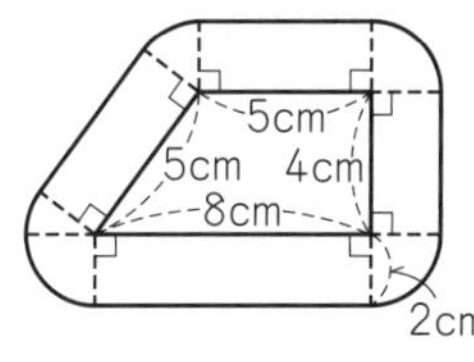

$2\times2\times3.14=12.56$(cm^2)
$2\times(5+8+4+5)=44$(cm^2)
よって，$12.56+44=56.56$(cm^2)

4 ⑴$8+10=18$(cm)，秒速1cmで動くので18秒かかります。

⑵5秒後

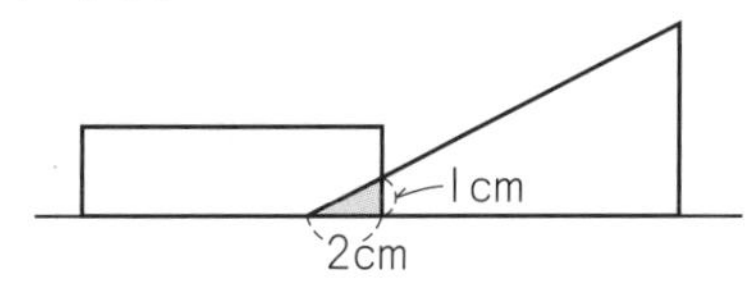

⑶15秒後

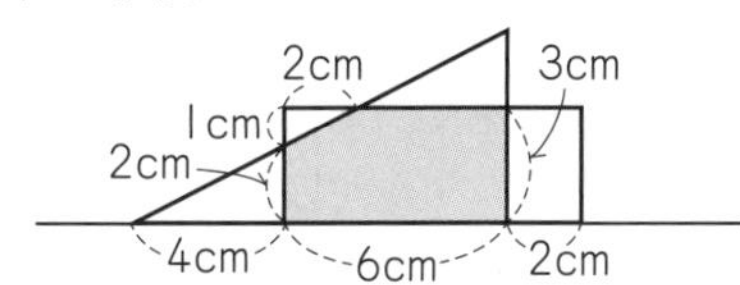

$6\times3-\frac{1}{2}\times2\times1=18-1=17$(cm^2)

⑷AとBの頂点と頂点，辺が重なるときに注意して順に簡単な絵をかいてみます。

ハイクラス

p.80〜81

1 78.5 cm^2
2 ⑴6 cm　⑵9 cm　⑶14.4 cm^2　⑷5.8秒後
3 ⑴14 cm　⑵31.5 cm^2　⑶44 cm^2
4 ⑴右の図
⑵36 cm^2

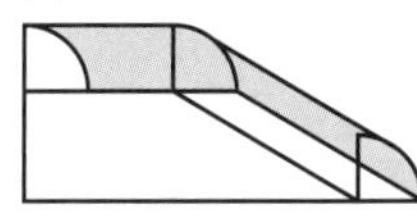

解き方

1 右の図のように，三角形ABCを三角形DBEの位置に移動させると，半径10cm，中心角120°のおうぎ形から，半径5cm，中心角120°のおうぎ形をひいた部分の面積を求めればよいことがわかります。

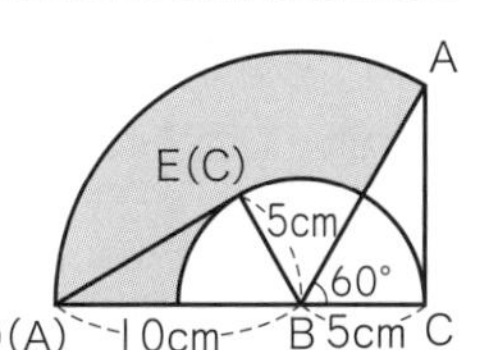

$10\times10\times3.14\div3-5\times5\times3.14\div3$
$=78.5$(cm^2)

2 ⑴グラフから点Pは点Dを出発してから3秒後に点Aに着いていることがわかります。
$AD=2\times3=6$(cm)

⑵点Pは5.5秒から10秒までの間に辺BC上を移動するので，$BC=(10-5.5)\times2=9$(cm)

⑶4秒後，点Pは辺AB上で$AP=2$cmのところにあります。

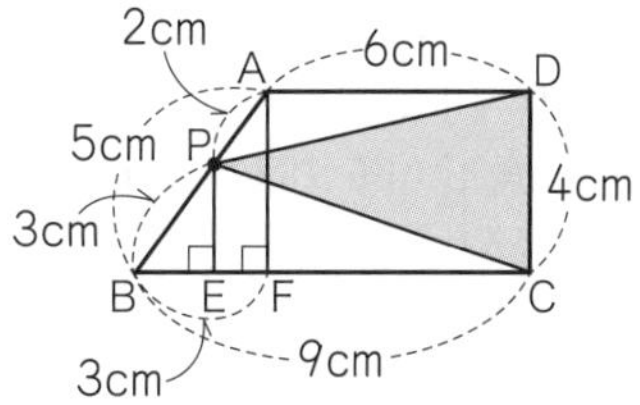

図のように，PE，AFをひくと，三角形PBEは三角形ABFの縮図です。

$BE=BF\times\frac{PB}{AB}=3\times\frac{3}{5}=1.8$(cm)

$EC=9-1.8=7.2$(cm)，
三角形PCDの面積は　$4\times7.2\div2$
$=14.4$(cm^2)

別解　グラフより，3秒から5.5秒の間の2.5秒間で面積は6cm^{2}ふえます。

よって，1秒間には$\frac{6}{2.5}=2.4$cm^{2}ふえるので，
$12+2.4=14.4$(cm^2)

⑷三角形PCDの面積が16.8cm^{2}のときのPCの長さは，
$PC=16.8\times2\div4=8.4$(cm)
このとき，$BP=9-8.4=0.6$(cm)
点PがDを出発してから進んだ道のりは，
$6+5+0.6=11.6$(cm)
$11.6\div2=5.8$ より5.8秒後。

3 ⑴点Pは出発してから20秒後には点Cにあり，このとき三角形APEの底辺AEに対する高さは辺CDに等しくなります。
$CD=56\times2\div8=14$(cm)

⑵$CD=14$cmで，点Qは辺CD上を20秒で動くので，その速さは$14\div20=0.7$より，秒速0.7cmです。
点Qが出発してから5秒後，$CQ=0.7\times5=3.5$(cm)，$QD=14-3.5=10.5$(cm)だから，三角形DQEの面積は，
$6\times10.5\div2=31.5$(cm^2)

(3)点Pは出発してから10秒後には点Bにあります。図のようにBFをひくと，
BF＝32×2÷8
＝8(cm)
さらに点Pは出発してから15秒後には図のようにBとCの真ん中にあります。このとき三角形APEの底辺AEに対する高さは，BFとCDの長さのちょうど真ん中(平均)に等しいので，
(8＋14)÷2＝11(cm)
このときの三角形APEの面積は，
8×11÷2＝44(cm^2)

出発して15秒後の三角形APEの高さ

4 (2)

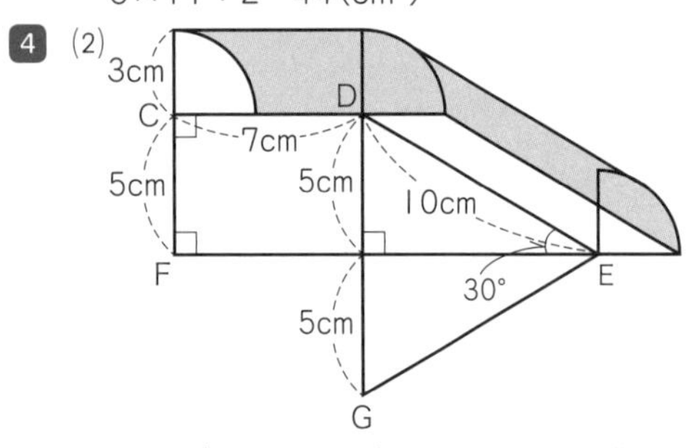

おうぎ形OABが台形の辺CDに沿って動くとき，弧ABが通過した部分は縦3 cm，横7 cmの長方形の面積に等しくなるので，
3×7＝21(cm^2)
次に，上の図のようにEの角度30°に着目して辺DEを1辺とする正三角形DGEをつくると，DGはCFの2倍の長さだから10 cmであり，DEの長さも10 cmであることがわかります。おうぎ形OABが台形の辺DEに沿って動くとき，弧ABが通過した部分は縦3 cm，横10 cmの長方形の面積の半分になります。

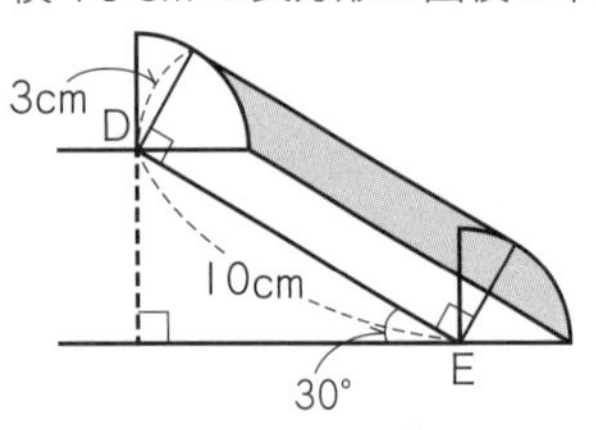

3×10÷2＝15(cm^2)
これより，21＋15＝36(cm^2)

チャレンジテスト⑤

p.82〜83

1 (1)400 m (2)0.99 cm^2
2 3.375 cm^2
3 157 cm^2
4 10.125 cm^2
5 (1)エ (2)$6\frac{2}{3}$ cm (3)1 cm (4)$23\frac{1}{3}$ cm^2
6 $\frac{5}{14}$倍
7 302.5 cm^2

解き方

1 (1)50.24÷3.14＝16
16＝4×4 より，地図上の半径は4 cm
4×10000＝40000(cm)
40000 cm＝400 m
(2)1 km＝100000 cm より，
縮尺(しゅくしゃく)は，$5\div100000=\frac{1}{20000}$
39600 m^2＝396000000 cm^2 より，
$396000000\times\frac{1}{20000}\times\frac{1}{20000}$
＝0.99(cm^2)

2 右の図で，長方形(ア)の対角線PE(5 cm)を90°回転させるとPE′になる。このPEの通ったおうぎ形EPE′と，三角形EBPと三角形E′CPの面積の和は，5×5×3.14÷4＋3×4＝31.625(cm^2)になり，この部分が長方形が通る面積になります。
よって，長方形が通らない部分の面積は，
5×7－31.625＝3.375(cm^2)

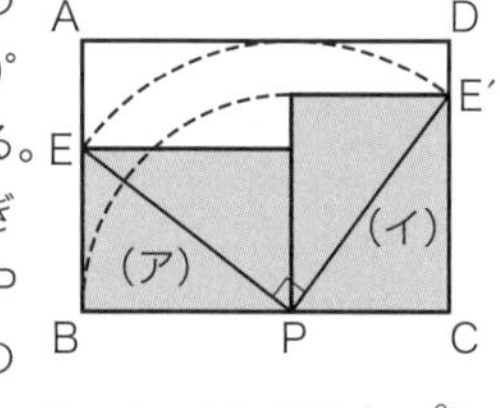

3 右の図で，㋐，㋑を㋒に，㋓を㋔に移動させると，色のついた部分は，1つの半円になります。
10×10×3.14÷2
＝157(cm^2)

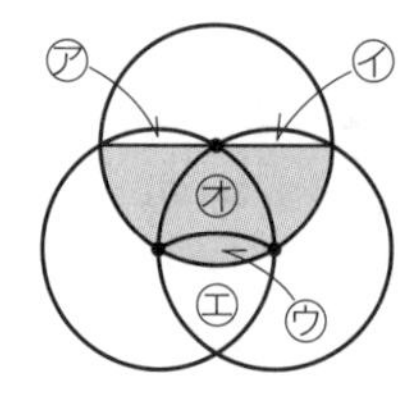

4 右の図より全体の面積は，
36×18÷2＝324(cm^2)
色のついた部分の面積を①とすると，それぞれの部分の面積は図の中のようになります。

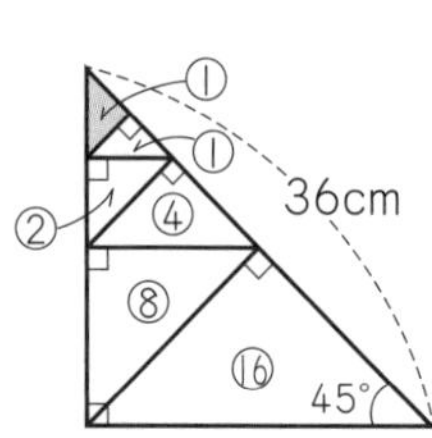

よって $324 \times \frac{1}{16+8+4+2+1+1} = 324 \times \frac{1}{32}$

$= 10.125(\text{cm}^2)$ $\left(\text{分数では } 10\frac{1}{8}\text{ cm}^2\right)$

5 (2)EB：MC＝3：4 より,
EM：MH＝5：MH
＝3：4
$MH = \frac{20}{3}$(cm)

(3)$HG = 8 - \frac{20}{3} = \frac{4}{3}$(cm)

HG：FG＝4：3 より，FG＝1(cm)

(4)四角形 EMHF の面積は台形 EMGF の面積から三角形 GFH の面積をひいたものだから,

$(1+5) \times 8 \div 2 - 1 \times \frac{4}{3} \div 2$

$= \frac{70}{3} = 23\frac{1}{3}(\text{cm}^2)$

6 角A＝120°, 角C＝60° だから，右の図のように正三角形 DPC をつくると，AB＝DC,
AB：BC＝3：5 より
AB：BC：CD：DA＝3：5：3：2

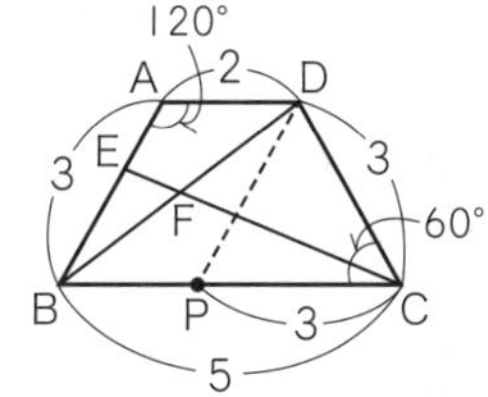

下の図のように CE と DA をのばしてGをとると,
AE：EB＝[3]：[5]
三角形 AEG と三角形 BEC は相似(そうじ)なので,
AG：BC＝3：5
三角形 DFG と三角形 BFC も相似で,
DG：BC＝5：5 より同じ大きさであることがわかります。これより，DF：FB＝1：1
上底と下底の長さの比に着目すると

三角形 DBC は台形 ABCD の $\frac{5}{2+5} = \frac{5}{7}$ 倍で,

三角形 CDF は三角形 DBC の半分の大きさだから,

$\frac{5}{7} \times \frac{1}{2} = \frac{5}{14}$(倍)

7 もとの図形の色のついた部分を移動させると，右の上図になります。この図をもとに，この図形を中心のまわりに 180° 回転させて重ねると，右の下図のようになります。

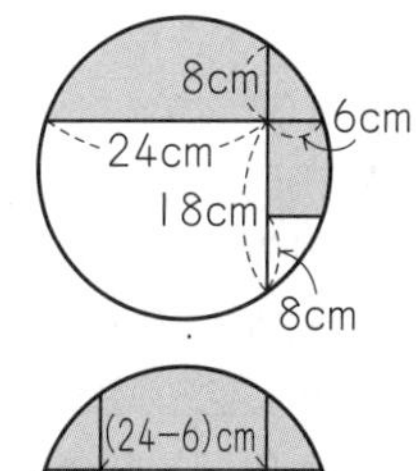

右の下図から，色のついた部分の面積は，円から長方形を切り取った面積を半分にしたものです。

長方形の面積は，縦(たて)が(18－8)cm，横が(24－6)cm で，180 cm^2 になります。

よって，色のついた部分の面積は,

$(785-180) \div 2 = 302.5(\text{cm}^2)$

チャレンジテスト⑥

p.84～85

1 12 cm^2
2 70 cm^2
3 (1)4.5 cm^2 (2)36 cm^2 (3)63 cm^2
4 (1)45°

(2)

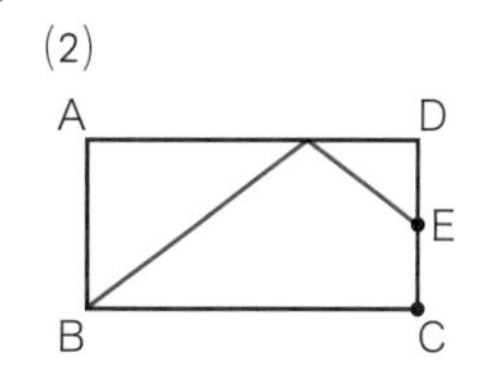

(3)

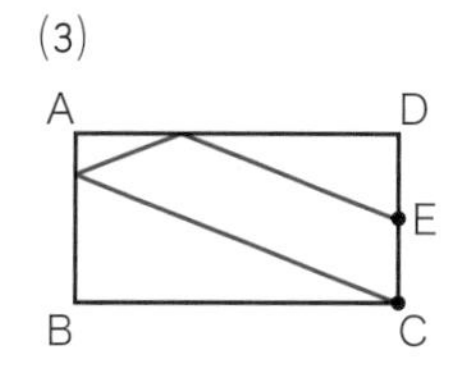

5 (1)2：1 (2)8：5

解き方

1 右の図で四角形 ABCO の面積は,
$2 \times 1 \div 2 \times 2 = 2(\text{cm}^2)$
正十二角形の面積はこの 6 倍だから，$2 \times 6 = 12(\text{cm}^2)$

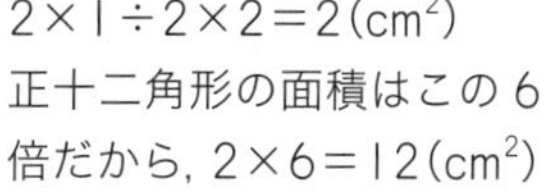

2 次の図のように色のついた部分を分けます。

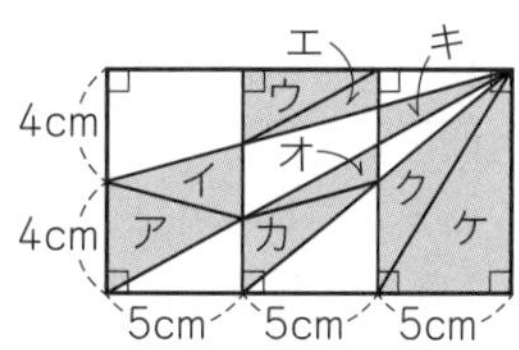

ア…$4 \times 5 \div 2 = 10(\text{cm}^2)$
イとウとカを合わせた面積は底辺 8 cm，高さ 5 cm の三角形の面積と等しいので,
$8 \times 5 \div 2 = 20(\text{cm}^2)$
エとキとオとクを合わせた面積も同様に 20 cm^2 となります。
ケ…$8 \times 5 \div 2 = 20(\text{cm}^2)$
$10 + 20 + 20 + 20 = 70(\text{cm}^2)$

3 (1)重なっている部分は等辺が 3 cm の直角二等辺三角形だから,
$3 \times 3 \div 2 = 4.5(\text{cm}^2)$

(2)

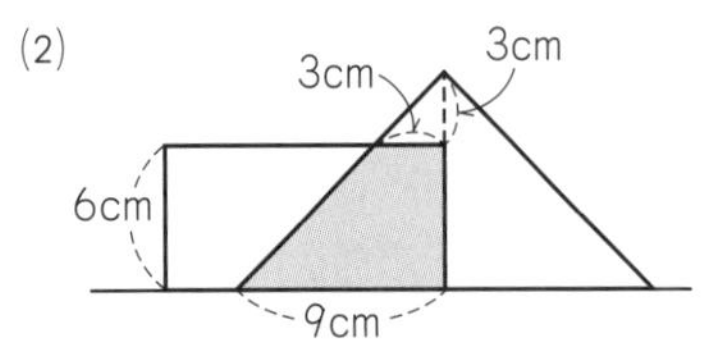

上の図のように，重なっている部分は台形になるので，

$(3+9)\times6\div2=36(\text{cm}^2)$

(3)次の図のように重なります。

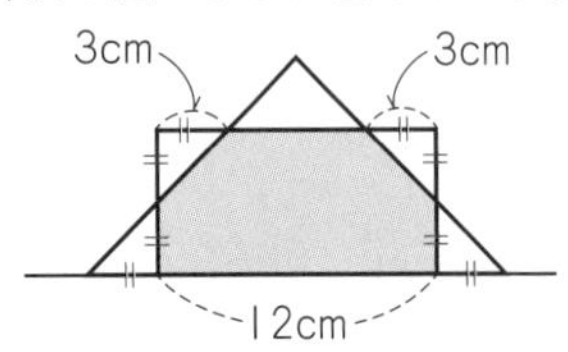

長方形の面積から左上，右上の直角二等辺三角形の面積をひいて，

$6\times12-3\times3\div2\times2$

$=72-9=63(\text{cm}^2)$

4 (1)$90°\div2=45°$

(2)直線 AD について，点 B を対称(たいしょう)に移した点を B′とします。E と B′を結び，AD と交わる点ではね返って B に着きます。

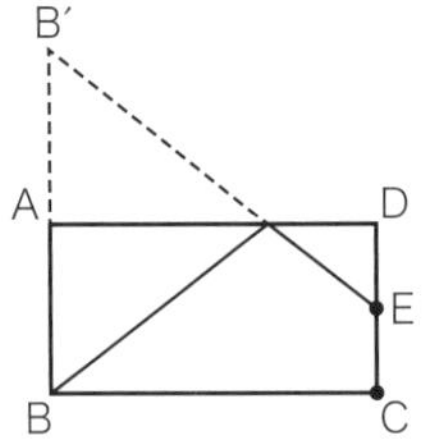

(3)

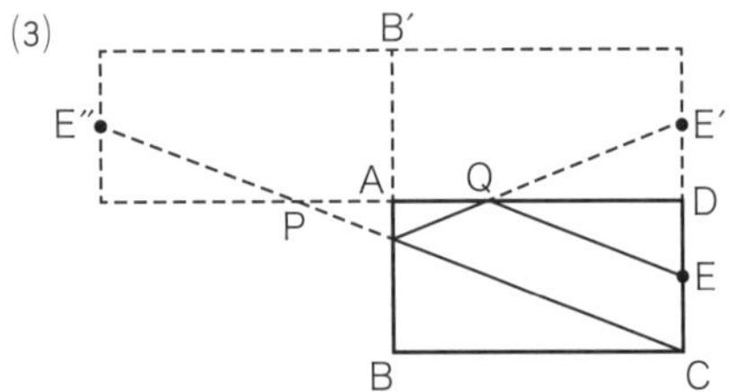

直線 AD について点 E と対称な点 E′，さらに直線 B′AB について点 E′と対称な点 E″をかいて，C と E″を結びます。PC と QE が平行です。

5 (1)右の図で，三角形 ADG の面積は正方形 DEFG の半分です。

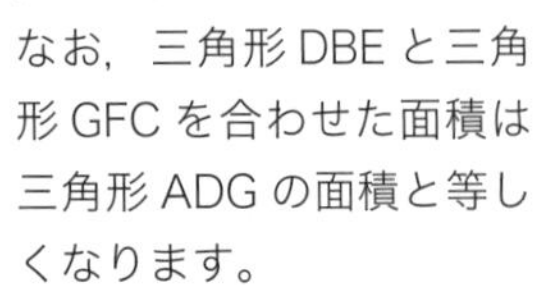

なお，三角形 DBE と三角形 GFC を合わせた面積は三角形 ADG の面積と等しくなります。

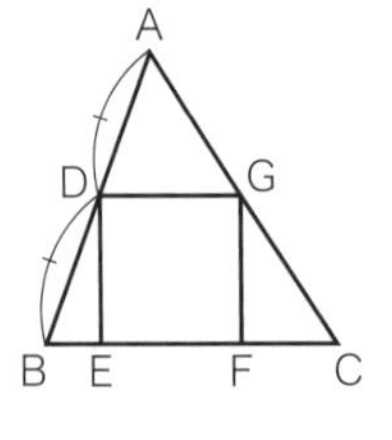

(2)右の図のように移動させると，上の正方形と下の正方形の面積が等しくなります。

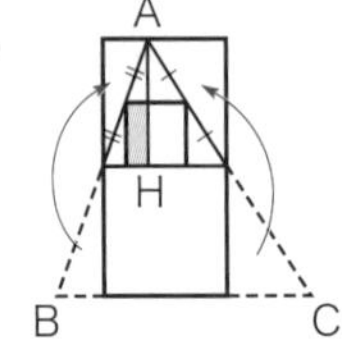

また，この図から，上の正方形を AH で分けた左側の長方形は，色をぬった長方形の 4 倍になります。

また，AH の右側の部分も同じように考えることができますから，上の小さい正方形は大きい正方形の $\frac{1}{4}$ です。

よって，三角形 ABC は大きい正方形 2 つ分ですから，

$2:\left(1+\frac{1}{4}\right)=2:\frac{5}{4}=8:5$

20 角柱と円柱の体積

標準クラス

p.86～87

1 (1)$120\ \text{cm}^3$ (2)$120\ \text{cm}^3$ (3)$216\ \text{cm}^3$

2 (1)$401.92\ \text{cm}^3$ (2)$113.04\ \text{cm}^3$ (3)$376.8\ \text{cm}^3$

3 (1)$60\ \text{cm}^3$ (2)$282.6\ \text{cm}^3$

4 $497.6\ \text{cm}^3$

5 $3140\ \text{cm}^3$

6 $78\ \text{cm}^3$

7 $877\ \text{cm}^3$

解き方

1 (1)$5\times8\div2\times6=120(\text{cm}^3)$

(2)$12\times5\div2\times4=120(\text{cm}^3)$

(3)$(6+10)\times3\div2\times9=216(\text{cm}^3)$

2 (1)$4\times4\times3.14\times8=401.92(\text{cm}^3)$

(2)$3\times3\times3.14\times\frac{1}{2}\times8=113.04(\text{cm}^3)$

(3)$6\times6\times3.14\times\frac{240°}{360°}\times5=376.8(\text{cm}^3)$

3 (1)底面が台形の四角柱です。

$(1+4)\times4\div2\times6=60(\text{cm}^3)$

(2)円柱の展開図なので，先に底面の半径を求めます。

$18.84\div3.14\div2=3(\text{cm})$

$3\times3\times3.14\times10=282.6(\text{cm}^3)$

4 $10\times10\times10-4\times4\times3.14\times10=497.6(\text{cm}^3)$

5 円周率をかける計算はなるべく 1 度ですむように，計算の順番をくふうするとよいです。

$(15\times15-5\times5)\times3.14\times5$

$=(225-25)\times5\times3.14$

$=200\times5\times3.14=3140(\text{cm}^3)$

6 台形の面を底面として求めます。

$(5+8)\times4\div2\times3=78(\text{cm}^3)$

7 計算しやすい直方体に分けるか，切り取られた部

分を全体からひいて求めます。
$10\times7\times10+10\times3\times5+3\times3\times3$
$=700+150+27=877(\text{cm}^3)$

ハイクラス

p.88〜89

1 $488.32\ \text{cm}^3$
2 $6.4\ \text{cm}$
3 $763.02\ \text{cm}^3$
4 $924\ \text{cm}^3$
5 $489.84\ \text{cm}^3$
6 ⑴(例)下の図のような形になり，段より下側の円柱はV，Wとも同じ形だから，それぞれの上側の部分の体積の差を求めるとよい。

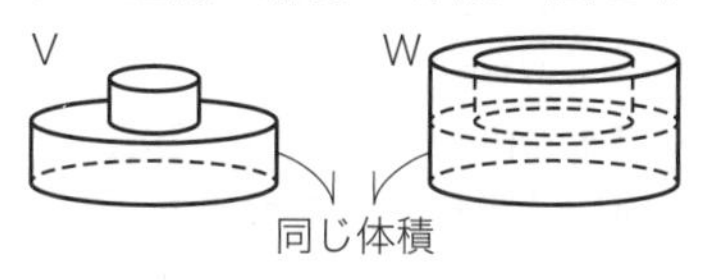

⑵Wが $301.44\ \text{cm}^3$ 大きい

解き方

1 $(5\times12-4\times4\times3.14\div2)\times14$
$=(60-25.12)\times14=488.32(\text{cm}^3)$

2 右の図の面を底面とすると，高さは 10 cm だから，底面の面積は，
$2000\div10=200(\text{cm}^2)$
$200-2\times20=160(\text{cm}^2)$
$(10-2)\times(20-4)$
$=128(\text{cm}^2)$
㋐の長さは，
$(160-128)\div5=6.4(\text{cm})$

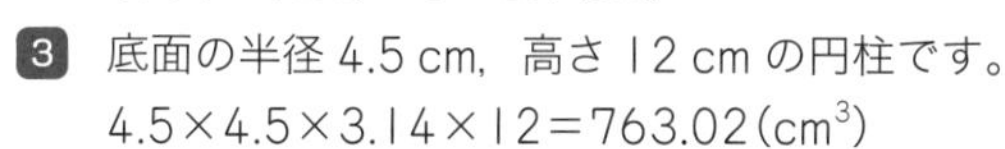

3 底面の半径 4.5 cm，高さ 12 cm の円柱です。
$4.5\times4.5\times3.14\times12=763.02(\text{cm}^3)$

4 直方体の展開図で，縦(たて)，横，高さの異なる3辺の長さを求めます。
a と b の和は 25 で差が $20-17=3$ だから，
$(25-3)\div2=11$ より，
$a=11$，$b=25-11=14$，$c=6$
縦，横，高さの3辺の長さは，11 cm，14 cm，6 cm となります。$11\times14\times6=924(\text{cm}^3)$

5 右の図のように，円柱から2つの円柱をくりぬいた形になります。段のところで上下に分けて式をつくります。

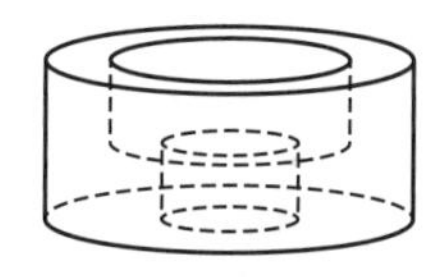

$(6\times6-4\times4)\times3.14\times3+(6\times6-2\times2)\times3.14\times3=20\times3.14\times3+32\times3.14\times3$
$=(60+96)\times3.14=489.84(\text{cm}^3)$

6 ⑴Vは2つの円柱を上下に重ねた形，Wは高さ5 cm の円柱の上側から高さ2 cm の円柱をくりぬいた形になります。
⑵Vの上側の体積は $4\times4\times3.14\times2$，Wの上側の体積は $(10\times10-6\times6)\times3.14\times2$ で求められます。
Wのほうが大きいので，体積の差は
$(10\times10-6\times6)\times3.14\times2-4\times4\times3.14\times2$
$=(128-32)\times3.14=301.44(\text{cm}^3)$

21 立体の体積と表面積

標準クラス

p.90〜91

1 ⑴体積 $252\ \text{cm}^3$，表面積 $268\ \text{cm}^2$
⑵体積 $235.5\ \text{cm}^3$，表面積 $232.7\ \text{cm}^2$
2 ⑴$96\ \text{cm}^3$ ⑵$72\ \text{cm}^3$ ⑶$25.12\ \text{cm}^3$
3 ⑴$340\ \text{cm}^2$ ⑵$50.24\ \text{cm}^2$ ⑶$49.68\ \text{cm}^2$
4 ⑴$7\ \text{cm}$ ⑵$399\ \text{cm}^3$
5 $301.44\ \text{cm}^3$
6 $160.14\ \text{cm}^3$
7 $96\ \text{cm}^2$

解き方

1 ⑴体積 $(6+12)\times4\div2\times7=252(\text{cm}^3)$
表面積 $(6+12)\times4\div2\times2+(12+5+6+5)\times7=72+196=268(\text{cm}^2)$
⑵体積 $5\times5\times3.14\div2\times6=235.5(\text{cm}^3)$
表面積 $5\times5\times3.14\div2\times2+(10\times3.14\div2+10)\times6=78.5+154.2=232.7(\text{cm}^2)$

2 ⑴$6\times6\times8\times\frac{1}{3}=96(\text{cm}^3)$
⑵$8\times6\div2\times9\times\frac{1}{3}=72(\text{cm}^3)$
⑶$2\times2\times3.14\times6\times\frac{1}{3}=25.12(\text{cm}^3)$

3 ⑴$10\times10+10\times12\div2\times4=340(\text{cm}^2)$
⑵側面積は $6\times6\times3.14\times\frac{2}{6}=37.68(\text{cm}^2)$
底面積は $2\times2\times3.14=12.56(\text{cm}^2)$
$37.68+12.56=50.24(\text{cm}^2)$

円すいの側面の展開図のおうぎ形の中心角は $360° \times \frac{底面の半径}{母線}$ で求められる。
中心角を求めずに直接側面積を求める式は，
$母線 \times 母線 \times 3.14 \times \frac{底面の半径}{母線}$
（母線＝側面のおうぎ形の半径）

(3)切り口の三角形の面積は $6 \times 4 \div 2 = 12(cm^2)$
側面のおうぎ形の面積は $5 \times 5 \times 3.14 \times \frac{3}{5} \div 2$
$= 23.55(cm^2)$
底面積は $3 \times 3 \times 3.14 \div 2 = 14.13(cm^2)$
$12 + 23.55 + 14.13 = 49.68(cm^2)$

4 (1)CG は DH より 2 cm 短いので，BF も AE より 2 cm 短くなります。
(2)同じ立体 2 つを逆さ向きに重ねると直方体になり，その高さは $9 + 10 = 19(cm)$
$7 \times 6 \times 19 \div 2 = 399(cm^3)$

5 同じ立体 2 つを逆さ向きに重ねた円柱の体積の半分の体積を求めます。
重ねたときの高さは，$3 + 9 = 12(cm)$
$4 \times 4 \times 3.14 \times 12 \div 2 = 301.44(cm^3)$

6 底面の半径が 3 cm，高さが 4 cm の円柱と，同じ底面で高さが 5 cm の円すいを合わせた形です。
$3 \times 3 \times 3.14 \times 4 + 3 \times 3 \times 3.14 \times 5 \times \frac{1}{3}$
$= (36 + 15) \times 3.14 = 160.14(cm^3)$

7 切り口はどちらの立体でも面になるので，面積の差を求めるときにはその面積を考えなくてもよいです。

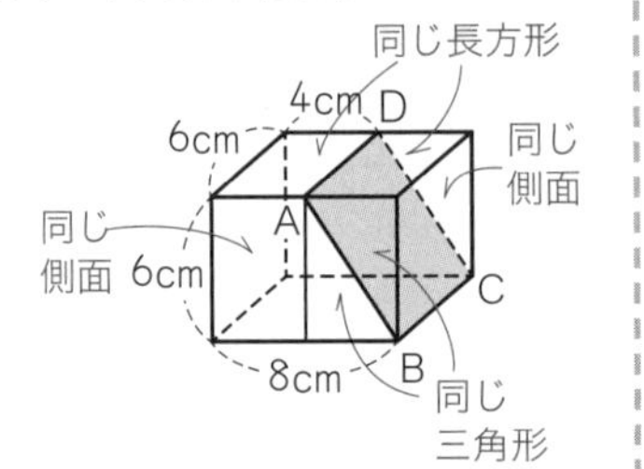

大きさの同じ面や部分を見つけて，左側の立体の表面で差となる部分の面積を求めます。
差の部分は，$4 \times 6 \times 2 + 8 \times 6 = 96(cm^2)$

ハイクラス

p.92〜93

1 $653.12 cm^2$
2 (1)$62.8 cm^3$ (2)$89.4 cm^2$
3 $216 cm^3$
4 $63.48 cm^3$
5 (1)$418 cm^2$ (2)$466 cm^3$
6 (1)$25.12 cm^3$ (2)$62.8 cm^2$
7 $10\frac{2}{3} cm^3$
8 (1)$301.44 cm^3$ (2)$288.88 cm^2$

解き方

1 上からと下から見える面積は等しいので，
$(6 \times 6 \times 3.14 - 2 \times 2 \times 3.14) \times 2$
$= 64 \times 3.14(cm^2)$
外側の側面は，
$6 \times 2 \times 3.14 \times 8 = 96 \times 3.14(cm^2)$
くりぬいた部分の側面は，
$2 \times 2 \times 3.14 \times 4 + 4 \times 2 \times 3.14 \times 4$
$= 48 \times 3.14(cm^2)$
よって，表面積は，
$64 \times 3.14 + 96 \times 3.14 + 48 \times 3.14$
$= 208 \times 3.14 = 653.12(cm^2)$

2 (1)$2 \times 2 \times 3.14 \times (4 + 6) \div 2 = 62.8(cm^3)$
(2)側面の面積は同じ立体 2 つを逆さ向きに重ねたときの円柱の側面積の半分になります。
側面積は $4 \times 3.14 \times 10 \div 2 = 62.8(cm^2)$
底面積は $2 \times 2 \times 3.14 = 12.56(cm^2)$
$62.8 + 12.56 + 14.04 = 89.4(cm^2)$

3 上から見たときの面積は立方体をのせても変わらないので，ふえた表面積はのせた立方体の側面の 4 つの正方形の面積です。
正方形 1 つの面積は $144 \div 4 = 36(cm^2)$，
$6 \times 6 = 36$ より，立方体の 1 辺は 6 cm です。
体積は $6 \times 6 \times 6 = 216(cm^3)$

4 組み立てた立体は右の図のようになります。
$(6 \times 10 - 3 \times 3 \times 3.14) \times 2$
$= 63.48(cm^3)$

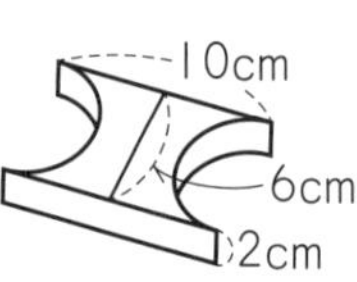

5 (1)立体を上下から見たときの面積は等しくなります。同じように，左右，前後も等しいので，下，右，後ろの面積を求めて，2 倍します。

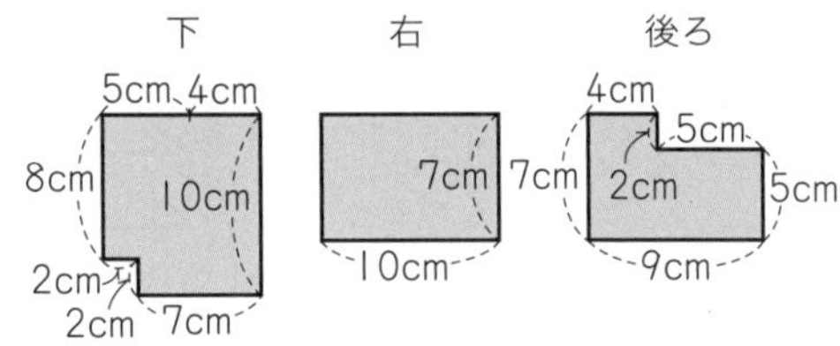

下から見たときは，$9 \times 10 - 2 \times 2 = 86(cm^2)$
右から見たときは，$10 \times 7 = 70(cm^2)$
後ろから見たときは，
$7 \times 9 - 5 \times 2 = 53(cm^2)$
よって，$(86 + 70 + 53) \times 2 = 418(cm^2)$

(2)右の図のように，3つの部分に分けて計算します。

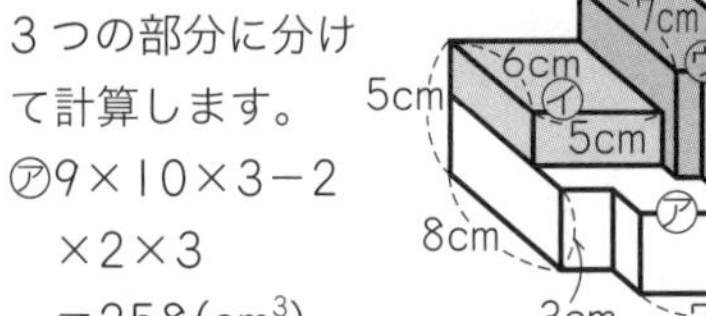

㋐$9\times10\times3-2\times2\times3=258(cm^3)$

㋑$5\times6\times2=60(cm^3)$

㋒$4\times10\times4-1\times3\times4=148(cm^3)$

したがって，体積は，

$258+60+148=466(cm^3)$

6 回転させてできる立体は，右の図のようになります。

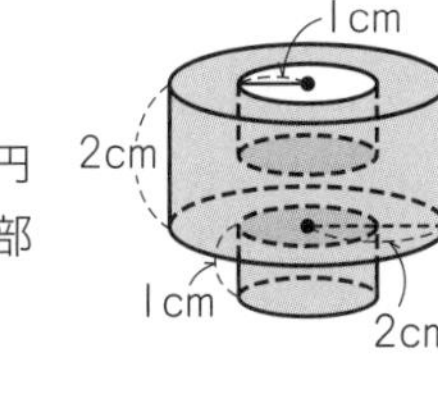

(1)下にある半径 1 cm の円柱を，上のくりぬいた部分に移動させます。

$2\times2\times3.14\times2=25.12(cm^3)$

(2)上下から見える面の面積は等しくなります。上から1段目の内側と3段目の外側の面積も等しくなります。

上下の面の面積は，

$2\times2\times3.14\times2=8\times3.14(cm^2)$

側面の面積は，

$2\times2\times3.14\times2+1\times2\times3.14\times1\times2=12\times3.14(cm^2)$

$8\times3.14+12\times3.14=20\times3.14(cm^2)$

7 組み立てた立体は右の図のようになるので，

$4\times4\div2\times4\times\frac{1}{3}=10\frac{2}{3}(cm^3)$

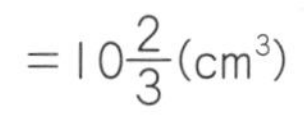

8 (1)円柱の下側から同じ底面で高さ 3cm の円すいをくりぬいた形になるので，

$4\times4\times3.14\times7-4\times4\times3.14\times3\times\frac{1}{3}=301.44(cm^3)$

(2)くりぬいた円すいの側面積と円柱の側面積と上の面の円の合計を求めます。

$5\times5\times3.14\times\frac{4}{5}+4\times2\times3.14\times7+4\times4\times3.14=62.8+175.84+50.24=288.88(cm^2)$

22 立体の切断

標準クラス

p.94〜95

1 (1)ア (2)イ (3)カ (4)ケ (5)キ (6)コ (7)ク (8)オ

2 (1) (2) (3)

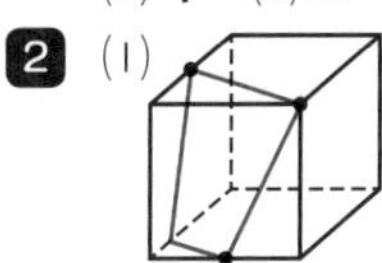

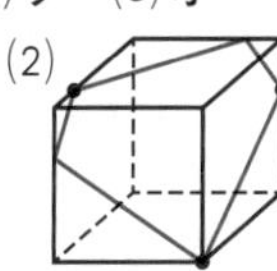

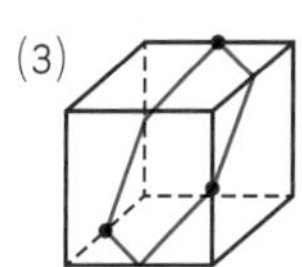

3 (1)$36\ cm^3$ (2)$108\ cm^3$ (3)$204\ cm^3$

4 (1)$12\ cm^3$ (2)$144\ cm^3$

5 (1)$7\ cm^2$ (2)$3\frac{1}{3}\ cm^3$

解き方

1 立方体の向かいあう面では，切り口の線は平行になります。

(3)はとなりあう辺が等しい長さなので，すべての辺の長さが等しくなるのでひし形。

(5)はとなりあう辺の長さが等しくないので，平行四辺形になります。

(3)

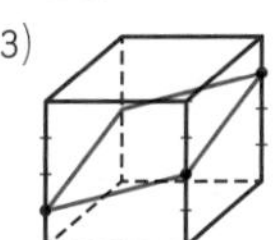

(5)

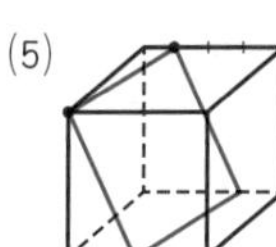

3 (1)三角すいになります。

$6\times6\div2\times6\times\frac{1}{3}=36(cm^3)$

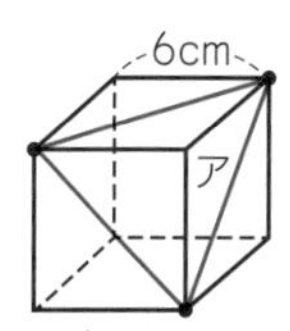

(2)切り口はひし形で，立方体は2等分されるので，

$6\times6\times6\div2=108(cm^3)$

(3)三角すいを取りのぞいた形になるので，

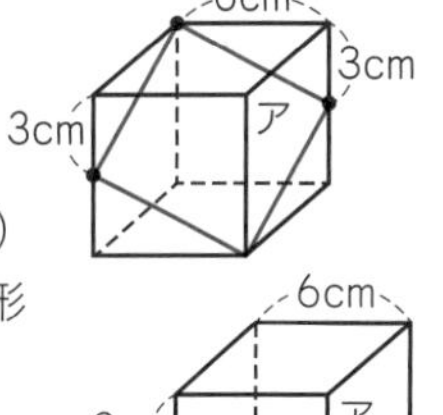

$4\times6\div2\times3\times\frac{1}{3}=12$,

$6\times6\times6-12=204(cm^3)$

4 (1)D，A，P，Hを頂点とする三角すいの体積を求めます。

(2)右の図のように切り口をAQRPとすると，

HR＝DP＋EQ＝4 cm

Rを通り面BFGCと平行な面で立方体を2つに分けて考えると，この面より左側では切り口によって体積が2等分されています。これより点Fをふくむ立体の体積は，

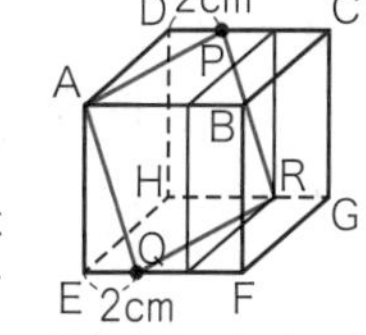

$6\times6\times4\div2+6\times6\times2=144(cm^3)$

5 (1)右の図のように分けられた２つの立体の表面積の差を考えると，切り口の台形 EGQP は共通で，三角形 HEG と三角形 EFG は同じ大きさなので，それ以外の面を比べます。

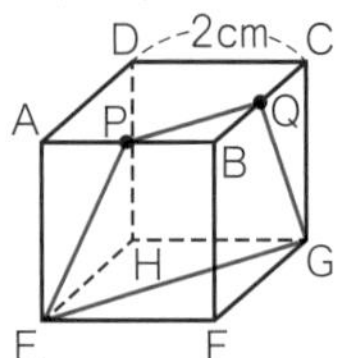

点 A をふくむ立体で，三角形 AEP＝三角形 CGQ＝$1\ cm^2$，正方形 AEHD＝正方形 CDHG＝$4\ cm^2$，五角形 APQCD＝$3.5\ cm^2$ より，面積の和は $13.5\ cm^2$。点 B をふくむ立体で，台形 PEFB＝台形 QGFB＝$3\ cm^2$，三角形 PBQ＝$0.5cm^2$ より，面積の和は $6.5\ cm^2$。
よって，２つの立体の表面積の差は
$13.5-6.5=7(cm^2)$

(2)右の図のように EP，FB，GQ を上方にのばすと１点で交わります。その点を R とすると，P，Q はそれぞれ辺 AB，辺 BC の真ん中の点だから，三角形 EPA と三角形 RPB は同じ形であり，RB＝2 cm となります。分けられた立体のうち点Bをふくむの立体の体積は，(三角すい REFG)－(三角すい RPBQ)として求められます。その体積は，

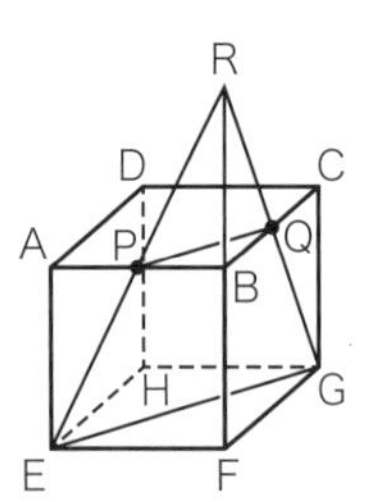

$2\times2\div2\times4\times\frac{1}{3}-1\times1\div2\times2\times\frac{1}{3}=\frac{7}{3}(cm^3)$

分けられた立体のうち点 A をふくむ立体の体積は，立方体から点 B をふくむ立体の体積をひいて，

$2\times2\times2-\frac{7}{3}=\frac{17}{3}(cm^3)$

これより２つの立体の体積の差は，

$\frac{17}{3}-\frac{7}{3}=\frac{10}{3}=3\frac{1}{3}(cm^3)$

ハイクラス

p.96～97

1 (1)四角柱　(2)$21\frac{1}{3}\ cm^3$

2 (1)$21.5\ cm^2$　(2)下の図　(3)$9.5\ cm^3$

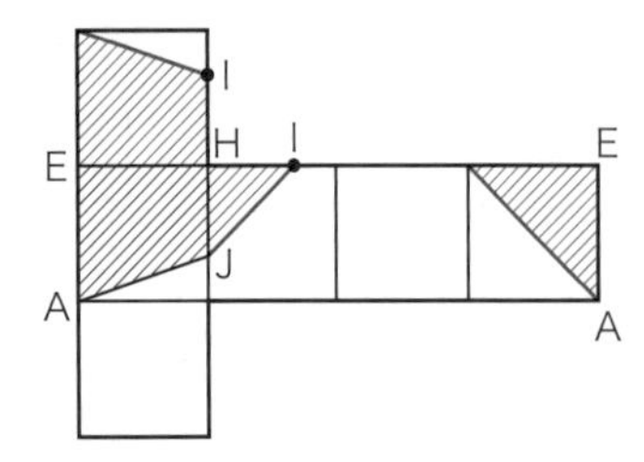

3 (1)①４個　②長方形
(2)４個　(3)イ　(4)$3\frac{2}{3}\ cm^3$

解き方

1 (1)右の図のように切断されます。面 ABCD をふくむ立体の形は，底面が四角形 AMFB(DNGC)の四角柱です。

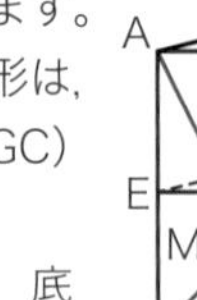

(2)面 IJKL をふくむ立体は，底面が三角形 MIJ の三角柱です。
右の図で，
IM：MF＝AI：FJ＝2：1，
IM：IF＝2：3，三角形 IMP は三角形 IFJ の縮図であり，

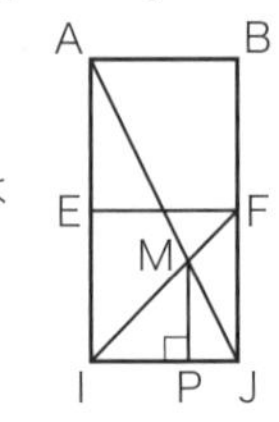

$MP=4\times\frac{2}{3}=\frac{8}{3}(cm)$

立体の体積は，$4\times\frac{8}{3}\div2\times4=\frac{64}{3}=21\frac{1}{3}(cm^3)$

2 (1)右の図のように切断されます。立体Kの表面で，もとの立方体の表面にふくまれる面は，三角形 AFE＝$4.5\ cm^2$，三角形 JIH＝$2\ cm^2$，台形 EFIH＝台形 EAJH＝$7.5\ cm^2$ より，面積の和は $21.5\ cm^2$ です。

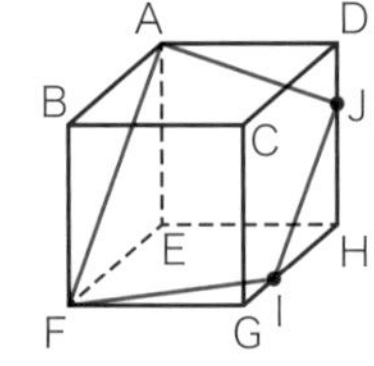

(3)下の図のように AJ，EH，FI を右方にのばしたときに交わる点を P とします。

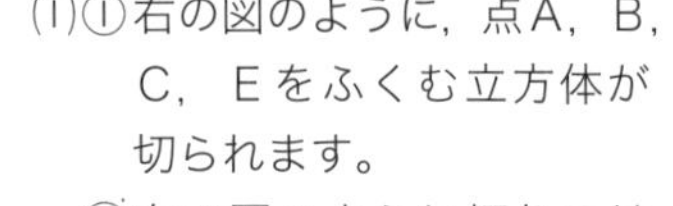

DJ：JH＝AD：HP＝1：2，EH：HP＝1：2，
HP＝3×2＝6(cm)
立体Kの体積＝(三角すい PAFE)－(三角すい PJIH)だから，

$3\times3\div2\times9\times\frac{1}{3}-2\times2\div2\times6\times\frac{1}{3}=9.5(cm^3)$

3 (1)①右の図のように，点A，B，C，E をふくむ立方体が切られます。
②右の図のように切り口は長方形になります。

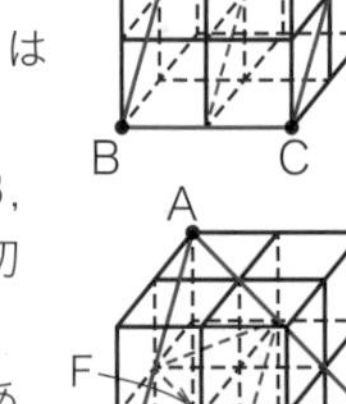

(2)右の図のように，点A，B，D，F をふくむ立方体が切られます。
A をふくむ立方体の下にある立方体も切られていることを

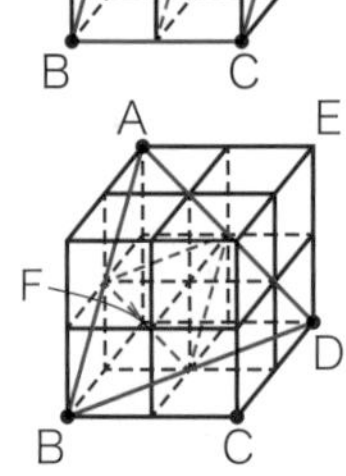

とに注意します。

(3)右の図のように見えている 4 つの立方体が切られます。

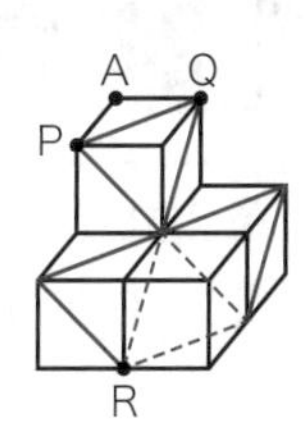

(4)点 A をふくむ方の立体を，立方体ごとに分けて考えます。

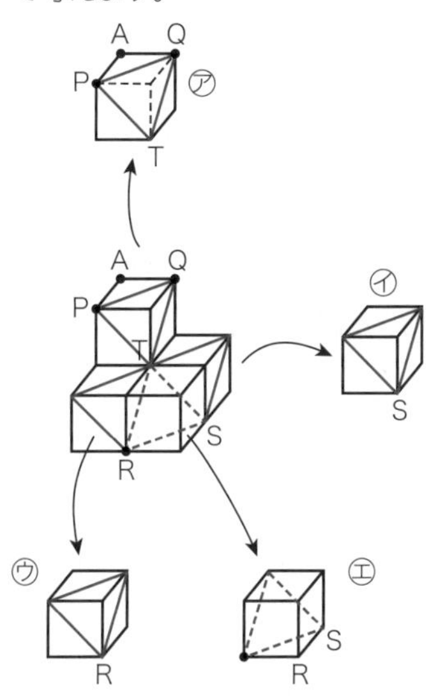

㋐㋑㋒は同じ形で，三角すいが切りとられた形になります。

㋓は奥に三角すいがあり，点 A をふくむ方の立体の一部です。

㋐の下に，立方体 1 個が切られずに残っています。

㋐の体積は，

$1-1\times1\div2\times\frac{1}{3}=\frac{5}{6}$

㋓の体積は $1\times1\div2\times\frac{1}{3}=\frac{1}{6}$

これより，点 A をふくむ立体の体積は

$\frac{5}{6}\times3+\frac{1}{6}+1=3\frac{2}{3}$ (cm^3)

23 立方体についての問題

標準クラス

p.98～99

1 (1)19 個　(2)10 個　(3)11 個

2 (1)36 cm^3　(2)5　(3)8 個　(4)2 個

3 (1)15 個　(2)3 種類　(3)13 種類

4 (1)24 cm^3　(2)88 cm^2

解き方

1 (1)上の段から，3+6+10=19(個)

(2)真上から

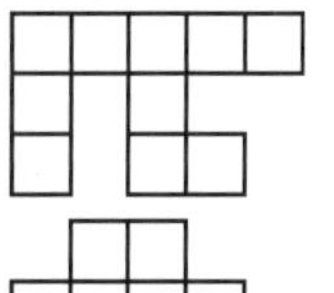

(3)真正面から

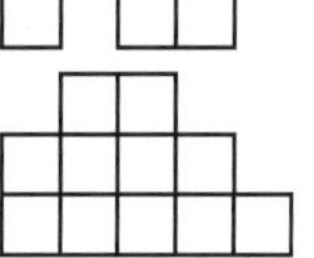

2 (1)左の列から順に，

1+3+5+9+9+5+3+1=36(個)

(3)右の図で，○をつけた 8 個

(4)右の図で，A，B の立方体のすぐ下にある 2 個の立方体にはペンキがぬられていません。

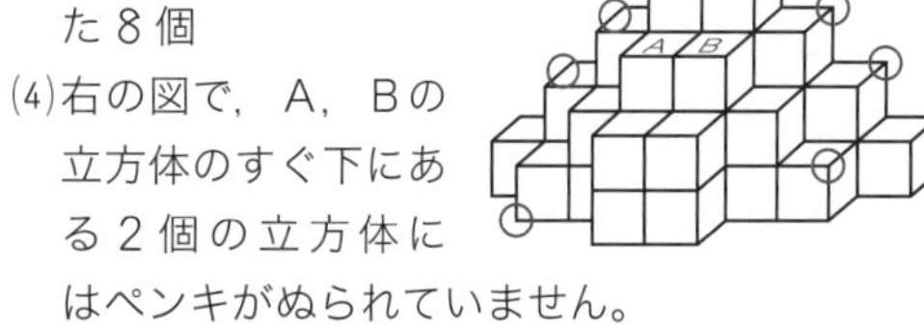

3 (1)(例)

(2)26 個使って作るので，右の図から立方体を 1 個取りのぞいた形になります。ア，イ，ウの立方体のどれか 1 個を取りのぞいた場合で，3 通り。

(3)25 個使って作るので，下の図から立方体を 2 個取りのぞいた形になります。

上から 2 個取りのぞく場合では，例えば A，B，E の立方体とその下の立方体を取りのぞいたときで，3 通り。

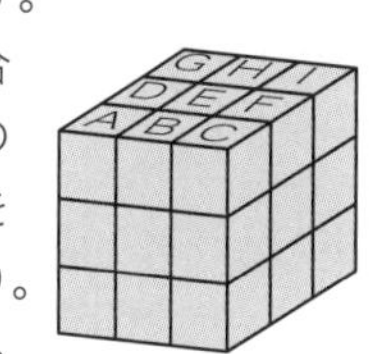

最上段の 9 個の立方体から 2 個を取りのぞく場合では，AB，AC，AD，AE，AF，AH，AI，BD，BE，BH を 2 個の組で取りのぞいたときで，10 通り。

これより，3+10=13(通り)

4 (1)上の段から立方体の個数を数えて，

10+4+10=24，体積は 24 cm^3。

(2)上下，前後，左右から見たとき見える面の数と，くりぬいてできた穴の表面に出た面の数を数えます。上下で 10 個ずつ，前後で 10 個ずつ，左右で 8 個ずつで，

10×4+8×2=56…①

穴の表面に現れた面の数は，2 個ならびをくりぬいたところで 6 つで，同じ形が上下と前後の 4 か所にあるので，6×4=24…②

1 個をくりぬいたところでは 4 つで，左右にあるので 4×2=8…③

①②③を合わせて，56＋24＋8＝88，表面積は 88 cm^2。

ハイクラス

p.100〜101

1 (1)36　(2)3 個　(3)9 個　(4)12 個　(5)30 個

2

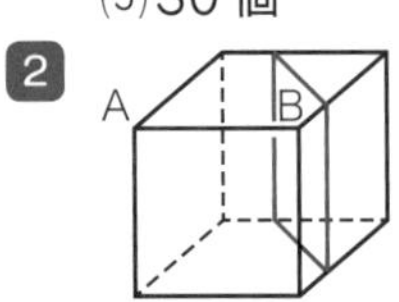

3 (1)14 個　(2)8 個

4 (1)86 cm^3　(2)72 cm^2

解き方

1 (1)上下，前後，左右どの向きから見ても 6 つの面が見えるので，6×6＝36

(2)いちばん上，いちばん下の段の左はし，右はしの 3 個。

(3)右の 4 段の図で○をつけた 6 個，1 段ふえると 3 個ふえるので，9 個。

(4)4 段の図を反対側から見た図で，○をつけた 6 個。1 段ふえると 3 個ふえるので，6＋3＋3＝12(個)

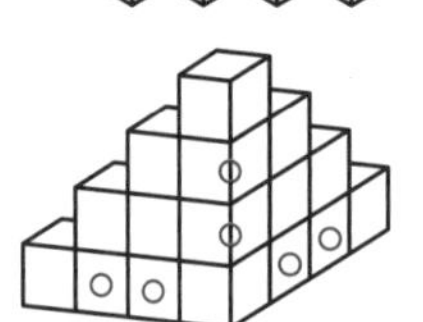

(5)7 段の図を後ろから見た図で，色をぬった 10 個。左と下の面も同様なので，30 個。

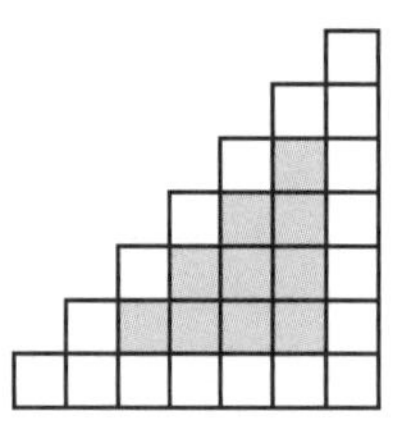

3 (1)(例)　(2)(例)

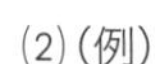

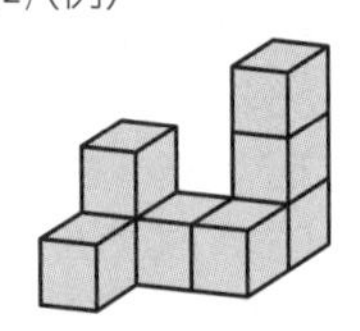

4 (1)上の段から順に，

25＋4＋16＋16＋25＝86(cm^3)

3，4 段目は右の図のようになります。

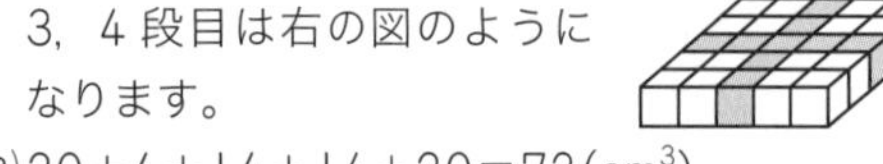

(2)20＋4＋14＋14＋20＝72(cm^3)

3，4 段目は右の図のようになります。

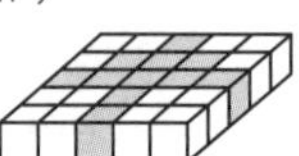

24 容　積

標準クラス

p.102〜103

1 (1)0.0048　(2)2400　(3)1081.3　(4)2350

2 30 cm

3 8.25 cm

4 考え方…(例) 36－16＝20(cm)

2 L の水を入れて水面が 20 cm 上がったので，容器の底面積は，2000÷20＝100(cm^2)

石をしずめる前の水の深さは，

1200÷100＝12(cm)

石の体積は 100×(16－12)＝400(cm^3)

答え…400 cm^3

5 7.2 cm

6 (1)8 cm　(2)30 cm^2

7 (1)112 cm^3　(2)28 cm^3

解き方

1 1 m^3＝1000000 cm^3

1 L＝10 dL＝1000 mL＝1000 cm^3

1 kL＝1000 L＝1 m^3

2 4 時間で入った水の量を，プールの底面の面積でわって深さを求めます。

水の量は，500×60×4＝120000(L)

120000 L＝120 kL＝120 m^3 より，

120÷(25×16)＝0.3(m)

0.3 m＝30 cm

3 立方体の全体が水にしずむから，立方体の体積の分だけ水面が高くなります。

立方体の体積は，5×5×5＝125(cm^3)

立方体によって水面が高くなる高さは，

125÷(10×10)＝1.25(cm)

したがって，水の深さは，

7＋1.25＝8.25(cm)

4 比を利用すると，

2 L：(36－16)cm＝x L：16 cm

x＝1.6，1.6－1.2＝0.4

石の体積は 0.4 L＝400 cm^3

> **ポイント　石の体積**
>
> 水のはいった容器に物体をしずめると，その物体がおしのけた水の分だけ，水の深さが増えます。
> 深さが増えた部分の水の体積＝水中にしずんでいる部分の物体の体積

このことを利用すると，石などの複雑な形をした物体の体積も求めることができます。

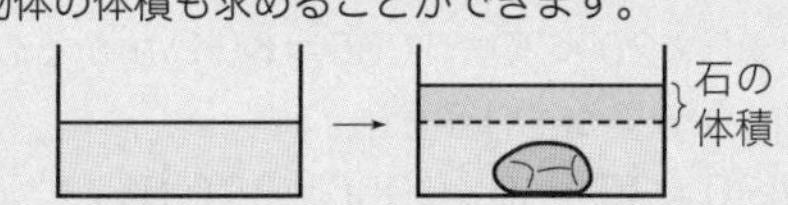

5 同じ水の量で，底面の面積がおもりの底面の面積の部分だけ小さくなった容器に，何 cm の高さまで水が入るか調べます。
水の量は，$8\times15\times6=720(cm^3)$
$720\div(8\times15-4\times5)=7.2(cm)$

6 (1) $1.2\,L=1200\,cm^3$ より，
$1200\div(15\times10)=8(cm)$
(2) 2 cm 上がったということは，深さが 10 cm になったということです。
円柱を入れることで，水の入る部分の底面の面積が $1200\div10=120(cm^2)$ になったことになります。
よって，円柱の底面の面積は，
$15\times10-120=30(cm^2)$

7 面 ABCD の部分を底面として考えます。
(1) 図 2 の水の量は，右の図より，
$(2+6)\times4\div2\times7$
$=112(cm^3)$

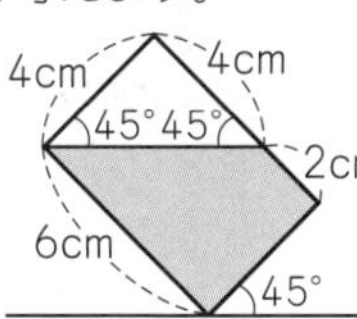

(2) 図 3 で残った水の量は，
$6\times4\div2\times7=84(cm^3)$
したがって，こぼれた水の量は，
$112-84=28(cm^3)$

ハイクラス

p.104～105

1 (1) $720\,cm^3$ (2) 7.5 cm

2 (1) 考え方…(例)アの部分とイの部分で，同じ時間に入る水の量の比は 1：2
底面積の比は 20：30＝2：3
水面が上がる速さは同じ時間に入る水の量に比例し，底面積に反比例するので，アの部分とイの部分の水面が上がる速さの比は
$\frac{1}{2}:\frac{2}{3}=3:4$
よって，イの部分のほうが速い。
答え…イの部分が速い
(2) 12 cm (3) 15 分 20 秒後

3 (1) 19 個以上 (2) 5 個

4 (1) 4 cm (2) $51\,cm^3$

解き方

1 正面に見えている三角形の部分を底面として考えます。

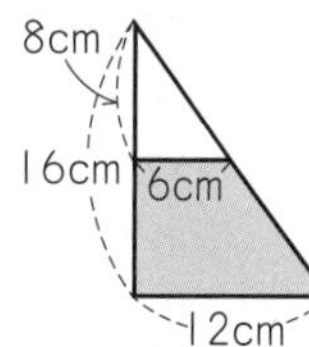

(1) 同じ形のまま，三角形の高さを半分にすると，底辺も半分になります。水の入っている部分を，底面が台形の四角柱と考えます。
$(6+12)\times8\div2\times10=720(cm^3)$
(2) $720\div(12\times16\div2)=7.5(cm)$

2 (1) アの給水管が 1 本，イの給水管が 2 本だから，もしイの底面の幅がアの 20 cm の 2 倍の 40 cm であれば，水面が上がる速さは等しくなります。実際のイの底面の幅は 30 cm だから，イの部分が水面が速く上がります。
(2) 水面が上がる速さの比は 3：4 だから，比の差の 1 が 4 cm を表しているので，
$4\times3=12(cm)$
(3) 水面の高さの差がはじめて 6 cm になるときのアの水面の高さは $6\times3=18(cm)$，イは $6\times4=24(cm)$ です。イは 1 分間に，水面が $24\div12=2(cm)$ 上がるので，しきりをこえるのは，$30\div2=15$(分後)です。
アは 1 分間に，水面が $18\div12=1.5(cm)$ 上がり，15 分後には，$1.5\times15=22.5(cm)$ になるので，アとイの水面は，$30-22.5=7.5(cm)$ の差があります。15 分からは，アに 3 本の給水管で水が入ると考えられますので，アが 3 本の給水管で $7.5-6=1.5(cm)$ 上がるのは，$1.5\div(1.5\times3)=\frac{1}{3}$(分後)
よって，15 分と $\frac{1}{3}$ 分後，つまり，15 分 20 秒後。

3 (1) $30-15=15(cm)$ より，水の深さが 15 cm 以上上がるブロックの個数を求めます。
$(25\times40\times15)\div(20\times10\times4)$
$=18.75$(個)
よって，19 個以上。
(2) ブロックを 1 個置くと，
$(20\times10\times4)\div(25\times40)=0.8(cm)$ 水面が上がります。
したがって，ブロックを 1 個置くたびに，水面との差は $(4-0.8)$cm ずつちぢまります。はじめの水の深さ 15 cm との差をなくせばよいから，
$15\div(4-0.8)=4.6\cdots$(個)
よって，5 個目より水面に出てきます。

4 (1)容器の手前の面を底面，辺 AB は高さとみます。
手前の面の面積は，
$10\times8-8\times(8-5)=56(\mathrm{cm}^2)$
$\mathrm{AB}=224\div56=4(\mathrm{cm})$
(2)右の図で，
AQ＝CP＝3 cm
三角形 RCS は三角形 PAQ の縮図だから，

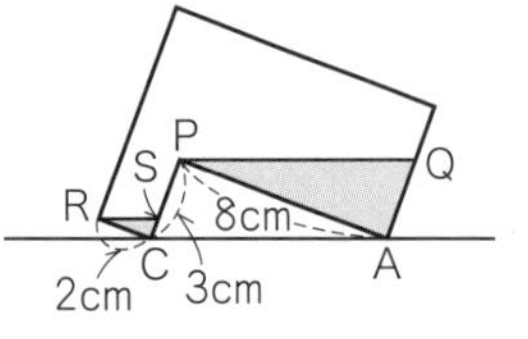

RC：PA＝CS：AQ が成り立ちます。これより
$2:8=\mathrm{CS}:3$，$\mathrm{CS}=2\times3\div8=\frac{3}{4}(\mathrm{cm})$
容器の中に残っている水は，
$2\times\frac{3}{4}\div2\times4+8\times3\div2\times4$
$=3+48=51(\mathrm{cm}^3)$

25 水量の変化とグラフ

標準クラス

p.106〜107

1 (1)32 L　(2)30 cm　(3)21 分 15 秒後
2 (1)10 分後から 18 分後　(2)27 分後
3 (1)毎分 6 L　(2)30 cm　(3)3.75　(4)10
4 (1)
(2)27 cm

解き方

1 (1)入れ始めてから 9 分間に入る水の量は，
$80\times90\times40=288000(\mathrm{cm}^3)=288(\mathrm{L})$
したがって，$288\div9=32(\mathrm{L})$
(2)$18-9=9$(分間)にはいる水の量は，(1)より，
$288000\ \mathrm{cm}^3$
この 9 分間で水がはいる部分の底面積は，
$288000\div30=9600(\mathrm{cm}^2)$
この部分の縦(たて)の長さは，
$9600\div80=120(\mathrm{cm})$
①のはばは，$120-90=30(\mathrm{cm})$
(3)$80\times(120+10)\times10\div32000=3.25$(分)
3.25 分 ＝3 分 15 秒
18 分 ＋3 分 15 秒 ＝21 分 15 秒

2 (1)水面の高さが初めて 20 cm になるのは，
$(30\times30-20\times20)\times20\div1000=10$(分後)
その後，小さい容器をいっぱいにするには，
$20\times20\times20\div1000=8$(分)かかるので，
10 分後から 18 分後。
(2)$30\times30\times30\div1000=27$(分後)

3 (1)グラフから 16 分で満水になります。
容器の容積は $30\times80\times40$，1 分間に注いだ水の量は $30\times80\times40\div16=6000$ より，
毎分 $6000\ \mathrm{cm}^3=6\ \mathrm{L}$
(2)板 B の左側の部分が満水になるのにかかる時間は 6.25 分で，それまでに入る水の量は，
$6000\times6.25=37500(\mathrm{cm}^3)$
$37500\div25\div30=50$ より，容器の左はしから板 B までの長さは 50 cm。
また，板 A の左側の部分が満水になるのにかかる時間は 1.5 分で，同様に $6000\times1.5\div15\div30=20$ より，容器の左はしから板 A までの長さは 20 cm。
これより，アの長さは $50-20=30(\mathrm{cm})$
(3)時間イは板 B より左側だけに水が入っていて，水面の高さが板 A の高さ 15 cm と等しくなったときなので，$30\times50\times15\div6000=3.75$
(4)時間ウは板 B の右側にも水が入り，容器全体の水面の高さが板 B の高さ 25 cm と等しくなったときなので，$30\times80\times25\div6000=10$

4 (1)グラフから，しきり板㋐，㋑の高さはそれぞれ 10 cm，30 cm とわかります。
ふたたび y が増えはじめる(グラフが右上がりになりはじめる)時間は，
$(15\times20\times10)\div300=10$(分後)
ふたたび y が増えるのを止める(グラフが水平になりはじめる)時間は，
$(15\times20\times30)\div300=30$(分後)
(2)完成したグラフから，10 分後から 30 分後までは x と y は等しいことがわかるから，
$x=27$ のとき，$y=27$

ハイクラス

p.108〜109

1 (1)25 cm　(2)18 cm　(3)11 分 20 秒後
(4)

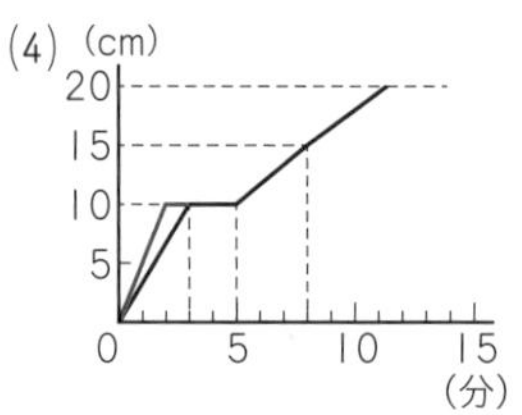

2 (1)(例) Aの水面の高さは 25 cm のまま変わらない。Bの水面の高さは 15 cm のまま変わらない。Cの水面の高さは 0 cm から 15 cm まで高くなっていく。

(2)毎分 250 cm^3 (3)10 (4)10

(5)216 (6)60

解き方

1 (1)15＋10＝25(cm)

(2)2 つの直方体でしきられた容器の左側の部分に水が 10 cm の深さまで入るのに 3 分, その後, 右側の部分に 10 cm の深さまで入るのに 2 分かかります。

したがって, 左側と右側の底面積の比は 3：2 より, アオの長さは, $(40-10)\times\frac{3}{3+2}=18$(cm)

(3)容器の左側を 10 cm の深さにするのに 3 分かかっていることから, 1 分間の水量は,

25×18×10÷3＝1500(cm^3)

よって, この容器を満水にする水量÷1 分間の水量より,

(25×40×20－15×10×10×2)÷1500

$=11\frac{1}{3}$(分)　$11\frac{1}{3}$分＝11 分 20 秒

(4)2 つの直方体を左に置き直すと, 容器の左側の部分が 10 cm の水の深さになるのが 3 分より速くなるが, その分, 容器の右側の部分の時間がのびます。したがって, 5 分で 10 cm の深さになることと, 全体をいっぱいにするのにかかる時間は同じです。

2 (1)時間帯ごとの水の入るようすをグラフから読みとります。グラフの縦の目もりが表しているのはある部分の水面の高さではなく「Aの部分の水面の高さ」と「Cの部分の水面の高さ」の差です。つまり, 0 cm のときはAとCの水面の高さが同じで(どちらも 0 cm の場合をふくむ), 25 cm のときは水面の高さの差が 25 cm であることを示してます。

0 分からウまではAに水が入り, ウのとき水面は 25 cm になります。

ウから 84 分まではAとBの間の仕切りを越えてBに水が入りはじめ, 84 分でBの水面の高さは 15 cm になります。この間はCには水が入らないので, グラフは 25 cm のまま変わりません。

84 分から 132 分まではBとCの間の仕切りを越えてCに水が入り, 132 分のときCの水面の高さは 15 cm になります。Aの水面は 25 cm のままで, Cの水面はだんだん高くなるのでグラフは右下がりに減っていきます。

132 分から 180 分まではBとCの部分の水面が 15 cm から 25 cm まで高くなっていき, 180 分のときの水面の高さはどの部分も 25 cm になり, AとCの水面の高さの差がなくなるのでグラフは 0 cm になります。

180 分からイまでは全体の水面の高さが 25 cm から 30 cm まで高くなっていきます。

(2)84 分から 132 分まで, Cに水が入って 15 cm の深さになるので,

(40×20×15)÷(132－84)＝250

(3)132 分のときAの水面の高さは 25 cm, Cの水面は 15 cm だから, 差は 25－15＝10(cm)

(4)132 分から 180 分まで, BとCに水が入って水面の高さが 15 cm から 25 cm に上がります。この間に入る水の量は 250×(180－132)

＝12000(cm^3)

BとCの部分の横の長さの合計は 12000÷40÷(25－15)＝30(cm) だから, x＝30－20＝10(cm)

(5)全体の水面の高さが 25 cm になるのに 180 分かかるので, 180÷25×30＝216(分)

(6)180 分で全体に 25cm の深さまで水が入るので, 250×180÷25÷40＝45 より, 水そうの横の長さは 45 cm。Aの部分の横の長さは 45－10－20＝15(cm)

はじめからウまでに入る水の量は 40×15×25＝15000(cm^3)

毎分 250 cm^3 ずつ水が入ることから,

15000÷250＝60(分)

チャレンジテスト⑦

p.110~111

1 (1)320 cm^3 (2)1 cm (3)6 本

2 (1)7 個 (2)28 個

3 (1)173 cm^2 (2)2768 cm^3

4 (1)毎分 500 cm^3 (2)50 (3)100 cm^2

解き方

1 (2)水の体積は 10×16×9＝1440(cm^3)

棒を 1 本入れると, 4×4＝16(cm^2)だけ底面積が少なくなるので, 入れたあとの水の高さは, 1440÷(10×16－4×4)＝10(cm)となるので, 9 cm から 1 cm 上がります。

(3) $1440 \div 20 = 72$ より，棒を入れて水面が 20 cm より高くなるときは，水の部分の底面積が 72 cm^2 より小さくなります。
容器の底面積は 160 cm^2 だから，
$(160-72) \div (4 \times 4) = 5.5$ より，棒を 5.5 本より多く入れたときに水面の高さが 20 cm を越えます。
棒の本数は整数なので，6 本。

2 (1) いちばん上の段(だん)で 3 個，中段で 3 個，下の段で 1 個の合計 7 個が切断されます。

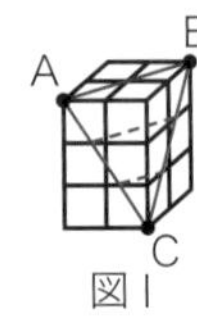

図 1

(2) 右の図のように(1)のブロックを 8 個積んだ形で，そのうち 4 個のブロックが(1)と同じ形で切断されるので，切断される立方体は全部で $7 \times 4 = 28$(個)

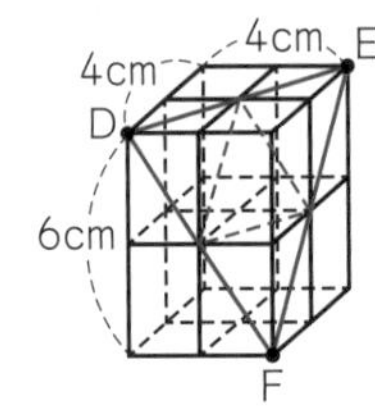

3 (1) 斜線(しゃせん)部分を底面とみると，側面は縦(たて)が 16 cm で横が底面のまわりの長さである長方形になります。

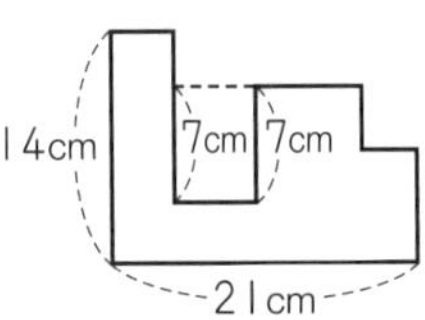

底面のまわりの長さは，
$(14+21) \times 2 + 7 \times 2 = 84$(cm)
側面の面積は，$16 \times 84 = 1344$(cm^2)
立体のすべての面の面積の和は，底面の面積 2 つ分と側面の面積の和だから，求める部分の面積は，
$(1690 - 1344) \div 2 = 173$(cm^2)

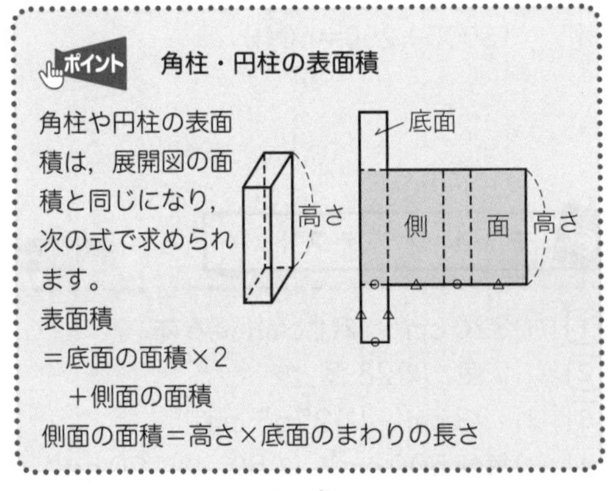

(2) $173 \times 16 = 2768$(cm^3)

4 (1) 358 分から 458 分までの 100 分間に入った水は，
$50 \times 100 \times (50-40) = 50000$(cm^3)
$50000 \div 100 = 500$

(2) 98 分から 238 分までの 140 分間に入った水は，
$500 \times 140 = 70000$(cm^3)
このとき水は仕切りの左側の，段差より上の部分に入り，仕切りの高さまでたまるので，
$70000 \div (40-20) \div 50 = 70$ より，仕切りの左側で段差より上の部分の横の長さは 70 cm となります。
$x = 70 - 20 = 50$

(3) 0 分から 48 分までに入った水は，
$500 \times 48 = 24000$(cm^3)
鉄の円柱の体積は，
$50 \times 50 \times 10 - 24000 = 1000$(cm^3)
円柱の高さは 10 cm だから，底面積は
$1000 \div 10 = 100$(cm^2)

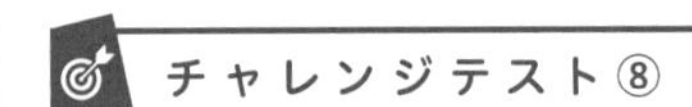

チャレンジテスト⑧

p.112～113

1 (1) 103.5 cm^2　(2) 78.3 秒

2 (1) 100 cm^3　(2) $58\frac{1}{3}$ cm^3

3 94.2 cm^3

4 (1) 2 : 1　(2) ① 4500 cm^3

②

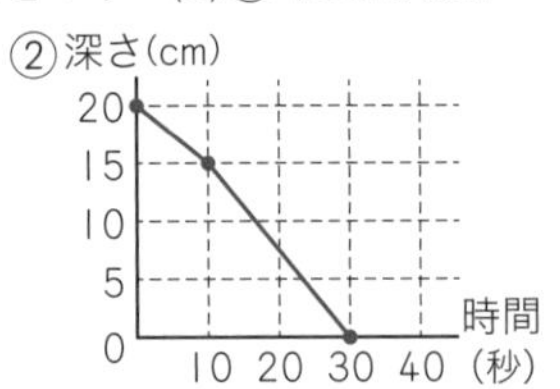

解き方

1 (1) 水の深さが 2 cm のとき，水面に出ている立体の高さは $8-2=6$(cm) より，立体の高さと水面に出ている高さの比は，$8 : 6 = 4 : 3$
立体の水面の 1 辺の長さは，

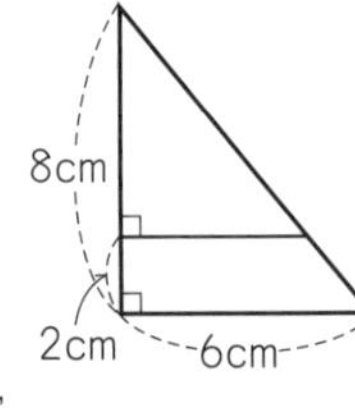

$6 \times \frac{3}{4} = 4.5$(cm)
$12 \times 12 - 4.5 \times 4.5 \div 2 \times 4 = 103.5$(cm^2)

(2) 水面より上の体積は，
$12 \times 12 \times (8-2) - 4.5 \times 4.5 \div 2 \times 6 \times \frac{1}{3} \times 4$
$= 783$(cm^3)
$783 \div 10 = 78.3$(秒)

2 (1) $5 \times 5 \div 2 \times 8 = 100$(cm^3)

(2) 展開図を組み立てた三角柱は右の図のようになります。点A，B，P，Qを通る平面で切ったとき，点Cをふくむ立体はQPR－ABCを頂点とする立体です。AQ，BP，CRを上方にのばすと１点で交わり，その点をSとすると，立体SABC，立体SQPRはどちらも三角すいです。また点P，Qは辺の真ん中の点だから，図形の拡大と縮小の関係から RQ：QD＝SQ：QA＝１：１，SR：RC＝１：１，よって SR＝RC＝5 cmとなります。また，三角形QPRは三角形ABCの $\frac{1}{2}$ の縮図です。

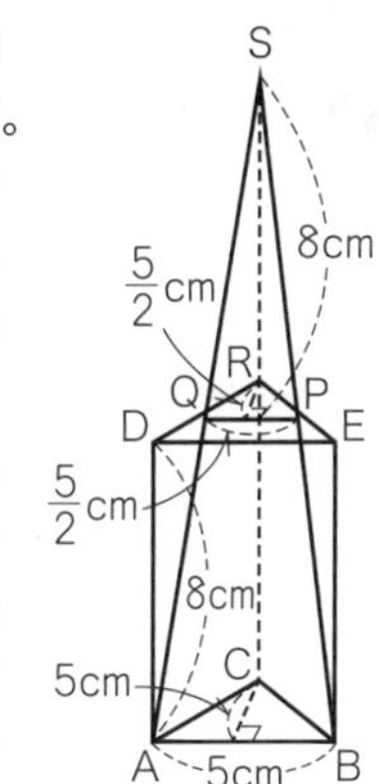

切り分けられた立体のうち点Cをふくむ立体の体積は(三角すいSABC)－(三角すいSQPR)として求められます。その体積は，

$5\times5\div2\times16\times\frac{1}{3}-\frac{5}{2}\times\frac{5}{2}\div2\times8\times\frac{1}{3}$

$=58\frac{1}{3}(\text{cm}^3)$

③ 組み立てた立体は，右の図のような円柱の一部になります。
おうぎ形の中心角は，

$360°\times\frac{6.28}{3\times2\times3.14}=120°$

立体の体積は，

$3\times3\times3.14\times\frac{120}{360}\times10=94.2(\text{cm}^3)$

弧6.28cm
10cm
3cm

④ (1) 仕切りの手前のCQ側に水が入るのがはじめの24秒間で，QD側に水が入るのが24秒から36秒までの12秒間だから，底面積の比は 24：12＝2：1 となり，CQとQDの長さの比も 2：1

(2) ① 水を抜いたとき，仕切りの奥のQD側には仕切りの高さまで水が残ります。
満水になった水の体積は
$125\times48=6000(\text{cm}^3)$
QD側に残る水は，
$6000\times\frac{3}{4}\times\frac{1}{2+1}=1500(\text{cm}^3)$
よって抜かれた水の体積は
$6000-1500=4500(\text{cm}^3)$

② 仕切りの高さより上の部分の水の体積は1500 cm^3 で，毎秒150 cm^3 の割合で水を抜くとこの部分の水が抜けるまでにかかる時間は 1500÷150＝10(秒)
仕切りより下で手前CQ側の部分に入る水の体積は3000 cm^3 だから，この部分の水が抜けるのにかかる時間は20秒となります。

26 推理や規則性についての問題

標準クラス

p.114〜115

1 9人
2 右の図

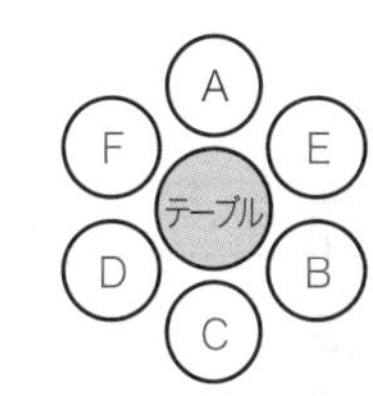

3 (1)青色 (2)37枚，38枚，39枚 (3)79枚
4 (1)20個 (2)36個 (3)36個

解き方

1 写真に写っている人数の合計から，2枚以上の写真に写っている人をひきます。3枚すべてに写っている人は2，2枚に写っている人は1をひきます。
(3＋4＋6)－2－1×2＝9(人)

2 条件②より，CはAの向かい。
①，③より，Bがカレ－ライスだから，AとCは牛丼（ぎゅうどん）。
⑦，⑧より，Aの両どなりはEとFになります。したがって，
Cの両どなりはBとDになります。

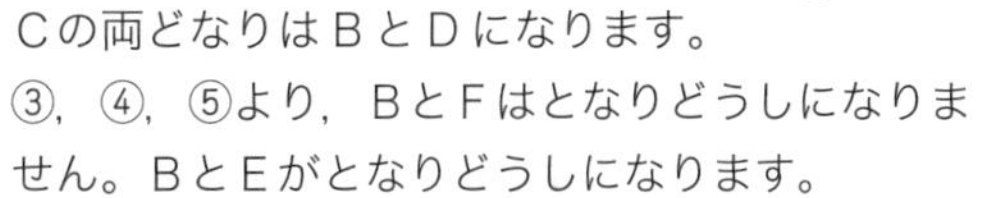

A
F
E
テーブル
D
B
C

③，④，⑤より，BとFはとなりどうしになりません。BとEがとなりどうしになります。
⑤，⑥より，DとFはとなりどうしだが，FはDの右どなりにならないことから，上の図のような並び方になります。

3 (1)〔青白白青〕の4枚をくり返しならべます。
16÷4＝4 より，ちょうど4回のくり返しで，16枚目は〔青白白青〕の右はしにあたるので青色です。
(2)〔青白白青〕の中に青色は2枚入っているので，19÷2＝9 あまり 1 より，〔青白白青〕を9回くり返し，さらに37枚目の青色1枚をならべたことになります。
また，38枚目と39枚目は白色だから，38枚，39枚でもよいです。
(3) 157÷4＝39 あまり 1 より，〔青白白青〕39

回と１枚ならべています。１枚は青色だから，青いタイルの枚数は $2\times39+1=79$（枚）

4 (1)まわりの白石の数は，（白石の１辺の数－１）×４で求められます。
$(6-1)\times4=20$（個）

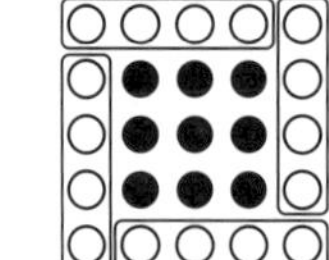

(2)（白石の１辺の数－１）×４＝28 より，白石の１辺の数は８個。
黒石の１辺の数はまわりの１辺の数－２になるので，黒石の数は，$6\times6=36$（個）

(3)黒石の１辺の数が８個だから，白石の１辺の数は 10 個。よって，$(10-1)\times4=36$（個）

ハイクラス

p.116～117

1 EBACGDF

2 (1)A，E，C，B，D
(2)（例）わった数はあまりより大きいから。
(3)A…30　B…4　C…7　D…2

3 (1)28 個　(2)190 個

4 (1)61　(2)第 12 段の左から４番目

5 (1)右の図
(2)63

解き方

1 条件を図や記号で表して整理して考えます。
・AさんとCさんの間に２人いる
→「A□□C」または「C□□A」
・Bさんのすぐ前にEさん，DさんはBさんの後方で間に２人いる
→左の順位が上として「EB□□D」
・Aさんが３人を追い抜いてゴール
→「□□□A□□C」または「C□□A」
ところがランナーは７人で，「□□□A□□C」ではAが４位となり，Gが４位という条件に反するので，「C□□A」の順に並んでいることがわかります。また，Aは３人抜いてゴールしたので，このあと「AC□□」という順番に変わります。
また「EB□□D」という順位から，現在のEは１位か２位のどちらかにしぼられます。
もし現在Eが２位とすると，「①EBG⑤D⑦」と並んでいることになり，「C□□A」の並びが入れなくなるので，Eは２位ではありません。
これより，現在Eは１位で「EB③GD⑥⑦」と並んでいて，C□□Aが入るところはCが３位，Aが６位となります。現在の順位は「EBCGDAF」，ゴールした順位は「EBACGDF」です。

2 (1)条件を整理すると次のようになります。
ア　$A=B\times C+D$
イ　$E=B\times C$
ウ　$B>D$
エ　$C=B+3$
AをBでわった商がCだから，$A>C$，$A>B$
アとイより $A>E$，$E>B$，$E>C$
エより，$C>B$
これらをまとめると，$A>E>C>B>D$

(3)$E=28$ のとき，条件イより $B\times C=28$ です。
考えられる組合せは 28×1，14×2，7×4 だから，条件エより $C=7$，$B=4$
Dは偶数で０ではなく，$B=4$ より小さいので，$D=2$
条件アより $A=4\times7+2=30$

3 (1)奇数（きすう）番目で新たにならべる白い玉は，４個ずつ多くなっていくので，$1+5+9+13=28$（個）
(2)20 番目の白い玉は 19 番目のときと同じ。
19 番目のときに，右はしと下にならべる白い玉の数は，$19\times2-1=37$（個）
よって，$1+5+\cdots\cdots+33+37$
$=\{(1+37)+(5+33)+\cdots\cdots+(37+1)\}\div2$
$=38\times10\div2=190$（個）

4 (1)第 11 段（だん）の中央は，第 11 段の右から６番目の数。奇数段目は，右はしが最も小さい数で，左へいくほど大きくなります。
第 10 段目までの数は，$11\times10\div2=55$ だから，$55+6=61$
(2)第 11 段の左はしは，$55+11=66$，
$70-66=4$
偶数（ぐうすう）段目は，左はしが最も小さい数だから，70 は第 12 段の左から４番目。

5 (1)それぞれの部分が表す数は，右のように，順に２倍になっているので，
$30=2+4+8+16$
(2)左の図は，$1+4+16=21$
右の図は，$2+8+32=42$
よって，$21+42=63$

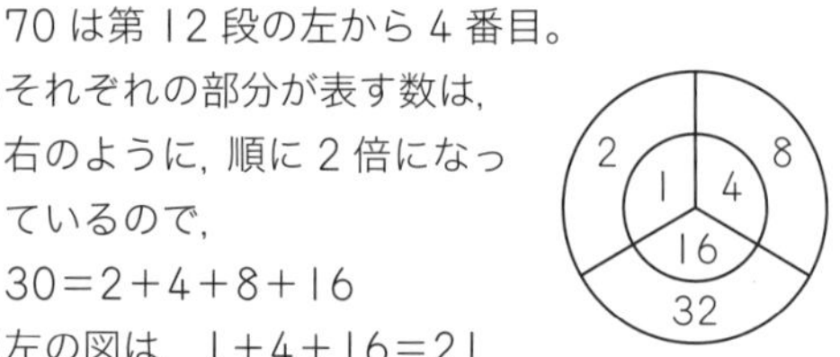

27 倍数算

標準クラス

p.118～119

1 355 cm

2 15 個

❸ 600円
❹ 13.5 cm
❺ 1080 cm
❻ 35 cm
❼ おとな 160 人，子ども 100 人
❽ 360 cm

解き方

❶ リボンがもう 80 cm 長ければ，長いほうのリボンの長さが，短いほうのリボンの長さの 3 倍になります。
短いほうのリボンの長さは，
(500＋80)÷(1＋3)＝145(cm)
長いほうのリボンの長さは，
500－145＝355(cm)

❷ 60÷(1＋3)＝15(個)

❸ 差の 400 円が変わらず，比の差の 2 にあたります。

❹ 縦の長さが等しいので，面積の比は横の長さの比と等しくなります。また，横を 3 cm 長くしても長さの差は変わりません。はじめの比 3：2 の差の 1 と，後の比⑪：⑧の差の③が等しくなります。
したがって，はじめの比を 9：6 にすると，3 cm が比の 11－9＝2 にあたるので，はじめのアの横の長さは，9×(3÷2)＝13.5(cm)

❺ 2 人のリボンの長さの和が変わりません。はじめの 3：2 の和 5 と後の比⑤：④の和⑨が等しくなります。

❻ C は B の 2 倍より 2 cm 長いので，B の比が③のとき C は(⑥＋2 cm)と表されます。
A：B：C＝⑤：③：(⑥＋2 cm)，
(100－2)÷(⑤＋③＋⑥)＝7 より，
比の①は 7 cm を表しています。

❼ 土曜日の比を○，日曜日の比を□とします。

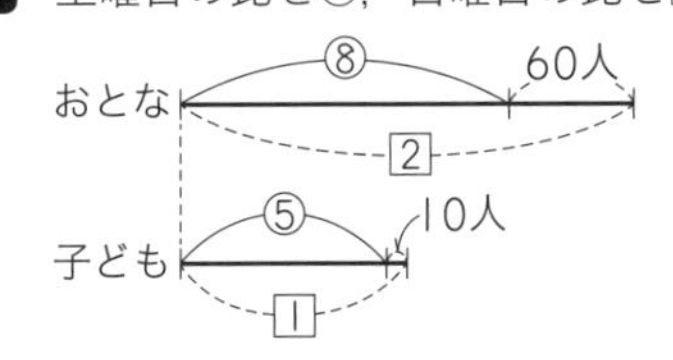

2＝⑧＋60 人
2＝⑤＋⑤＋10 人＋10 人＝⑩＋20 人
これより，比②が 40 人を表しています。

❽ 切りとっても差がかわらないことに着目します。A と B についてのはじめの比 3：7 の差 4 と，後の比①：④の差③が等しくなります。4 と③の最小公倍数は 12 なので，はじめの比を 9：21，後の比を 4：16 として比をそろえます。

ハイクラス

p.120～121

❶ 容器 A 200 mL，容器 B 160 mL
❷ 2000 円
❸ 42 個
❹ 63 人
❺ 9000 円
❻ 1.8 m
❼ 34 本
❽ 78 個
❾ 17 本

解き方

❶ 水の量の和が変わりません。はじめの比 5：4 の和 9 と後の比⑪：⑦の和⑱が等しいので，はじめの比を⑩：⑧として比をそろえます。
A から B に 120 mL 移したあとの水の量は
A は⑩－120，B は⑧＋120
そのあと B の半分＝④＋60 を A に移すので，B は④＋60 となります。これが比⑦にあたるので，
⑦＝④＋60
これより比の③が 60 mL を表しています。

❷ はじめに兄が全体の $\frac{1}{4}$ 受け取っているので，おこづかい全部を 1：3 の分けたうちの 1 を受け取ったことになります。次に残りの 3 を 3：2 に分けるので，比をそろえるとはじめに 5：15 に分け，次に残りの 15 を 9：6 に分けたことになります。

❸ 玉を加えた後の比を合わせます。
はじめの比を⑦：⑬とすると，
9：16＝(⑦＋3)：(⑬＋2)
16×(⑦＋3)＝9×(⑬＋2)
(112)＋48＝(117)＋18
これより，比の⑤が 48－18＝30(個)を表しています。
比の①は 6 個にあたるので，はじめの赤玉は
6×7＝42(個)

❹ はじめの比を②：③とすると，
5：6＝(②＋3)：(③－9)
6×(②＋3)＝5×(③－9)
⑫＋18＝⑮－45
これより，比の③が 18＋45＝63(人)を表しています。
比の①は 21 人にあたるので，はじめ公園にいた女の子は 21×3＝63(人)

❺ 弟がもらったお年玉を①とすると

7：4＝(5000＋②)：(3500＋①)
弟のお金を 2 倍すると，
7：8＝(5000＋②)：(7000＋②)
これより，比の差の 1 が 7000－5000＝2000(円)を表しています。

6 A：B＝5：6，Bから全体の $\frac{1}{4}$ を切り取っているので，残りの比は $6\times\frac{3}{4}=4.5$
AとBの比の差の 5－4.5＝0.5 が，Aから切り取った 18 cm を表しています。

7

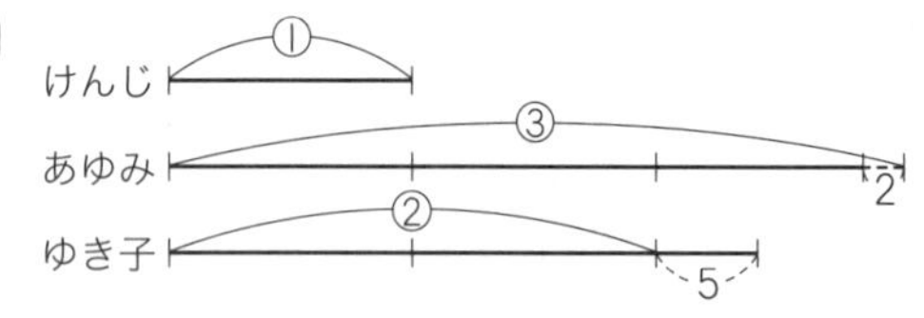

上の図より，けんじさんのえん筆の本数は，
(75－5＋2)÷(1＋3＋2)＝12(本)
したがって，あゆみさんがもらったえん筆の本数は，
12×3－2＝34(本)

8 もらったみかんの数の比は A：B＝2：3
みかんの総数を 6 個ふやして 224 個とし，Cがあと 6 個もらったことにすると
A：B：C＝2：3：3 となるので，
224÷(2＋3＋3)＝28
Cが実際にもらったみかんは 28×3－6＝78(個)

9 Aがもらう鉛筆を①とすると，
A＝①
B＝①＋5
C＝①－5
(BとCの和は②となる)
D＝(①－5)×2＝②－10
鉛筆を 10 本ふやして分けると考えて，
60÷5＝12 より，①は 12 本を表しています。

28 仕事算，ニュートン算

標準クラス p.122～123

1 10 日

2 3 時間 $25\frac{5}{7}$ 分

3 24 日

4 12 日

5 42 頭以下

6 (1) 1800 人 (2) 4 人
(3) 9 時 25 分 (4) 29 か所

7 (1) 150 人 (2) 6 分後

解き方

1 全体の仕事量を 1 とすると，
1 人が 1 日でする仕事量は，$1\div20\div50=\frac{1}{1000}$
したがって，$1\div\left(\frac{1}{1000}\times25\right)=40$(日)より，
50－40＝10(日)

> **ポイント** 仕事算
> 全体の仕事量を 1 とすると，
> 1 時間にできる仕事量＝1÷仕事にかかる時間
> 仕事をするのにかかる時間＝1÷1 時間にできる仕事量
> できる仕事量＝1 時間にできる仕事量×時間
> A，Bの 2 人で 1 時間にできる仕事量
> $=\frac{1}{\text{Aだけでかかる時間}}+\frac{1}{\text{Bだけでかかる時間}}$
> A，Bの 2 人で働いたときにかかる時間
> ＝1÷(A，Bの 2 人で 1 時間にできる仕事量)

2 $1\div\left(\frac{1}{8}+\frac{1}{6}\right)=3\frac{3}{7}$(時間)
$\frac{3}{7}$ 時間 $=\frac{3}{7}\times60$ 分 $=25\frac{5}{7}$ 分

3 全体の仕事量を 1 とすると，A，Bの 2 人でできる 1 日の仕事量は，
$1\div8=\frac{1}{8}$
Aの 1 日の仕事量は，$1\div12=\frac{1}{12}$ より，
Bの 1 日の仕事量は，$\frac{1}{8}-\frac{1}{12}=\frac{1}{24}$
したがって，Bが 1 人で仕事をしたときにかかる日数は，
$1\div\frac{1}{24}=24$(日)

4 はじめゆうこさんが 16 日編むので，
$\frac{1}{42}\times16=\frac{8}{21}$，残った仕事は
$1-\frac{8}{21}=\frac{13}{21}$
この仕事を 2 人で毎日するので，
$\frac{13}{21}\div\left(\frac{1}{42}+\frac{1}{36}\right)=12$(日)

5 牛 1 頭が 1 日に食べる草の量を 1 とすると，20 頭の牛が 100 日で食べる草の量は
20×100＝2000
30 頭の牛が 60 日で食べる草の量は
30×60＝1800
その差 2000－1800＝200 は，日数の差が

100−60=40(日) だから，40 日間に生えてくる草の量を表しています。
Ⅰ日に生えてくる草は，200÷40=5
はじめに牧場にあった草の量は，
20×100−5×100=1500
40 日間で生えてくる草は，5×40=200 だから，
(1500+200)÷40=42.5
これより，牛の数が 42.5 頭であれば 40 日で草がなくなるので，42 頭以下にします。

6 (1) 1000+16×50=1800(人)
(2) 1800÷9÷50=4(人)
(3) Ⅰか所でⅠ分間に 4 人受付(うけつけ)できることから，毎分並(なら)ぶ 16 人に対して，16÷4=4(か所)の受付が対応します。
すでに並んでいた 1000 人に対して，14−4=10(か所)の受付が対応します。
1000÷(4×10)=25(分) かかります。
したがって，9 時 25 分に待つ人がいなくなります。
(4) すでに並んでいる人に対して，
1000÷10÷4=25(か所)
毎分並ぶ 16 人に対して 4 か所より，
25+4=29(か所)

7 (1) Ⅰつの窓口(まどぐち)で 30 分間に入場券を買える人数は，
10×30=300(人)
2 つの窓口で 10 分間に入場券を買える人数は，
10×2×10=200(人)
Ⅰ分間に集まってくる人数は，
(300−200)÷(30−10)=5(人)
9 時にできていた列の人数は，
300−5×30=150(人)
(2) 3 つの窓口だから，Ⅰ分間に 10×3=30(人)に対応できることから，30−5=25(人)
毎分並ぶ 5 人に対応しても，Ⅰ分間に 25 人ずつ列が少なくなっていきます。したがって，
150÷25=6(分後)に列がなくなります。

ハイクラス

p.124〜125

1 7 日目
2 $22\frac{1}{2}$ 分間
3 (1) 6 日 (2) 7 日
4 8 時間
5 32 分
6 (1) 3 倍 (2) 8 日 (3) 9 頭

解き方

1 おとなの牛 2 頭と子牛 3 頭がⅠ日で食べる草は，
$\frac{1}{20}\times2+\frac{1}{60}\times3=\frac{3}{20}$
$1\div\frac{3}{20}=6\frac{2}{3}$
$6\frac{2}{3}$ 日で食べ終えるので，7 日目。

2 A，B 2 つの管を使ってⅠ分間に入る水の量は，$\frac{1}{9}$ だから，3 分間で入る水の量は $\frac{1}{9}\times3=\frac{1}{3}$
残り $\frac{2}{3}$ をAだけで入れると 10 分かかるので，
$\frac{2}{3}\div10=\frac{1}{15}$ よりA管でⅠ分間に入る水の量は $\frac{1}{15}$ だから，B管でⅠ分間に入る水の量は
$\frac{1}{9}-\frac{1}{15}=\frac{2}{45}$
$1\div\frac{2}{45}=22\frac{1}{2}$(分)

3 (1) Ⅰ日の仕事量は，仕事全体をⅠとすると，
信さんは $\frac{1}{12}$，明さんは $\frac{1}{18}$，健さんは $\frac{1}{36}$
3 人のⅠ日の仕事量は，
$\frac{1}{12}+\frac{1}{18}+\frac{1}{36}=\frac{1}{6}$
3 人が協力して完成させるには，
$1\div\frac{1}{6}=6$(日)
(2) 明さんが休んだときのⅠ日分の仕事量は，
$\frac{1}{12}+\frac{1}{36}=\frac{1}{9}$
健さんが休んだときの 4 日分の仕事量は，
$\left(\frac{1}{12}+\frac{1}{18}\right)\times4=\frac{5}{9}$
3 人で仕事をした日数は，
$\left(1-\frac{1}{9}-\frac{5}{9}\right)\div\frac{1}{6}=2$
したがって，かかった日数は，
1+4+2=7(日)

4 紙パックをⅠ時間に 750 個つくると 16 時間でタンクがからになるので，つめた牛乳の量は
750×16=12000
紙パックをⅠ時間に 900 個つくると 12 時間でタンクがからになるので，つめた牛乳の量は
900×12=10800
(12000−10800)÷(16−12)=300 より，タンクにはⅠ時間で紙パック 300 個分の牛乳が入ります。

はじめにタンクにあった牛乳の量は，
12000－300×16＝7200
これより，1時間に1200個つくるときタンクがからになる時間は
7200÷(1200－300)＝8(時間)

5 管A1本を使うと1分でからの水そうの $\frac{1}{80}$ の水が入るので，管A2本で16分水を入れるとき入る水は，
$\frac{1}{80}\times2\times16=\frac{2}{5}$
残りの $\frac{3}{5}$ を 24－16＝8 より8分で満水にしたので，管A1本と管B2本で1分に入る水の量は
$\frac{3}{5}\div8=\frac{3}{40}$
$\left(\frac{3}{40}-\frac{1}{80}\right)\div2=\frac{1}{32}$ より
管B1本で1分に入る水の量は $\frac{1}{32}$ だから，
32分かかります。

6 (1)8×32＝256，11×20＝220，
(256－220)÷(32－20)＝3 より，1日に生えてくる草は牛1頭が1日に食べる草の量の3倍です。
(2)はじめに牧場にあった草の量は，
220－3×20＝160
牛23頭を放すときに草を食べつくすのにかかる日数は 160÷(23－3)＝8 より，8日。
(3)はじめに16頭の牛が10日で食べる草の量は
(16－3)×10＝130，
このとき残っている草の量は 160－130＝30 となる。
残った牛がこの草を5日で食べつくしたので，30÷5＝6，その他に，毎日新たに牛3頭が1日に食べる量の草が生えてくることから，残っている牛は 6+3＝9(頭)

29 速さについての文章題 ①

標準クラス

p.126～127

1 1時間30分後
2 6分後
3 8時5分
4 60分
5 2分
6 48分
7 (1)30 km (2)15時10分
(3)16 km

解き方

1 2人が1時間に近づく道のりは，
5+13＝18(km)
2人の間の道のりは27 kmより，
27÷18＝1.5(時間)で，1時間30分後。

2 池のまわりの長さを1とすると，
まさおさんの分速は，$1\div10=\frac{1}{10}$
まゆみさんの分速は，$1\div15=\frac{1}{15}$
したがって，出会うまでの時間は，
$1\div\left(\frac{1}{10}+\frac{1}{15}\right)=6$(分)

3 自転車で，8時25分まで進み続けると，
300×(25－11)＝4200(m)先まで行きます。
徒歩(とほ)と自転車では，毎分(300－90)mずつ差ができるから，
4200÷(300－90)＝20(分)
20分間で4200 mの差がついたことになります。
8時25分－20分＝8時5分

4 かかった時間は，3600÷50＝72(分)
下りは，上りの速さの5倍で歩いたから，かかった時間は上りの $\frac{1}{5}$
したがって，下りの時間は 72÷(1+5)＝12(分)
より，上りの時間は，72－12＝60(分)

5 川を下るので，移動する速さは(静水での速さ＋川の流速）となります。
時速3 kmは分速50 mだから，
2590÷(20+50)－2590÷(24+50)
＝37－35＝2(分)

ポイント 流水算
上りの速さ＝静水時の船の速さ－流れの速さ
下りの速さ＝静水時の船の速さ＋流れの速さ
静水時の船の速さ＝(上りの速さ＋下りの速さ)÷2
流れの速さ＝(下りの速さ－上りの速さ)÷2

6 通常の上りの時速は，8÷2＝4(km)
通常の下りの時速は，$8\div\frac{40}{60}=12$(km)
川の流れの時速は，(12－4)÷2＝4(km)
静水時の船の時速は，4+4＝8(km)
増水時の川の流れの時速は 4×1.5＝6(km）で，船は時速 8×2＝16(km）で進んだから，かかる時間は，8÷(16－6)＝0.8(時間）より，

$60 \times 0.8 = 48$(分)

7 (1) A町からB町に行くのは，B町からA町に行くより時間がかかることから，上りになります。

したがって，$(12-3) \times 3\frac{20}{60} = 30$(km)

(2) 船イは，1時間40分でB町からA町まで進んだから，時速は，$30 \div 1\frac{40}{60} = 18$(km)

B町からA町までは下りだから，静水時の時速は，$18-3=15$(km)

したがって，上りにかかる時間は，

$30 \div (15-3) = 2.5$(時間)

2.5時間＝2時間30分 より，

12時40分＋2時間30分＝15時10分

(3) 船アは9時に出発しており，船イが出発する10時までに，$12-3=9$(km)進んでいます。

したがって，両方の船が出会うまでにかかる時間は$(30-9) \div (9+18) = \frac{7}{9}$(時間) より，船アが進んだきょりは，$9+9 \times \frac{7}{9} = 16$(km) で，A町より16kmの位置。

ハイクラス

p.128～129

1 (1) **考え方…(例) AさんはBさんと出会ってから2分後にCさんと出会うので，2分間にAさんとCさんが進む道のりの合計だけはなれている。**

$(100+70) \times 2 = 340$(m)

答え…340 m

(2) **6120 m**

2 (1) **32分後** (2) **64 m** (3) **1350 m**

3 (1) **1分20秒後** (2) **毎分14.5 m**

4 (1) **毎時3 km** (2) **18 km** (3) **午後2時45分**

解き方

1 (2) AさんとBさんが出会ったときCさんとの差が340 mより，BさんとCさんの進んだ道のりの差が340 mになるのは，出発してから，

$340 \div (80-70) = 34$(分後)

したがって，AさんとBさんがそれぞれ34分間進んだ道のりを合わせると，P町からQ町までの道のりになるから，

$(100+80) \times 34 = 6120$(m)

2 (1) 太郎さんが，C地点に着いたのは，

$320 \div (60-50) = 32$(分後)

(2) 2人のきょりは毎分10 mずつ増えるから，次郎さんが320 m進む間に増えるきょりは，

$320 \div 50 \times 10 = 64$(m)

(3) もどるのにも同じだけ時間がかかるから，太郎さんがA地点にもどってくるのは，

$32 \times 2 = 64$(分後)

そのとき，次郎さんは$50 \times 64 = 3200$(m)進んでいるから，2人のきょりの差は

$2400 \times 2 - 3200 = 1600$(m)

2人は$1600 \div (270+50) = 5$(分後)に出会うので，A地点から$270 \times 5 = 1350$(m) の所で会います。

3 (1) J子さんが泳ぐ速さはプールの流れの速さだけ速くなり，G子さんが泳ぐ速さはプールの流れの速さだけ遅くなるが，2人は反対の向きに進むので，出会うまでにかかる時間は流れのないプールで泳いだときと変わりません。(同じ時間に進む道のりは，J子さんは流れの分だけ長くなるが，G子さんは流れの分だけ短くなる)

$200 \div (80+70) = 1\frac{1}{3}$(分)＝1分20秒

(2) J子さんが泳いだ道のりは，$(200+52) \div 2 = 126$(m)

J子さんの速さは $126 \div 1\frac{1}{3} = 94.5$ より分速94.5 mで，流れのないプールでの速さは毎分80 mだから，流れの速さは $94.5-80=14.5$ より，毎分14.5 mです。

4 (1) 両方の船の上りと下りにかかる時間の比が4：3より，上りと下りの速さの比は，

$\frac{1}{4} : \frac{1}{3} = 3 : 4$

下りの速さは，時速 $18 \times \frac{4}{3} = 24$(km)

川の流れの速さは，

毎時$(24-18) \div 2 = 3$(km)

(2) 上りと下りの速さの和が$24+18=42$(km)より，$42 \div 42 = 1$(時間)ですれちがいます。

よって，$18 \times 1 = 18$(km)

(3) PとQが3回目にすれちがうのは，それぞれの船が1往復したあとに，はじめてすれちがうところです。

1往復にかかる時間は，

$42 \div 18 + \frac{20}{60} + 42 \div 24 = 4\frac{5}{12}$(時間)

また，1往復したあと，次に出発するまでにも1回休みをとるので，

$4\frac{5}{12} + \frac{20}{60} + 1 = 5\frac{3}{4}$(時間)

$5\frac{3}{4}$ 時間＝5 時間 45 分

したがって，

午前 9 時＋5 時間 45 分＝午後 2 時 45 分

30 速さについての文章題 ②

標準クラス

p.130～131

1. 15 秒
2. 196 m
3. 毎秒 24 m
4. 152 m
5. 235 m
6. 108°
7. 10 時 $54\frac{6}{11}$ 分
8. 9 時 32 分 $43\frac{7}{11}$ 秒
9. (1) $50\frac{10}{13}$ 分後　(2) $36\frac{12}{13}$ 分後

   (3) $16\frac{4}{11}$ 分後

解き方

1 通り抜けるまでに進む道のりはトンネルの長さと列車の長さの和になるので，

(190＋80)÷18＝15(秒)

2 電車の秒速は，840÷60＝14(m)

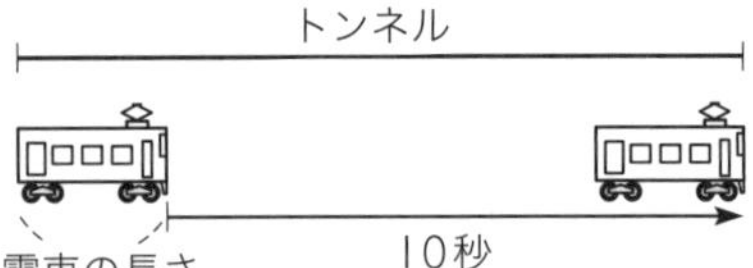

トンネルの長さは，14×10＋56＝196(m)

通過算 ①

㋐列車が人や電柱などの前を通過する場合
　通過する時間＝列車の長さ÷列車の速さ

㋑列車が鉄橋やトンネルなどを通過する場合
　通過する時間＝(鉄橋などの長さ＋列車の長さ)
　÷列車の速さ

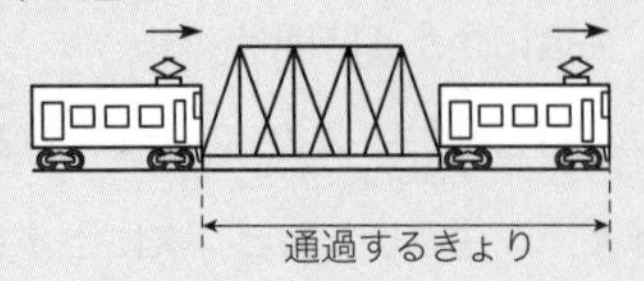

3 電車の長さを x m とすると，鉄橋で，(750＋x) m 進むのに，35 秒かかります。

また，トンネルで，(1050－x) m 進むのに，40 秒かかります。

したがって，この電車は，鉄橋の長さ＋トンネルの長さを，35＋40＝75(秒) で進んでいるから，秒速は(750＋1050)÷75＝24(m)

4 特急電車の秒速は，81000÷60÷60＝22.5(m)

快速電車の秒速は，63000÷60÷60＝17.5(m)

2 つの電車が 7 秒間に進む道のりは，

(22.5＋17.5)×7＝280(m) より，快速電車の長さは，280－128＝152(m)

ポイント **通過算 ②**

㋐ 2 つの列車がすれちがう場合
　すれちがう時間＝2 つの列車の長さの和÷2 つの列車の速さの和

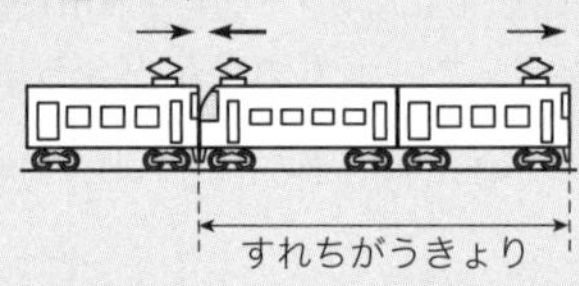

㋑一方の列車がもう一方の列車を追いこす場合
　追いこす時間＝2 つの列車の長さの和÷2 つの列車の速さの差

5 (1765－590)÷(80－33)＝25 より，列車の速さは秒速 25 m，長さは

25×80－1765＝235(m)

6 時計の長針は 1 時間で 1 回転するので，360÷60＝6 より，毎分 6° 進みます。短針は 1 時間で 30° 進むので，30÷60＝0.5 より，毎分 0.5° 進みます。

8 時 24 分のとき，長針は文字盤の 12 時の位置から 6×24＝144° 進んでおり，短針は 240＋0.5×24＝252° 進んでいるので，つくる角は

252－144＝108°

7 1 分で長針は 6°，短針は $\frac{1}{2}$° ずつ同じ方向に進むので，短針と長針がつくる角は毎分 $\left(6-\frac{1}{2}\right)$° ずつ小さくなります。10 時ちょうどのときの短針と長針がつくる大きいほうの角度は 300° で，角度が 0° になると長針と短針が重なるので，

$300\div\left(6-\frac{1}{2}\right)=300\div\frac{11}{2}=\frac{600}{11}=54\frac{6}{11}$(分)

時計算は旅人算と似た考え方で解きます。1 分で長針は 6°，短針は $\frac{1}{2}$° ずつ同じ方向に進むので，旅人算の道のりが時計の長針と短針がつくる角度にあたり，長針が短針を追いかけ，追い抜くと考えます。追いついたときに

長針と短針が重なっています。長針が短針を追いかけるときは，短針と長針がつくる角は毎分$\left(6-\frac{1}{2}\right)^\circ$ずつ小さくなります。

8 9 時半から 35 分の間に答えがあると見当をつけます。9 時のとき，短針は長針より 270° 進んでいるので，その差が 90° まで縮まると 2 つの針がつくる角が直角になるので，

$(270-90)\div\left(6-\frac{1}{2}\right)=\frac{360}{11}=32\frac{8}{11}$(分)

9 (1)長針と短針が向かい合って進んで出会ったときに針が重なります。旅人算の向かい合って進むときと同様に 2 本の針が進む速さの和を考えて，

$330\div\left(6+\frac{1}{2}\right)=330\div\frac{13}{2}=\frac{660}{13}=50\frac{10}{13}$(分)

(2)2 時の短針と長針がつくる大きいほうの角度は 300° で，角度が 60° になるときなので，

$(300-60)\div\left(6+\frac{1}{2}\right)=240\div\frac{13}{2}=\frac{480}{13}$

$=36\frac{12}{13}$(分)

(3)右の図のようになります。長針を 12 時－6 時を結ぶ直線を軸に線対称(せんたいしょう)に移すと，ふつうの時計で長針と短針が重なる時刻を求めればよいことがわかります。3 時の位置から長針と短針が同じ方向に進んで長針が短針に追いつく時刻だから，

$90\div\left(6-\frac{1}{2}\right)=\frac{180}{11}=16\frac{4}{11}$(分)

ハイクラス

p.132～133

1 2560 m

2 時速 84 km

3 (1)3：2　(2)80 cm　(3)31 両

4 (1)8 時 27 分 $16\frac{4}{11}$ 秒

(2)8 時 4 分 $49\frac{49}{59}$ 秒　(3)$32\frac{8}{11}$ 度

5 (1)3 時 $23\frac{1}{13}$ 分

(2)7 時 $18\frac{6}{13}$ 分，7 時 $46\frac{2}{13}$ 分

解き方

1 列車Aが先にトンネルに入ってから 8 秒間に走る道のりは，32×8＝256(m)

列車Aと列車Bの速さの比は，32：40＝4：5 で，列車Bがトンネルに入ってからトンネルの真ん中で出会うまでにA，Bが進んだ道のりの比も 4：5

比の差の 1 が 256 m にあたるので，Bが進んだ道のりは 256×5＝1280(m)で，これがトンネルの半分の長さだから，トンネルの長さは

1280×2＝2560(m)

2 快速列車が 54 秒間に進む道のりは「普通列車の進んだ道のり＋2 本の列車の長さ」になるので，

時速 60 km＝分速 1000 m，$1000\times\frac{54}{60}=900$(m)

(900＋200＋160)÷54×60×60÷1000

＝84 より

時速 84km。

3 (1)普通列車の速さを a，貨物列車の速さを b とします。

すれちがうのに 14 秒かかることから「2 本の列車の長さの合計」を「2 本の列車の速さの和($a+b$)にあたる速さ」で進むと 14 秒かかり，追い抜くのに 70 秒かかることから「2 本の列車の長さの合計」を「2 本の列車の速さの差($a-b$)にあたる速さ」で進むと 70 秒かかることから，2 本の列車の長さの合計という同じ道のりを進む時間が 14 秒と 70 秒で，速さの比は道のりの比の逆比になるので，$(a+b)$：$(a-b)$＝70：14＝5：1

和が 5 で差が 1 となる 2 つの数は 3 と 2 で，普通列車のほうが速いことから，a：b＝3：2

(2)16 両編成と 11 両編成の貨物列車の長さの違いは「車両 5 両の長さ＋連結部分 5 か所」の長さです。

普通列車が 16 両編成の貨物列車を追い抜くのに 70 秒かかり，11 両編成の貨物列車を追い抜くのに 57 秒かかることから，時間の差 13 秒は「2 本の列車の速さの差」の速さで「車両 5 両＋連結部分 5 か所」の長さを進むのにかかる時間なので，車両 1 両＋連結部分 1 か所を進むのにかかる時間は $\frac{13}{5}$ 秒となります。

11 両編成の普通列車が 11 両編成の貨物列車を追いぬくときに進む道のりは「車両 22 両＋連結部分 20 か所」で 57 秒かかり，「車両 20 両＋連結部分 20 か所」を進むのにかかる時間は $\frac{13}{5}\times20=52$(秒)だから，その差

57－52＝5(秒)は「2 本の列車の速さの差」の速さで「車両 2 両分」を進むのにかかる

時間となります。1両の長さは20 mだから，$20\times2\div5=8$ より，「2本の列車の速さの差」は秒速8 mとなります。
その速さで「車両1両＋連結部分1か所」を進むのにかかる時間は $\frac{13}{5}$ 秒で，車両1両の長さは20 mだから，
$\frac{13}{5}\times8-20=0.8$(m) より，連結部分の長さは80 cmです。

(3) 普通列車と貨物列車の速さの比は(1)より 3：2 で，速さの差が毎秒8 mだから，普通列車の速さは毎秒24 m，貨物列車の速さは毎秒16 mとなります。
普通列車が鉄橋を渡るのにかかる時間は，
$(1500+20\times11+0.8\times10)\div24=72$(秒)
貨物列車が渡るのにかかる時間とその間に進む道のりは
$72+62=134$(秒)，$16\times134=2144$(m)
貨物列車の長さは $2144-1500=644$(m)
車両の数は連結部分の数より1多いから，
$(644-20)\div(20+0.8)=30$　$30+1=31$
より，31両編成となります。

4 (1) $(240-90)\div\left(6-\frac{1}{2}\right)=\frac{300}{11}=27\frac{3}{11}$(分)

$\frac{3}{11}$(分) $=\frac{3}{11}\times60=16\frac{4}{11}$(秒)

(2) 時計の秒針は1分で1回転するので，$360\div60=6$ より，毎秒6°進み，長針は1分で6°進むので，$6\div60=0.1$ より，毎秒0.1°進みます。
8時にスタートしてから秒針が長針より90°進んだときに1回目に直角になり，その後は秒針が長針より180°先に進むごとに直角になります。よって，10回目までに秒針が長針より多く進む角度は $90°+180°\times9$
$(90+180\times9)\div\left(6-\frac{1}{10}\right)=1710\div\frac{59}{10}$

$=289\frac{49}{59}$(秒) $=$ 4分 $49\frac{49}{59}$ 秒

(3) 長針と短針が重なるときは，$240\div\left(6-\frac{1}{2}\right)$

$=43\frac{7}{11}$(分)

このとき長針が12時の位置から進んだ角度は
$6\times43\frac{7}{11}=\frac{2880}{11}°$，秒針は1分に360°進んで毎分0秒に12時の位置に戻るので，12時の位置から進んだ角度は

$360\times\frac{7}{11}=\frac{2520}{11}°$

$\frac{2880}{11}-\frac{2520}{11}=32\frac{8}{11}°$

5 (1) 3時20分のときは右図のようになる。短針は3時の位置から $0.5\times20=10°$ 進んでいるので，短針と長針がつくる角度は20°です。この後長針が反対向きに進んで短針と長針が出会う時刻を求めます。

$20\div\left(6+\frac{1}{2}\right)=\frac{40}{13}=3\frac{1}{13}$ より，3時20分から $3\frac{1}{13}$ 分後だから，3時 $23\frac{1}{13}$ 分

(2) 3時20分から長針の進む向きが変わったので，7時のときの時計は右の図のようになり，短針と長針のつくる角は30°です。このあと短針と長針が出会って，さらに90°まで離れた時刻を求めます。

$(30+90)\div\left(6+\frac{1}{2}\right)=18\frac{6}{13}$(分)

さらに180°進んだときにも短針と長針のつくる角が90°になるので，

$(30+90+180)\div\left(6+\frac{1}{2}\right)=46\frac{2}{13}$(分)

チャレンジテスト⑨

p.134〜135

1 (1) 18　(2) 1，4，5，7
2 (1) 256 g　(2) 56 g
3 54 m
4 (1) 10日　(2) 15日間
5 (1) 時速2 km　(2) 30 km　(3) 時速 $11\frac{2}{3}$ km
6 (1) 3時 $49\frac{1}{11}$ 分　(2) 3時 $50\frac{10}{13}$ 分

解き方

1 (1) 1から10までの数の和は55だから，
$55-20-17=18$
(2) ともひろ君が9番，じゅんぺい君が7番を持っているので，10番は無効になり，8番はともひろ君が持っているか，または無効になったかのどちらかになります。もし8番が無効とすると，無効の札の数の和が18だから，10番と8番の2枚の札が無効となり，それ以

外の8枚の札をともひろ君とじゅんぺい君が持っていることになります。
ところが，じゃんけんではじゅんぺい君がともひろ君より1回多く勝ったので，ともひろ君とじゅんぺい君が持っている札の枚数の合計は必ず奇数枚になるから，2人で8枚の札を持つことはできません。よって8番はともひろ君が持っていることになります。これより，ともひろ君が持っている札は9と8と3，無効の札が10と6と2となります。

② (1) BからAへ水24gをうつしても，うつす前と比べてAとBの重さの和は一定です。したがって，比の和も一定になります。
よって，4：3の7と，5：3の8，つまり7と8の最小公倍数の56と考えて，
4：3＝32：24，5：3＝35：21
24−21＝3が24gにあたるので，
24÷3×32＝256(g)

(2) A：B＝35：21のとき，入っている水の重さは，②：①であるから，35−21＝14が①にあたります。
したがって，①＝14，②＝28
コップの重さは，35−28＝7
24÷3×7＝56(g)

③ 同じ長さで同じ速さの列車がすれちがうときは，「列車の長さの2倍の道のりを2倍の速さで進む」ことになります。そのときかかる時間は「列車の長さをその列車の速さで走るのにかかる時間」と同じです。よってこの列車の長さを進むのにかかる時間は3.6秒です。
また，(162m＋列車の長さ)の道のりを進むのにかかる時間の14.4秒のうち，3.6秒は列車の長さを進むのにかかるので，162mを進むのにかかる時間は，
14.4−3.6＝10.8(秒)
列車の速さは162÷10.8＝15 より秒速15mとなります。
列車の長さは，15×3.6＝54(m)

④ (1) $1\div\left(\frac{1}{12}+\frac{1}{60}\right)=10$

(2) AさんとBさんの2人で3日仕事をすると，
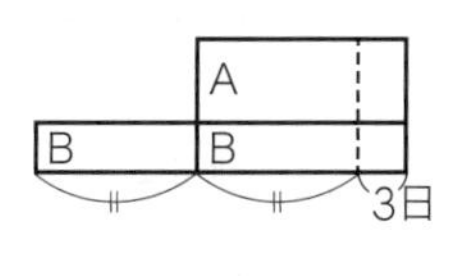

$\left(\frac{1}{12}+\frac{1}{60}\right)\times3=\frac{3}{10}$

より，全体の$\frac{3}{10}$が終わり，残りの$\frac{7}{10}$をAさん1人とBさん2人で仕事をしたと考えると，

$\frac{7}{10}\div\left(\frac{1}{12}+\frac{1}{60}\times2\right)=6$ より6日で終わります。Bさんが1人で仕事をしたのは6日間なので，
6＋6＋3＝15(日)

⑤ (1) 川の流速を時速○kmとすると，A地点からB地点へ上るときの速さは時速(12−○)km，B地点からA地点へ下るときの速さは時速(4＋○)km
上りにかかった時間は3時間，下りにかかった時間は5時間で，同じ道のりを進むときの速さの比は時間の比の逆比になるので，
(12−○)：(4＋○)＝5：3
これより(12−○)×3 と(4＋○)×5 は等しく，「36から○3個をひいた数」と「20に○5個をたした数」は等しくなります。
よって，(36−20)÷(5＋3)＝2 より，○の数は2です。

(2) 上りの速さは 12−2＝10 より時速10kmだから，
10×3＝30(km)

(3) 故障しないときの下りの速さは 12＋2＝14 より，時速14kmで，かかる時間は

$30\div14=\frac{15}{7}$(時間)

平均の速さは往復の道のりをかかった時間でわれば求められるので，

$30\times2\div\left(3+\frac{15}{7}\right)=11\frac{2}{3}$

⑥ (1) 3時45分から50分の間です。3時に短針と長針がつくる角度は90°だから，長針が追いついて，さらに180°先に進むときを考えます。

$(90+180)\div\left(6-\frac{1}{2}\right)=\frac{540}{11}=49\frac{1}{11}$(分)

(2) 右の図のように，3時ちょうどのときの短針を1時−7時の直線を軸にして対称に移すと，11時の位置にきます。線対称に移した短針はここから反時計回りに毎分0.5°ずつ進み，時計回りに進んできた長針と出会ったときに，実際の時計では長針と短針が線対称になります。
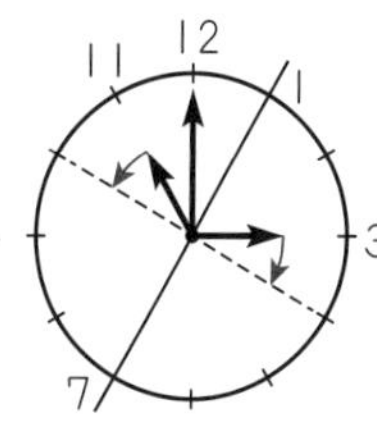

短針を線対称に移した時計で長針と短針がつくる大きいほうの角は330°で，旅人算の向かい合って進むときと同様に2本の針が進む速さの和を考えて，

$330\div\left(6+\frac{1}{2}\right)=330\div\frac{13}{2}=\frac{660}{13}=50\frac{10}{13}$(分)

チャレンジテスト⑩

p.136〜137

1 (1)

段の数(段)	1	2	3	4	5
まわりの長さ(cm)	4	10	16	22	28

(2)58 cm

(3)335 段

2 7 分 30 秒

3 (1)6 分 (2)2.5 分後

4 (1)7 分間 (2)17 分間

5 (1)流れ込む水の量 9 L，出る水の量 6 L

(2)8 分間

解き方

1 (2)まわりの長さは，{4+6×(段の数−1)}cm

4+6×(10−1)=58(cm)

(3)4+6×(□−1)=2008

6×(□−1)=2004

□−1=334

□=335

2 速さの比は，(A+C)：(B+C)=(5+1)：5=6：5

A：B=4：3 より，A：B：C=4：3：2

したがって，

$5+5\times\frac{2}{4}=7.5$(分)　7.5 分=7 分 30 秒

3 (1)$1\div\left(\frac{1}{8}+\frac{1}{24}\right)=1\div\frac{4}{24}=6$(分)

(2)ポンプAがこわれたあとの 3 分間でくみ出した水の量は，

$\left(\frac{1}{12}+\frac{1}{24}\right)\times 3=\frac{3}{8}$

こわれる前にくみ出した水の量は，

$1-\frac{3}{8}=\frac{5}{8}$ これをA，B，C 3 台でくみ出すと，

$\frac{5}{8}\div\left(\frac{1}{8}+\frac{1}{12}+\frac{1}{24}\right)=2.5$(分)

4 (1)行列がなくなる時間は，

70÷{20−(5+8)}=10(分)

まもるさんが 1 分間で売る人数は，

(70+8×10)÷10=15(人)

したがって，70÷(15−5)=7(分)

(2)さとしさんが 1 分間で売る人数は，

(70+5×10)÷10=12(人)

売った人数の合計は，

150+20×30=750(人)

さとしさんが売った人数は，

750−15×30=300(人)

さとしさんが売っていた時間は，

300÷12=25(分間)

2 人で売っていた時間は，

25−8=17(分間)

5 (1)1 分間に流れこむ水の量を□L，1 つの管から 1 分間に出る水の量を○L とします。

2 つの管を開けると，毎分(○×2−□)L ずつ水が減り，378 L が 126 分で空になることから，

378÷(○×2−□)=126(分) より，

○×2−□=3 ……㋐

同じように，5 つの管を開けると，

378÷(○×5−□)=18(分) より，

○×5−□=21 ……㋑

㋐と㋑の式から，差をとって，○×3=18

○=18÷3=6

㋐の式にあてはめて，

6×2−□=3 より，□=9

よって，流れこむ水の量は毎分 9 L，出る水の量は毎分 6 L

(2)管 5 つの 1 分間に出る水の量は，

6×5=30(L)

管 4 つの 1 分間に出る水の量は，

6×4=24(L)

管 3 つの 1 分間に出る水の量は，

6×3=18(L)

流れこむ水の量を考えると，

21 L，15 L，9 L が 1 分間に出る水の量になります。それぞれの場合の時間を△で表すと，

21×△4+15×△4+9×△5=378

△189=378，△1=2 より，△4=8

したがって，8 分間になります。

総仕上げテスト①

p.138〜139

1 (1)$\frac{2}{3}$ (2)3 (3)$\frac{7}{13}$

2 (1)ア 55 (2)イ 6.4 (3)ウ 2，エ 27

3 33 個

4 (1)63 cm (2)121 枚 (3)315 か所

5 43.96 cm

解き方

1 (1)$\frac{15}{7}\times\frac{11}{10}\times\frac{7}{11}-\frac{5}{6}=\frac{3}{2}-\frac{5}{6}=\frac{9}{6}-\frac{5}{6}=\frac{4}{6}$

$=\frac{2}{3}$

(2)$\left(\frac{23}{276}+\frac{1}{276}\right)\times\frac{23}{4}+1\div\left(\frac{5}{15}+\frac{1}{15}\right)$

$=\frac{24}{276}\times\frac{23}{4}+1\times\frac{15}{6}=\frac{1}{2}+\frac{5}{2}=3$

(3) $220\times\left(\frac{12}{132}-\frac{11}{132}\right)-110\times\left(\frac{15}{195}-\frac{13}{195}\right)$

$=220\times\frac{1}{132}-110\times\frac{2}{195}=11\times\left(\frac{5}{33}-\frac{4}{39}\right)$

$=11\times\left(\frac{5}{11\times3}-\frac{4}{39}\right)=\frac{5}{3}-\frac{44}{39}$

$=\frac{65}{39}-\frac{44}{39}=\frac{21}{39}=\frac{7}{13}$

別解 $220\times\frac{1}{11\times12}-110\times\frac{2}{13\times15}$

$=220\times\left(\frac{1}{11\times12}-\frac{1}{13\times15}\right)$

$=220\times\frac{13\times15-11\times12}{11\times12\times13\times15}$

$=220\times\frac{63}{11\times12\times13\times15}$

$=\frac{7}{13}$

2 (1) 7 点以上の人は，9＋7＋6＝22(人)より，
22÷40×100＝55(%)

(2) 合計点は，
2×3＋3×2＋5×13＋7×9＋8×7＋10×6
＝256(点)
256÷40＝6.4(点)

(3) 7 点以上の人は全員第 3 問ができている人で，
6＋7＋9＝22(人)
5 点の人のうち，第 3 問だけできた人は，
24－22＝2(人)
2 題できた人は，5 点のうち，
13－2＝11(人)
それに，7 点，8 点の人を加えると，
11＋9＋7＝27(人)

3 3 けたの数は全部で，
5×4×3＝60(個)
350 以上の数は，
百の位が 5 の数が，4×3＝12(個)
百の位が 4 の数が，4×3＝12(個)
百の位が 3，十の位が 5 の数が，3 個
12×2＋3＝27(個)
よって，60－27＝33(個)

4 (1) 3×7×3＝63(cm)

(2) 回数と正三角形の枚(まい)数を表にすると，次のようになります。

回　数	1	2	3	
正三角形の数	1	4	9	

したがって，正三角形の数は，回数×回数になります。
11 回目は，11×11＝121(枚)

(3) 厚紙の枚数は，15×15＝225(枚)
したがって，辺は(3×225)本あるが，まわりの(15×3)本以外はすべてくっついています。
1 か所につき 2 本の辺がくっついているから，
(3×225－15×3)÷2＝315(か所)

5 下の図のように移動します。

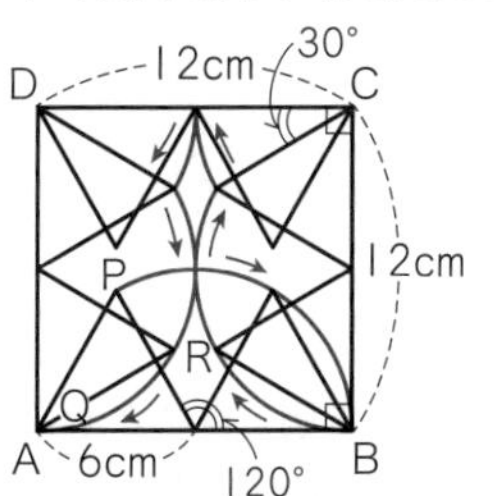

半径 6 cm のおうぎ形の弧をえがき，中心角は
120＋120＋30＋30＋120＝420(度)

$6\times2\times3.14\times\frac{420}{360}=43.96$(cm)

総仕上げテスト②

p.140～141

1 (1) 51.4　(2) $0.4\left(\frac{2}{5}\right)$

2 40.26 cm

3 (1) 5：27　(2) 16 個

4 2 時間 24 分

5 (1) 3 人　(2) 16 票

6 176 cm

7 (1) 秒速 4 m　(2) 250 秒後　(3) 35 回

解き方

1 (1) 分配法則を使って計算します。
16×5.14－5.14×7.5＋5.14×1.5
＝5.14×(16－7.5＋1.5)＝5.14×10＝51.4

(2) (　) の中を先に計算します。

$\left(\frac{4}{5}-\frac{3}{5}\right)\times3+\frac{9}{5}\times\frac{5}{9}-1.2$

$=\frac{1}{5}\times3+1-1.2=0.6+1-1.2=0.4\left(\frac{2}{5}\right)$

2 $12+12\times2\times3.14\times\frac{45}{360}+12\times3.14\times\frac{1}{2}$

＝40.26(cm)

3 (1) 条件より，個数を○，不良品を□，不良品でないものを△で表すと，
製品A…5(□)＋9(△)＝8(○) ……ア
製品B…4(□)＋8(△)＝7(○) ……イ
アの式を 4 倍，イの式を 5 倍して，

$\boxed{20}+\triangle\!36=㉜$

$\boxed{20}+\triangle\!40=㉟$

下の式から上の式をひいて,

$\triangle\!4=③$

2 倍して, $\triangle\!8=⑥$ だから㋑の式にあてはめて,

$\boxed{4}+⑥=⑦$　$\boxed{4}=①$

したがって, 製品Aについて,

不良品は, $\boxed{5}=\left(\frac{5}{4}\right)$,

不良品でないものは, $\triangle\!9=\left(\frac{27}{4}\right)$

$\frac{5}{4}:\frac{27}{4}=5:27$

別解　Aの個数を(8×○)個, Aの不良品の数を(5×□)個とすると, Aの不良品でないものの数は,

(8×○−5×□)個

同じように, Bの不良品でないものの数は,

(7×○−4×□)個

これらの比が 9 : 8 だから,

(8×○−5×□) : (7×○−4×□)=9 : 8

8×(8×○−5×□)=9×(7×○−4×□)

64×○−40×□=63×○−36×□

○=4×□

よって, Aの不良品でないものの数は,

8×4×□−5×□=27×□(個)

したがって, 不良品とそうでないものの個数の比は,

(5×□) : (27×□)=5 : 27

(2) 5 : 27 より, 5+27=32

製品Aの全体を㉜とすると, 100 以上 150 以下で, 32 の倍数は 128 です。

このとき, 製品Aの不良品は,

$128\times\frac{5}{32}=20$(個)

不良品の個数のAとBの比は 5 : 4

だから, Bの不良品は $20\times\frac{4}{5}=16$(個)

4　水そう全体を 1 とすると,

1 時間に水がたまるのは, Aでは$\frac{1}{3}$, Bでは$\frac{1}{4}$

1 時間にはい水されるのは $\frac{1}{6}$ だから,

$1\div\left(\frac{1}{3}+\frac{1}{4}-\frac{1}{6}\right)=1\div\frac{5}{12}=\frac{12}{5}=2\frac{2}{5}$(時間)

$2\frac{2}{5}$ 時間=2 時間 24 分

5　(1) 670 票のうち 610 票まで開票しているので, 残りは 60 票です。現在の順位は,

1 位E 165 票, 2 位B 135 票, 3 位A 125 票, 4 位F 102 票, 5 位C 53 票, 6 位D 30 票

上位 3 人が当選するので, 残りの 60 票で 3 位までに確実に入るかどうかを調べます。

Dは 30+60=90, Cは 53+60=113 で, 残り 60 票が全部入っても 3 位Aの 125 票より少ないので落選となります。また, 4 位Fは 102+60=162 で, 残り 60 票が全部入ってもEの 165 票より少ないので, Eは 4 位以下に下がることはないので当選が決まっています。Bはもし A に 15 票, Fに 45 票が入ったときの順位が 2 位F 147 票, 3 位A 140 票, 4 位B 135 票となるため, いま当選が決まっているとは言えず, A, Fについても同様です。よって, 当選または落選が決まっている人はE, C, Dの 3 人。

(2) 610 票まで開票して 2 位B 135 票, 3 位A 125 票, 4 位F 102 票で, 残りの 60 票がB, A, Fに投票されたとすると, 3 人の得票の合計は 135+125+102+60=422(票)

422÷3=140.66… より, 141 票以上得票すればこの 3 人の中でいちばん少ない得票にはならないので, 当選が決まります。Aは 125 票入っているので,

141−125=16 より, あと 16 票入ると当選します。

6　A地点では水面上に 20%が, B地点では 45%が出ているので, その差の 55 cm は棒の 45−20=25(%)にあたります。

棒の長さは 55÷0.25=220(cm)

A地点の池の深さは 220×0.8=176(cm)

7　(1) 走ったきょりの比がA : B=15 : 20 より, 速さの比はA : B=3 : 4

B君の秒速は, $3\times\frac{4}{3}=4$(m)

(2) 1 回目にすれちがうのは, 2 人の走ったきょりの和が 150 m になったときで, それ以降は, 和が 400 m になるたびにすれちがうので,

(400×4+150)÷(3+4)=250(秒後)

(3) 2 人が走った時間は, 400×15÷3=2000(秒)

初めてすれちがったあとは, $\frac{400}{7}$ 秒ごとにすれちがいます。

5 回目から後は,

$(2000-250)\div\frac{400}{7}=30\frac{5}{8}$(回)

よって, 5 回目にすれちがった後, 2 人が走り終わるまでにすれちがうのは 30 回になります。

総仕上げテスト③ p.142〜144

1 (1)$\frac{2}{7}$ (2)3

2 30円

3 20：15：18

4 3分20秒

5 (1)分速75 m (2)6分間
(3)分速117 m

6 (1)44000 cm^3 (2)4 L (3)25 cm
(4)22分20秒後

7 (1)6 (2)7 (3)2124

8 (1)7通り (2)① $\frac{1}{3}$ ② $\frac{1}{2}$
(3)①五角形 ②141 cm^3

解き方

1 (1)$4\frac{2}{5}-5\frac{5}{7}\div\left(1\frac{5}{7}-\square\right)=1\times\frac{2}{5}$

$4\frac{2}{5}-5\frac{5}{7}\div\left(1\frac{5}{7}-\square\right)=\frac{2}{5}$

$5\frac{5}{7}\div\left(1\frac{5}{7}-\square\right)=4\frac{2}{5}-\frac{2}{5}$

$5\frac{5}{7}\div\left(1\frac{5}{7}-\square\right)=4$

$1\frac{5}{7}-\square=\frac{40}{7}\div4$

$1\frac{5}{7}-\square=\frac{10}{7}$

$\square=\frac{12}{7}-\frac{10}{7}$

$\square=\frac{2}{7}$

(2)$\left(\frac{38}{28}-\frac{3}{28}\right)\div\left(1\frac{3}{4}-1\frac{\square}{8}\right)=\frac{10}{3}$

$\frac{35}{28}\div\left(\frac{7}{4}-1\frac{\square}{8}\right)=\frac{10}{3}$

$\frac{7}{4}-1\frac{\square}{8}=\frac{35}{28}\times\frac{3}{10}$

$\frac{7}{4}-1\frac{\square}{8}=\frac{3}{8}$

$1\frac{\square}{8}=\frac{7}{4}-\frac{3}{8}$

$1\frac{\square}{8}=1\frac{3}{8}$

$\square=3$

2 ノートとえん筆の値段(ねだん)の比が5：3より，えん筆1本の値段を1とすると，ノート1冊(さつ)は$\frac{5}{3}$
兄と弟は2人ともえん筆だけを買ったとすれば，
兄は，$\frac{5}{3}\times5+6=\frac{43}{3}$
弟は，$\frac{5}{3}\times3+8=13$
えん筆1本の値段は，
$(1500+1200-240)\div\left(\frac{43}{3}+13\right)$
$=2460\div\frac{82}{3}=90$(円)
ノート1冊の値段は，$90\times\frac{5}{3}=150$(円)
弟の残金は，$1200-150\times3-90\times8=30$(円)

3 Aの容積を1としたとき，Bの容積は$\frac{3}{4}$，
Cに入れた水は，$\frac{1}{5}+\frac{3}{4}\times\frac{1}{3}=\frac{9}{20}$
これがCの容器の半分だから，Cの容積は
$\frac{9}{20}\div\frac{1}{2}=\frac{9}{10}$
したがって，A，B，Cの容積の比は，
$1:\frac{3}{4}:\frac{9}{10}=20:15:18$

4 1つの入場口の1分間の処理人数は，
$10+60\div15=14$(人)
2つの入場口の1分間の処理人数は，
$14\times2=28$(人)
よって，行列に対して，1分間に$28-10=18$(人)処理できることから，
$60\div18=3\frac{1}{3}$(分)より，3分20秒

5 (1)8分で600 m進んだので，分速は，
$600\div8=75$(m)
(2)$18-12=6$(分間)
(3)のぶおさんが39分間歩いたきょりを，しげるさんは$39-(8+6)=25$(分間)で進みます。
分速は，$75\times39\div25=117$(m)

6 (1)$40\times50\times10+40\times(50-20)\times(30-10)$
$=44000(cm^3)$
(2)水を入れ始めて5分で高さが10 cmになっているから，
$40\times50\times10\div5\div1000=4$(L)
(3)高さが30 cmになったときの時間は，
$44000\div4000=11$(分)

(cm) 30 20 10 0 5 11 17 (分)
A管だけ　A管とB管　B管だけ

14分は，11分と17分の中間だから，高さもその中間になります。
17分のときの高さは20 cmだから，

$(30+20)\div2=25$(cm)

(4) A管とB管が両方とも開いている 11 分から 17 分までの 6 分間で水面は 10 cm 下がっているから，1 分間に減った水の量は，
$40\times30\times10\div1000\div6=2$(L)
(2)より，A管からは毎分 4 L ずつ水が入るから，B管が 1 分間に出す水の量は，
$2+4=6$(L)
17 分のときの水の量のうち，高さ 10 cm から 20 cm の水の量は，
$40\times30\times(20-10)=12000(\text{cm}^3)=12$(L)
高さ 10 cm までの水の量は，
$40\times50\times10=20000(\text{cm}^3)=20$(L)
これらの水を出すのにかかる時間は，
$(12+20)\div6=5\frac{1}{3}$(分)より，5 分 20 秒
よって，17 分＋5 分 20 秒＝22 分 20 秒

7 (1) 1 から 50 までの整数にふくまれる 8 の倍数の個数を求めます。
$50\div8=6$ あまり 2 より 6。

(2) 1 から 99 までの整数に倍数が 14 個ふくまれる整数を見つけます。
$99\div14=7$ あまり 1 より，7。
前後の 6 と 8 について 1 から 99 までの整数にふくまれる倍数の個数を調べると，
$99\div6=16$ あまり 3，$99\div8=12$ あまり 3
となり，14 個になりません。

(3) $25\times84=2100$，$25\times85=2125$ より，2100 から 2124 までの整数にふくまれる 25 の倍数は 84 個です。

8 (1) 辺 CD，辺 GH，辺 FE の真ん中の点と，頂点C，D，F，Eの 7 通り。

(2) 右の図のように 2 つの立体に分かれます。

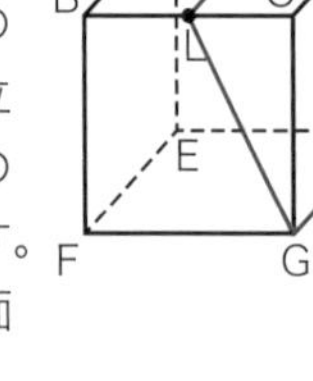

① 表面積の差についての問題だから，両方の立体の面になる切り口の面はのぞいて考えます。元の立方体の 1 つの面の面積を 1 とします。
左の立体の切り口以外の面とその面積は，
ABLN…$\frac{1}{2}$，ABFE…1，BFGL…$\frac{3}{4}$，
AEHN…$\frac{3}{4}$，EFGH…1
面積の和は，$\frac{1}{2}+1+\frac{3}{4}+\frac{3}{4}+1=4$
右の立体の切り口以外の面とその面積は，
NLCD…$\frac{1}{2}$，LGC…$\frac{1}{4}$，CGHD…1，
NHD…$\frac{1}{4}$
面積の和は，$\frac{1}{2}+\frac{1}{4}+1+\frac{1}{4}=2$
2 つの立体の表面積の差は $4-2=2$ であり，もとの立方体の表面積は 6 だから，
$2\div6=\frac{1}{3}$

② 2 つの立体の体積を面 BFGL と面 LGC を底面積として考えます。面 BFGL の面積はもとの正方形の $\frac{3}{4}$ 倍，面 LGC の面積はもとの正方形の $\frac{1}{4}$ 倍だから，それぞれの立体の体積も，もとの立方体の体積の $\frac{3}{4}$，$\frac{1}{4}$ となります。
その差は $\frac{3}{4}-\frac{1}{4}=\frac{1}{2}$

(3) ② 右の図のように各辺をのばして三角すいを組み合わせた形を考えると，拡大図と縮図の関係から各辺の長さは図中に示すようになります。
頂点Aをふくむ立体の体積は，立方体から頂点Cをふくむの立体をひいて求めます。
頂点Cをふくむ立体の体積
＝三角すい RCSG－三角すい RBMP－三角すい SNDQ
＝三角すい RCSG－(三角すい RBMP)×2
$=9\times9\div2\times6\times\frac{1}{3}-3\times3\div2\times2\times\frac{1}{3}\times2$
$=81-6=75(\text{cm}^3)$
立方体の体積は $6\times6\times6=216(\text{cm}^3)$
$216-75=141(\text{cm}^3)$